JN161001

イノベーション政策とアカデミズム

科学技術社会論研究

13

Journal of Science and Technology Studies NO.13

科学技術社会論学会

2017.3

■科学技術社会論研究■

第13号
(2017年3月)

■目次■

Journal of Science and Technology Studies, No. 13 (March, 2017)

Contents

特集=イノベーション政策とアカデミズム

イノベーション政策とアカデミズムの特集に寄せて

中島　秀人*

「イノベーションの特集ですって？」．学会誌でイノベーションを扱うべきだと数年前に提案したとき，周囲から決まって受けた反応である．苦笑というか，国の政策に迎合するのかというような対応が一般的だった．国策に直接関与することは，避けられるべきだという雰囲気が感じられた．

危なそうなものは扱わない．これは，科学技術社会論の弱点ではないか．原子力問題もそうであった．前号の拙稿で述べたように，原発の問題に科学技術社会論は適切な議論を提供してこなかった．福島の事故の後でようやく課題とされたが，遅きに失した．世論が頼りにしたのは，批判的な科学者であり，伝統的な科学技術論だったように思われる．不信感を持たれて当然である．

国が「科学技術イノベーション政策」をがむしゃらに推進しようとする以上，これについて学問的分析を加えるのは科学技術社会論の責務である．イノベーションという言葉がマジックワードとして流通している現在，イノベーションを歴史，哲学，経済，社会学などのさまざまな視点から距離を取って分析することが求められる．

そもそも，科学技術社会論の重要な起源の一つがイノベーション論であったことは思い起こされるべきである．サセックス大学に科学政策研究ユニット（SPRU）を創設したクリストファー・フリーマンは，進化経済学の立場からイノベーションを研究した．彼はJ･D･バナールの親しい友人であり，リチャード・ネルソンとともに，国家や企業の科学技術プロジェクトが国民生活の改善に必ずしもつながらないことを解明した．科学技術社会論の重要な理論の一つであるアクター・ネットワーク・セオリーは，パリの鉱山学校に設置されたイノベーション社会学研究センター（CSI）で誕生した．それは，科学論である前に，イノベーションを説明する理論であった．科学技術社会論には，イノベーションを批判的に分析するための蓄積がある．その歴史を思い起こそうではないか．

幸いにして，イノベーションを科学技術社会論学会のシンポジウムのテーマにしようという声が，若手中堅の研究者から上がった．本特集は，金沢工業大学の夏目賢一氏がイニシアチブを取って開催されたシンポジウム「日本の学術政策における「イノベーション」の拡大：その深層を考える」（2015年7月11日）の成果である．シンポジウムを受けての寄稿も多数収録されている．夏目賢一氏を筆頭とする寄稿者・関係者とともに，この特集のとりまとめをいただいた早稲田大学の綾部広則氏にも感謝したい．この特集が，今後の実り豊かな議論の出発点となることを期待する．

2016年8月27日受付　2016年8月27日掲載決定
*東京工業大学リベラルアーツ研究教育院，教授，nakajima.h.ab@m.titech.ac.jp

イノベーション政策とアカデミズム

特集にあたって——アカデミズムの主体性のゆくえ

夏目　賢一*1，綾部　広則*2

日本では，第3期科学技術基本計画が策定された2006年頃からイノベーションをキーワードに経済・産業の再活性化をねらった科学技術政策が進んでいる．一般には象牙の塔とみなされているアカデミズム1)もイノベーション創出との関連で再定義され，経済・産業の活性化にいかに貢献したかという観点で評価されるようになりつつある．

いうまでもなく，アカデミズムを公的資金で支援するのであれば，それに対して社会的な有用性が問われるのはやむを得ないことである．しかし社会的有用性は経済や産業の活性化にどれだけ貢献したかという尺度のみで評価すべきではないだろう．そのようなアカデミズム外の評価基準が優勢となれば，アカデミズムの主体性が失われかねないからである．学問の自由を口実とした自己目的化や自己批判の欠如には外部評価に基づく改善も必要になってくるだろうが，それが高じてアカデミズムの自由度を奪ってしまっては，イノベーションの創出による経済・産業の活性化を阻害する可能性すら出てくるだろう．

もとよりイノベーションによる経済・産業の活性化は日本に限ったものではなく，冷戦崩壊後の世界的なトレンドと言える．しかし日本では独自の事情によって欧米先進国とはやや異なった展開を遂げてきた．ベルリンの壁の崩壊からソビエト連邦の崩壊に至る1980年代末から1990年代初頭にかけては，「基礎研究ただ乗り」論への対応から，政策の力点は経済・産業の活性化よりもむしろアカデミズムの活性化(基礎研究シフトと呼ばれた)に置かれた．バブル経済が崩壊して以降，不況時の科学技術頼みとでも言わんばかりに，政府の研究開発投資が拡大することになったが，老朽化した国立大学の施設整備の改善やポスドクの量的拡大といったアカデミズムへのヒト・モノ・カネの量的投資拡大が行われたことからも明らかなように，それは依然としてアカデミズムの活性化による経済・産業の活性化を目指したものであった．

ところが2000年代に入るとこうしたトレンドに変化が現れる．そうなったのはアカデミズムへの量的投資拡大を行っても，それが経済・産業の活性化につながってはいないという認識が広まったからであった．いくら巨額の研究開発費を投じても，アウトカムが目に見える形では出てこないとなると，アカデミズムそのものの改革を行う必要があるのではないかとの疑念も出てくる．こうして科学技術システム改革という名のもと，アカデミズムに数々の改革のメスが入れられるようになった．もちろん，それはアカデミズムへの期待の表れ(ないしは反動)であると理解できなくはな

2016年8月6日受付　2016年8月27日掲載決定
*1 金沢工業大学基礎教育部，准教授，knatsume@neptune.kanazawa-it.ac.jp
*2 早稲田大学理工学術院，教授，hironori.ayabe@nifty.com

いが，1990年代のカネは出すが口は出さない政策から一転して，カネも出すが口も出す政策となり，それはアカデミズムを産官に従属させる傾向も生じさせた．

2006年頃から本格化するイノベーション政策も基本的にはこのようなトレンドの延長線上にあると考えられる．それは社会のためにアカデミズムを動員しようというものであり，この内実が見えづらいのは，イノベーションが麗句として用いられていることにあるのではないだろうか．

イノベーションをめぐるこのような論点について考察を深めるべく，本学会では2015年7月11日に東京工業大学で「日本の学術政策における「イノベーション」の拡大――その深層を考える」と題するシンポジウムを開催した．そして，そこでの議論をより深めていくために，本特集を企画することになった．

本特集では，まずこのシンポジウムの登壇者である潮木守一氏の講演とその質疑を収録し，さらにコメンテーターとして登壇いただいた中島秀人氏に本特集の巻頭言を寄稿いただくとともに，小山田和仁氏には，当日の内容を大幅に加筆した事例報告を寄稿いただいた．

潮木守一「高等教育の大衆化と科学研究」は，第二次世界大戦後の世界的な高等教育の拡大の過程とそれが研究にもたらした影響について解説したものである．当日の発表をもとにした同論考は，とくにアカデミズムの変容について簡潔に理解するための手助けとなるだろう．

小山田和仁「イノベーションの時代における科学コミュニティと多様な関係者をつなぐ場としてのサイエンストークス」は，アカデミズムと社会をつなぐ実践的活動の紹介である．社会的有用性への要求の高まりとともにアカデミズムも多様なステークホルダーと対面せざるを得なくなっているが，それをアカデミズムに属する研究者個人が行うのは困難である．そこでAAAS等，諸外国の例を参考に国内にそのような場を構築することを目的としてサイエンストークスは発足した．その取り組みがいかに第三者としての立場を維持しつつ展開できるか，今後の動きが注目される．

シンポジウムの登壇者である潮木氏と小山田氏の論考に加えて，本特集では議論の幅を広げるために当日の参加者を中心にさらに7編の論考を掲載した．

夏目賢一「1950–60年代日本における産学協同の推進と批判」は，産学協同推進の是非をめぐる論争をさまざまな利害関心が織りなすプロセスとして描き出している．とりわけアカデミズムを一枚岩と捉えずに，教員と学生の双方に目配りしている点は，ともすればアカデミズムと産業界という二分法に陥りがちな見方に対して警鐘を鳴らすものとなっている．

小林信一「科学技術イノベーション政策の誕生とその背景」は，諸外国のイノベーション政策をにらみつつ現在の科学技術イノベーション政策の特殊性を浮き彫りにしたものである．周知のようにイノベーション政策は科学技術に限定されるものではないが，日本ではわざわざ科学技術を冠する場合が多い．その理由を日本におけるイノベーション論の受容と政策立案の過程から明らかにしている．

いうまでもなく，科学技術イノベーション政策を理解するためには，具体的な政策の動きのみならず，理念的な側面からの検討も必要である．

後藤邦夫「「科学技術イノベーション」の思想と政策」は，政府の政策文書を中心に日本における科学技術イノベーション政策を批判的に吟味したものである．科学技術イノベーション政策には，リニアモデル的な発想（と政府が主導して科学技術の成果をイノベーションにつなげるという発想）が色濃く残っているが，後藤は，むしろ多様なエージェントとネットワークを構築し，そこから得られた知見を製品開発や市場開拓に活用していく戦略的思考こそが重要ではないかと主張している．

力点はやや異なるが，後藤と同様の指摘は，西村吉雄「イノベーション再考」にもみられる．同論考は，シュンペーターのイノベーション論に立ち返りつつ，イノベーションの原動力がどのように変化していったかについて米国を中心に垣間見る．その上で日本のイノベーション政策は科学技術に偏った政策であり，そのようになるのはいまだにリニアモデルの発想から抜け切れていないことが原因ではないかと分析している．

以上の科学技術イノベーション政策に対するマクロな視点からの論考に加え，本特集ではさらにより具体的なミクロな視点からの論考も掲載した．

宮野公樹「文部科学省の本分，大学の本分――政策立案現場にある背景思想と一意見」は，文科省概算要求等の政策提案資料をもとに政策立案の担当者の認識を明らかにしたものである．イノベーション政策とアカデミズムといったテーマでは，どうしてもマクロな政策のトレンドの把握か，あるいは目立ったトピックに関する分析になりがちである．資料的制約があるとはいえ，同論考はそのような不備を補うものとして方法論的にも示唆的である．

小林俊哉「科学技術イノベーションに対する研究者のセルフ・テクノロジーアセスメント――九州大学におけるSTSステートメントの試み」は，大学院生を対象とした教育プログラムの実践報告である．周知のようにテクノロジーアセスメント(TA)はアメリカ議会の技術評価局(OTA)によるものか，あるいは市民参加によるものが多いが，イノベーションの担い手となる可能性がある研究者に向けて行った点に本取り組みのユニークさがある．それは研究倫理教育の方法にも示唆を与えるものではないだろうか．

いうまでもなく，イノベーションとアカデミズムを考えることは，アカデミズム，とりわけ科学の変容を考えることでもある．これについてはかねてよりさまざまな見方が提示されてきたが，勝屋信昭「モード論の再検討」は，マイケル・ギボンズらのいわゆるモード論を俎上にあげる．モード2型知識生産はラベッツらのポスト・ノーマルサイエンス論と重なりあう部分があること，またそうした領域にはそれに見合う専門家が必要であるという指摘は，科学コミュニケーションにおける媒介的専門性との関連でも検討に値する主張であろう．

もとよりイノベーション政策とアカデミズムというテーマは本特集で取り上げた論点にとどまらない．本特集では取り上げなかったが，たとえばデュアルユーステクノロジーと科学技術イノベーション政策との関連についても考えておく必要があるかもしれない．このように本特集のテーマは深く幅広いものだが，ここで掲載した論考が，会員諸氏がこのテーマに関する考察を深める助けとなることを願ってやまない．さらに願わくは，そのようにして深めた考察を本誌に投稿いただければ幸甚の至りである．

■注

1）ここではさしあたり「個々の研究者の内在的動機に基づき，自己責任の下で進められ，真理の探究や課題解決とともに新しい課題の発見が重視される」(文部科学省科学技術・学術審議会 2013：3)学術研究とそれを行う知識生産基盤の総称としておく．

■文献

文部科学省科学技術・学術審議会 2013：「東日本大震災を踏まえた今後の科学技術・学術政策の在り方について」(平成25年1月17日科学技術・学術審議会建議)，http://www.mext.go.jp/component/b_menu/shingi/toushin/__icsFiles/afieldfile/2013/03/15/1331441_01.pdf(2016年8月3日閲覧)

高等教育の大衆化と科学研究

潮木　守一*

要　旨

第二次世界大戦以前，各国の大学はそれぞれ個性を持ち，何らかの単一の尺度で測定し，その順位を比較する習慣はなかった．しかし大学の増設が始まるとともに，すべての大学を同一のものとみなすことが困難となり，ここに大学評価という課題が生じ，その評価結果に基づいて予算を傾斜配分する仕組みが登場した．大学を教育機関の観点からみれば，大学が地理的に分散していることが必要だが，研究機関の観点からみると，すべての大学に同じ研究施設・器具を配置することは非効率的である．そこから評価に基づく重点配置が必要となった．財政権を持つ政府は，財政難のなかこうした評価に基づく傾斜配分を主導した．他方アカデミック・コミュニティでは人文・社会科学を含めて，研究の水準についての評価があったが，多くの場合その情報はアカデミック・コミュニティ内部に留められ，外部に出ることはなかった．さらに世界的な規模で大学を評価する動向が生まれると，政府は自国の大学について無関心でいることができなくなり，たとえば研究，施設の配置計画に一定の影響力を発揮することとなった．

STSの学会があるということはいろいろな方から伺っておりましたが，今までこういう形で参加させていただくことは，残念ながらありませんでした．私自身のキャリアの中でいえば，はるか昔『科学の社会学』という翻訳を出したことがあります．原著はベン・ダビッドというイスラエルの人が書いた“The Scientist's Role in Societies”という本で，この翻訳が，この領域に比較的近い仕事なのではないかと考えております．私自身はその後，高等教育というキーワードで研究を続けてきましたから，皆さんのようなSTSという関係とうまくかみ合うのかどうか，ちょっとおぼつかないのですが，今日は私なりのお話をしまして，パネルディスカッションでもいろいろとコミュニケーションができればと思っています．

私は既に教壇に立つことをやめて5年はたちました．この5年間は，普段付き合っている人と会って話をしても同じような話ばかりですので，すこし毛色の変わった人のところに行きまして，それぞれのディシプリンの人たちがどういう発想で，どういうことに関心を持っていらっしゃるのか，いろいろウインドウショッピングをしておりました．なかなか楽しいこともあったし，やはりどこ

2015年12月25日受付　2016年7月3日掲載決定
*名古屋大学名誉教授，桜美林大学名誉教授

でも同じだと思ってみたり，そのような状態で今日に来ているわけです．

1．高等教育の拡大路線

早速，今日の話の本題に入りたいと思います．世界中で高等教育が非常に拡大し，今さらその背景をお話ししても皆さん退屈だろうとは思いますが，一応，おさらいをさせていただきたいと思います．

私が教育社会学･高等教育研究の分野に入ったのは1950年代半ばでした．そのころは，メジャーな国の大学進学率さえ分かっていませんでした．アメリカにはたくさん大学があるらしいという話は聞いていたのですが，どのくらいなのか，正式な統計はない状態でした．イギリスは大学の数を制限していると言われていますが，それも統計がありません．私が初めてこの統計を見たのは，今でも忘れませんが，1960年です．そのころOECDが結成されました．OECDは人材育成を一つの大きな柱にしていますから，加盟各国の人材育成の状態を報告し合おうということで統計を集め，1960年に初めて数字が出てきたのです．すると驚いたことに，当時ヨーロッパの同一年齢層の大学進学率は2～3%で，アメリカやカナダが比較的高く，11～12%ほど，日本がその中間で5～6%という時代でした．これが私のキャリアの出発点ごろの，世界の高等教育の大体の姿です．

その後，いろいろな要因が働きましたが，第二次大戦後，先進国はどこも拡大政策を展開しました．問題はその拡大政策の背景です．これもいろいろな説明がありますが，一般的に言えば，世の中は第二次大戦を終えて生活が豊かになったことは明らかです．少し懐具合が良くなると，子どもを大学へ行かせたいと願うのはどこの国も同じです．ですから，所得水準の上昇ということが一つの要因としてあげられます．同時に，高度人材が必要になり，採用者側にもそういう労働力を採用したいという動きが出てきます．国家の方は60年代は高度成長時代ですから，税収がどんどん入ってきます．

それからもう一つ，これは案外見落とされている要因ですが，この時代は東西冷戦の時代でした．ソ連は少なくともヨーロッパ諸国にとっては非常に大きな脅威でした．そのヨーロッパ諸国が2～3%の大学進学率であった時代に，ソ連は10%を超えていました．しかも無償で高等教育を実施していました．これは西欧の政党にとっては非常に大きなインパクトでした．アメリカはスプートニク競争で負けて見直しをしました．ですから，少なくともソ連は大きな力を発揮していたことになります．

さらに，国内的には，今でもそうですが，大衆民主主義の段階でした．政治というのは大衆の要望に応えなければどうにもならない，大衆の要望をいかにして受け入れるかが，戦後の基本的な政治的な流れとなりました．そこで，どこの国もかなり計画的に高等教育の拡大を行っていきました．

高等教育を拡大していく中で必ず出てくる問題の一つは，地理的配置をどうするかという問題です．一国内部でどのように大学を配置したらよいのか．どこの国も地理的配置を一つ重要なポイントとして考えました．もう一つ起きたことは，研究拠点をどうやって作るかという問題です．とくに費用のかかる研究拠点をどうやってつくっていけばいいのかという問題です．大学の数は増えてゆくが，どこの大学にも同じような高度な実験装置は置けない．予算的にも置けないし，効果的でもないという問題です．どうしても集中配置をしなければいけない．そうすると，拠点の選択という問題がどこの国でも起きました．

2. 予算配分方式の変化

大学が拡大すると高等教育予算がそれだけ膨らみますが，これを大学間でどういう原理で分配すればいいかということも，どこの国でも大きな問題になりました．特にヨーロッパのように全額公費負担のところでは，大学がどんどんと増えていきますが，その大学間でどういう基準で予算を配分したらいいかという問題が浮上しました．これは国によっていろいろ個性があったのですが，一例としてイギリスを挙げます．

イギリスはUGC(University Grant Commission)という組織をつくり，そこに政府が一括して全大学用の予算を割り当てる方式を作りました．そのあと各大学にどう配分するかは，大学同志で相談して分配するように，政府は一切タッチしない，という方式をとりました．そういう非常に独立性の強い機関をつくりました．では，内部でどうやって分けていたのかというのは，すべてが闇で政府や議会に報告する必要がないという仕組みを作りました．ましてや，会計検査院も立ち入ることができない，そういう非常に独立性の高い予算配分をやっていました．

後から発表された記録を見ますと，そこには各大学の学長たちが集まるわけです．そうなると，オックスフォード，ケンブリッジ，ロンドン大学が強くなるわけです．内部では大学間の目に見えない力関係で配分されていたということを，後になってわれわれは知ったわけです．それがUGCの初期の段階の予算配分の方法でした．

第二次大戦時代になると，大学の数がイギリスも増えてきます．どうやって予算を分けるか．これはどこの国でも同じですが，学生数や教員数１人当たりの経費を決めて，パー・ヘッドで配分する，これが一番文句のない配分方法です．できるだけ摩擦を避けようとしたら，そういう方法しかなかったわけです．

ところが，これは日本でも起きたことですが，これではあまりにも芸がなさすぎる．もっとはっきり言えば，大学の数が増えてくると，優れた大学もあれば，そうではない大学もあるというのが世間も分かってきます．そういうところに一律に配分するのは税金の有効な使い方ではないという声がだんだん高まってきます．つまり大衆民主主義の圧力です．それ以前は，大学のことは一切大学自身に任せておいて，政府もノータッチ，議会もノータッチでしたが，第二次大戦後になるとそうはいかなくなる．議会でもいろいろ問題になりますし，配分方法をめぐってのいろいろな議論が起きました．

日本は初めから，こと国立大学に関しては，博士課程を持った大学，修士課程を持った大学，それを持たない学科目の大学という種別分配を文科省が行っていました．ところが，学生１人当たり，教員１人当たりという機械的な方法を取っていると，なかなか世間を納得させることができなくなる．そこで，どこの国でも，大学の機関別に予算を分けるのと並行して，プロジェクトごとの研究費配分の制度を導入しました．日本で言えば，積算校費と科学研究費の関係です．科研費の方は，研究者が研究テーマに応じてアプライして獲得することになります．これは機関を通じて配分される予算とは別のもので，プロジェクトごとに配分される予算です．もちろん，機関を通じて分配するものとプロジェクトを通じて分配するものの比率はその時々で変わりますが，この二本立てでやるというのがどこの国でも一般的になります．

ところが，1980年代になると，ますます議会の声が強くなります．同じ大学でも真面目にやっているところもあれば，サボっているところもあるのではないか，それを一律に扱うのはいかがか，という声が上がってきます．なかには大学叩きをして票を集めるようなポピュリストの政党も出てきます．そこで，機関配分ではなく，評価に基づく配分をするべきだという声が高くなりました．イギリスでもかなり早くから，大学に対して研究と教育の二つを評価して，その結果に応じて予算を配分しようという意見が浮上しました．私は最初その案を見たとき，研究の評価はともかくとして，教育の評価は一体どうやるのかと疑問を感じました．研究の方は専門家同士ですからお互いに評価できますが，教育は一体どう評価するのか．私にはその点に一番関心があったのですが，これは意見として登場しただけで，結局は実施されませんでした．今でも教育の評価は実施されていません．結局，研究が一番分かりやすいので，研究実績に応じて機関配分もやり，プロジェクト配分・科研費配分もやるという動きが出来上がったわけです．

イギリスでは研究評価をどのようにしているかというと，全ての教員に過去7年間の研究成果を4点提出させ，それを専門家が読んで，すべての教員を五段階に分類します．世界をリードしている研究者(9点)，世界的水準に照らして優れている研究者(3点)，国際的に認められている研究者(1点)，国内的に認められた研究者(0点)，それ以外の研究者(0点)という5種類に分け，それぞれ点数を付けて，これに応じて予算を配分しているわけです．

この案が出たときに問題になったのは，一体誰がその評価をやるのかということでした．他人を評価するわけですから，世界的に名の通った研究者ではなければ評価できません．しかしそれだからといって，世界的に名の通った研究者をこんなことに使って，時間を浪費させるのは無駄ではないか，かえってその間にイギリスの研究水準が下がってしまうのではないかという批判が随分出ました．この辺はどうやって決着がつくのかを見ていたのですが，途中でサッチャー政権という非常に強力な政権が出てきて，その方式を積極的に推進しました．サッチャー政権成立以降，ずっと今まで続けてやっています．評価される側より評価する側がどれくらい苦労するのだろうといつも心配になりますが，イギリスはこれを20年ぐらい続けてきております．

3. ドイツのディレンマ

私が見る限り，現在のドイツは一つのディレンマを抱えています．ドイツには，古い歴史を誇るハイデルベルク大学から，つい2～3年前にできた大学まで，400もの大学があります．しかも高校卒業資格を持った人であれば，どこの大学にも，どこの学部にも行けます．これが日本であれば，必ずどこかの大学に集中してしまいます．しかしドイツ政府は，「大学は幾つもあるけれども，どこの大学も同じ水準の教育を提供している」としきりに国民に言ってきました．個々の教員には学識の多い・少ないの違いはあるかもしれないけれども，大学単位で見れば，どこの大学も等質の教育を提供している，だから1カ所に固まるなと説得してきたのです．よくこのような理屈で国民を説得できたなと不思議に思えますが，この同質性の神話が未だに働いていて，今のところは1カ所に学生が集まるようなことはないようです．世界にいろいろな大学がありますが，このドイツほど大学の同一性を強調する国も珍しく，しかもそれを国民が受け入れていることは私にとっては非常に不思議な思いでみております．それがドイツ政府のオフィシャルの考え方です．

ところがこの仕組みは，一皮むいてみると，400ぐらいの国立大学があるけれども，どこもドングリの背比べだということになります．国内的にはそれでいいかもしれませんが，1980～1990年代に入ると，グローバリゼーションの動きが起きてきます．世界的な，グローバルな市場の中で，自分の国の大学がどのぐらいに評価されているのか，これが政治家にとっては非常に大きな課題になり，実業界にとっても大きな課題になり始めました．ドイツは，長年にわたってどこの大学も同じだと主張してきたのですが，気が付いてみたら，いわゆるエリート大学は姿を消してしまったことになります．それで何が困るかというと，留学生の国際的な獲得競争です．ドイツへ留学する学生が年々少なくなり，かつてのドイツには学問の国という誇りがあったのですが，その誇りが保てなくなりました．これでは困るということで，エリート大学をつくるべきだという議論が1995年くらいから動きだしました．

初めは，大学単位でエリート大学を指定するのはおかしいという意見がありました．同じ大学の中でも，非常に優れた研究をしているところもあれば，眠っているところもあるのだから，大学をひとまとめにしてエリート大学と指定するのはおかしい．やるのであれば，研究単位ごとに指定するべきだという意見が有力な時期がありました．研究領域単位で重点支援をしている方式がありますから，それを使えばよいという意見です．そういう仕組みを使って専門領域ごとに重点指定をするのであれば意味があるけれども，大学単位でエリート大学とそうでない大学を分けるのは無意味だという意見がありました．

どうなるのかと思いながら見ていたところ，2005年にイニシアチブ卓越性(Excellenz Initiative)というプロジェクトが登場しました．ご存知のようにドイツは連邦制で，各州が大学の管理権を持ち，予算も州政府から出ています．連邦政府はそれほど予算を持っていないのです．ところが，このイニシアチブ卓越性というプロジェクトクトは州政府のプロジェクトではなく，連邦政府のプロジェクトとして出発いたしました．2017年までに11大学をエリート大学として指定し，そこへ重点的な配分をするという政策がとられるようになりました．この過程ではいろいろな議論があったのでしょうが，11大学をエリート大学として指定し，そこに重点的な予算配分をするという方式に変わりました．

こういう措置をとると，一つの問題は学生がこの11大学に集中しないのかという点です．日本では国からエリート大学という墨付きをもらうと，学生はそこへ集中してしまう恐れがありますが，ドイツではまだ今までのところ，どうにかこうにかうまく分散しているようです．またさらには，教員がエリート大学に集中しないかどうか，就職時に卒業生がエリート大学かどうかで扱いに違いが出てこないか，外部資金を導入するときに何か影響が出てこないか，こういったことが心配になるわけです．しかし時々データを見ている限り，学生が新たにエリート大学と指定された大学に集中する傾向ははまだ起きていないようです．ただまだやったばかりですから，これからどうなるのか，保障のかぎりではありません．

それから，就職するときにエリート大学とそうでない大学の学生とで，有利・不利はないのか．雇用主がどのような採用基準をもっているのか，いろいろなインタビューがありますが，その結果を見ると，著名な教授の研究室の卒業生だと多少考慮するけれども，これは個々の教員のネームバリューの問題で，大学のネームバリューではないと採用者側はとらえているようです．また大学のネームバリューで採用・不採用を決めるようなことはないというのが，採用者側の一般的な回答のように見えます．ただ，これも時間と共にどう変わっていくのか，非常に関心のあるところです．

4. 世界大学ランキングのインパクト

21世紀に入って世界大学ランキングが登場し，これが現在世界中にインパクトを与えています．特に政治家にとっては，うちの国の大学が幾つ入っているかという点に無関心ではいられません．上海交通大学やタイムズ紙の付録冊子「The Times Higher Education」の世界ランキングを見ますと，ヨーロッパの大学はあまり入っていません．フランスはほとんど入ってきません．問題は，基準は何かということです．大学人の間では，良い大学，悪い大学ということが話題になりますが，その場合何が基準になっているかといえば，それぞれの専門分野内での評価が中心になっていると思います．大学人は，普段から自分の専門領域での研究成果を見ながら他の国の大学を評価しています．しかし政治家はそういうことをしていませんから，上海交通大学やタイムズのランキングが出てくると，それに頼ります．

このようにして21世紀に入って，大きく言えば，大学がグローバルな競争の中に巻き込まれるようになりました．政治家，実業界は，これを基準にして，いろいろものを考えるようになるわけです．先ほどもお話がありましたが，日本の大学がもっとイノベーティブな研究をしろとか，もう少し言えば，できるだけ目に見える，点数でもって表現できるような成果を挙げろとか，そういう成果を挙げられない専門分野はつぶせといった議論が出てくるわけです．

5. 知の正統化問題

現在われわれが直面している問題は，知的活動の正当性をどうやって説明するかということです．その説明相手は専門官僚ではありません．大衆民主主義の時代ですから，大衆受けしなければいけない．大衆は理屈よりも数字で見せてもらった方がいいわけですから，どうしても次第に数量主義，効率主義が出てきます．

そういう基準で考えていくと，人文社会というものは，それぞれの国にはそれぞれの個性があって，順位で考えることは普通はしません．例えば歴史学の分析で，アナール学派のような新しい観点が出てくると，いろいろな国の歴史研究に影響を与えます．そういう例はありますが，人文社会は，自然科学のように知識のオーダーが決まっている分野とは違うわけで，可視化できる成果とは結び付きにくい．そういうところはもう要らないのだと，政府あたりから人文社会科学系を考え直せという話が出てくるのは，そういう背景があってのことだろうと思います．

それでは，人文系社会系の科学をどうやって擁護するのか．それには，いろいろなレトリックがあります．絶対的な基準はなく，レトリックの問題だと私は思います．これについては，パネルディスカッションでお話ししたいと思います．今までのところで何かご質問があれば，お受けしたいと思います．

質疑

【質問者A】　私は理系で，物理化学を専門でやってきました．一つお聞きしたいのは，歴史的に人文科学・社会科学の場合に，評価をどのようにやってきたのでしょうかということです．理系の場合には，例えばペーパーのインパクトファクターがどのくらいか，外部資金等いろいろな形で評価基準がありますが，人文科学・社会科学の方は知らないので，そういうものがありましたらぜひ教えてください．

【潮木】　人文社会の場合は，サイテーションインデックスをやっているところはあります．被引用率が一番高いのはどこか，誰かというデータはあります．それから日本での研究では，ベースになる理論的なモデルはどこの国のものであるかという分析は幾つかあります．自然科学の場合には，ある知識が別の知識よりも上位であるか下位であるかを比較的に決めやすいと思います．ところが人文社会では，そんなクリアな定義はありませんから，漠然とこの国がこの領域では強いというぐらいの話はします．

私の専門の講座は教育社会学ですが，教育のいろいろ側面を分析をします．例えば，今，格差問題がよく言われますが，親の所得による進学の格差がどのぐらいあるのかということは，実態調査をしなければいけません．さらにその格差は何によってどのぐらい規定されているかを検証しなければなりません．現在は一般的にはSPSSという統計パッケージを使うわけですが，これが日本へ入ってきたのは，1970年代初めです．そのころからカリキュラムの国際標準がデファクトで決まってきました．初期のころは，外国からの講演者がデータカードを持って日本へ来て，翌日の講演に使いたいから集計してくれということがありましたように，現在はある程度の国際的な共通性が出来上がってきました．それを大学院でどのぐらい学生に教えているかは，初めはものすごく差があり，研究室ごとに差があることが分かりました．これは，あくまでも同じ専門内で，もっとはっきり言えばライバル同士の話であり，それほど世の中に出ることはありませんでした．

科研費の審査にしても，結局，審査員は，この研究者はこのぐらいだと大体分かっているので評価できますが，自然科学のようにそんなに厳密に評価できているわけではないと思います．恐らく永遠にできないと思います．

【質問者B】 2点ございます．一つ目は，世界の大学ランキングのインパクトの件ですが，これは指標として何を取るかによって，いくらでも順位が変わり得るわけです．例えば，東京大学は教員や学生のジェンダーバランスが，もし高い比率で入ってきますと世界の中でも最下位に近いところにいってしまうような大学ですが，指標の取り方によっていくらでもランキングが変わるということに対する評価を伺いたいのが1点目です．

二つ目が，ドイツの大学のお話をされましたが，ドイツは州の中で工科大とそれ以外の大学に分けてつくっています．例えば，ミュンヘン工科大学とミュンヘン大学は場所も違うし，人文社会系と自然科学工科系が分かれてつくられています．ミュンヘン工科大では，工学者のためのリベラルアーツの在り方を延々議論するわけですが，そういうのをやるときに，工科大として分けた方がつくりやすいのか，それとも総合大学のようにした方がいいのか．阪大や東大のように，教育に携わる学部が10学部同じキャンパスの中にある方が，工学者のためのリベラルアーツをつくりやすいのか．その辺のご意見を伺えればと思います．

【潮木】 最初のご質問ですが，今のところ，それぞれ評価する主体がめいめい勝手に基準を立てて，世界で1番目はどこかという評価をしています．これが乱発されると，世の中の人たちが一体何を信じていいのかが分からなくなります．それで，ごく最近，基準をできるだけ統一化するために，こういうインデックスを使ってはどうかと勧告する国際機関ができました．そこが使うべきインディケーターを提示して，世の中が少しずつそれに収斂するのを待っているのが，現段階だと思います．勝手にいくらでも基準を立てられるようでは，評価の無政府状態ができあがるだけです．ただ一方ではそんなに目くじら立てて，1位だ2位だと言っていても仕方がないだろう，これが実際の中身を知っている人々の理解でしょうが，世の中はなかなかそうはいかない．そういうことでインディケーターはまだ統一されていませんし，もしかしたらとうぶん統一などできないのかもしれません．ただ，そういう動きはあるということだけお話ししておきたいと思います．

総合大学と工科大学の問題ですが，これは歴史が長い話です．工科大学ができたのは1870～1880年代です．これがなぜ総合大学と一緒にならなかったのか．しかし，ヨーロッパ系の人たちからすると，なぜ東京大学に工学部があるのかということの方が不思議がるのです．これを説明するには長い歴史を説明しなければならなくなります．これはあくまでも歴史の産物であって，それが一つの通例になってしまっていると言うしかないと思います．これが一緒の方がいいのか，別の方がいいのかは，後のパネルディスカッションで出てくると思います．

人間はいろいろな種類の知を持っています．総合大学の理念は，それが全部一つのキャンパスに総合されるといいという神話があります．ただ，天文学の発達のために，同じキャンパスの中に考古学の研究室があることが本当に必要なのか．それがどういう効果を持つかという実証研究はまだありません．しかし，今，政府が言っているような，人文系は少なくて結構だという議論を追いかけていくと，そういう問題に至ります．これはいろいろな考え方の人がいらっしゃると思うので，パネルディスカッションで大いに議論させていただければと思います．

【質問者C】　このスライドの次に来るお話として，イノベーションというバズワードで正当化していくという世界の話に展開していくのだと思うのですが，今まさに質問の回答でおっしゃったことも絡んでいて，例えば人文系の知識の中の幾つかは，イノベーションを具体的に起こしていく課程で使われているものはいくらでもあるわけです．理学系の知識や研究成果もしかりですが，実質，今の日本の流れの中では，そういうことは全く見てもらえないというか，見ないわけです．イノベーションで正当化してもらいたくはないのですが，仮にしたとしても，そこと結び付けて，もう少し真剣に考えれば違った展開があり得るのに，今は工学や経営，経済のある部分に関してはイノベーションに役立つけれども，それ以外はあまり役に立たないから縮小していいよ，いわんや教育なんか要らないのではないかという話になっていると思います．一体全体，どうしてそういうことが起きてしまったのでしょうか．わが国で，特に歴史的にそういうふうになってしまっていく流れがあったのでしょうか．

【潮木】　果たしてそのご質問に真正面から答えられるのかどうか分かりませんが，今の日本政府の財政状態を見ると，とにかく削れるところは削りたくなるのはよく分かるのです．政府としては，どのように優先順位を付けるべきかを考えざるを得ないでしょう．そうすると，人文社会系は私学でいいではないかとなることに，私は賛成するわけではありませんが，やはり規模や数の問題はあると思います．これだけ国が貧乏になってしまった以上，『源氏物語』の専門家を何人も抱えていなければいけないのかという議論は起こり得ると思います．これはいろいろな意見があると思いますので，パネルディスカッションでいろいろお聞かせいただきたいと思います．

【質問者D】　先ほど，1980年代まで，東西冷戦を意識しての大学の拡大というお話がありましたが，ヨーロッパの進学率は，むしろ冷戦終了後の1990年代以後に急増していると思います．1970～1980年代は，ヨーロッパは2～3%の進学率だったのが，今は日本以上に大学生の数も多く，進学率も高くなっている，これはどういうふうに考えたらいいのですか．

【潮木】　私の整理では，1980年代から，ヨーロッパでも進学率は上がってきたと思います．ただ，なぜ上がったのかということが問題です．これは日本では全く議論されていないのですが，1980年代，ヨーロッパは深刻な若年失業に見舞われたわけです．その原因は日本でした．日本が大量に自動車を輸出して，フランスやドイツの自動車工場がつぶれ，そこから大量の若年失業が増えました．しかし職がないからといって家でぶらぶらさせておくわけにはいきません．大学拡大の背後には，若年失業をどう解決するかという要素が入っていたと私はみています．ですから，1980年代から大学進学率がだいぶ上がってきました．それが一つです．

もう一つは，日本よりもヨーロッパが先行したのは，第二の人生を大学での勉強に使うシニアスチューデントの増加です．今でも日本と比べるとはるかに多くのシニア学生がいます．そのころ出てきたのが生涯学習という考え方です．人生のいかなる段階でも大学は受け入れようという考え方が出てきて，大学生の数が増えました．OECDでこういうデータを取っています．大学新入生の年齢は，日本では18～19歳でものすごく狭いのですが，ヨーロッパではものすごく広いのです．28歳以上の大学新入生が4分の1ぐらいいます．これはものすごく大きな変化です．就学率や進学率を見る場合，やはり年齢構成の変化も同時にも見る必要があると思います．

【質問者D】 大学が失業対策事業の一つだというのは，特に1990年代の冷戦終了後に，共産圏が資本主義経済の中に入ってきて，単純労働がそちらの方へ大きく動いていったということがあります．特にヨーロッパの場合には，すぐ近くに東欧圏があるので，このころにたくさんのEMS工場が東ヨーロッパに造られていきました．それから，ほぼ同時期に，インドと中国が資本主義経済に本格的に参加して，結局，単純労働需要が伝統的な西ヨーロッパの方で減っていった．その失業対策事業として，1990年，むしろ冷戦終了後に大学生が急増していく．この種の幾つか経済と絡んだ説明があって，私もそのようなことを話したり書いたりしています．ありがとうございます．

【質問者E】 先生は1980年代のイギリスの例を取り，評価の時代が始まったとおっしゃいました．特にスライドでは，研究の評価と教育の評価と両方あったわけですが，教育の評価はほとんどなされなくて，その後，現代までずっと研究の評価でやられているというお話がありました．

フロアからのご質問とも関連しますが，先ほど理系の学問はインパクトファクターなど評価基準がある程度はっきりしているけれども，人文系はどうなのかというお話もありました．もともと大学内部の評価は理系にしても人文社会系にしてもあったと思うのですが，80年代の評価の時代というのは，それとは違った基準の評価が始まったのだと思います．それ以前の理系の分野の評価の物差しと，80年代に主として外部評価の時代が始まった以降の理系の学問の評価の物差しとでは当然変わってきているだろうし，その「外部」とは誰なのかというのもまた問題なのですが，その辺を教えていただきたいです．

【潮木】 それに直接お答えするだけの情報を私は持ち合わせていませんが，確かに，まさに外部というのが問題なのです．初めはお互いに内部評価をしていました．専門家同士の相互評価というのは，制度化する以前から行われてきました．われわれはそれを見ながら行動していたわけですが，政府がその評価を可視化して，点数化して，予算配分に使うということになってくると，どうしても漠然とした専門家同士の評価では通用しなくなります．そのころから，専門家が行っている評価に対して「専門家とは一体何か」という疑いの目が浮上してくるわけです．それを是正するためにはどうすればいいかということで，審査機関の中に外部の人，主に政治家や実業界の人たちを入れる方式がとられるようになりました．

この歴史はヨーロッパではかなり古く，昔からあります．実業家が大学の評価に入ってくる．私はOECDの評価プロジェクトに入って一緒にやったことがあるのです．実業界の人がメンバーに入ってこられて，いろいろ話をしてみたのですが，やはり大学のことは大学人でないと分からない面があり，実業界の人に頼むのはいくら何でも無理ではないかと思いました．ですから，評価と一口に言ってみても，誰がどういう文化を持ち込むか，どういう評価基準を持ち込むかが問題になります．もちろん，専門家だけでやっていると，弊害が起こるということもあります．

最近では企業の場合，社外取締役の制度が導入されるようになりました．また国立大学法人の場合には学外委員がおりますが，これも一長一短だと思います．私もある国立大学法人の学外委員をしたことがありますが，それほど有効には働きませんでした．普段，生活を別にしている人が年に何回か呼ばれて行って，何か意見を言えと言われても，下手をすると失笑を買うようなことになりかねません．恐らく社外取締役の人もやはりそうな経験をしているのだろうと思います．ですから，外部の目は必ずしも常に有効とはいえないのではないでしょうか．ただし，有効に働くこともあるわけです．人間のやることはそのぐらいの範囲内のことだと，割り切ってやればいいのだろうと思います．

【質問者F】 ある意味での大学進学率の上昇があったというお話がありましたが，その後のその点に関する評価や議論は，2000年代，特に2010年代に入ってから，欧米ではどうなっているのでしょうか．今，日本がまさに，例の大学を三つのクラスに分けてというのは，将来の日本の職業教育に対してどう投資するかというところから出ているのは，皆さんご存じのとおりだと思うので，その未来を考えていく上でも重要だと思うのですが，今，議論がどのような形になっているか，もしありましたら教えてください．

【潮木】 これは，私が見る限り国によってだいぶ差があります．ただ，一般的に考えてみても，今や同一年齢層の50～60%が大学に来るわけです．もっと具体的な表現をすれば，フランスの場合ではラテン語などもうたくさんだという若者が大学に入ってくるわけです．こういう若者に，今までのようなクラシックなカリキュラムをやっても満足しないわけです．どこの国でも，まず考えることは，もっと実践的なものを取り入れる．これは教員も考えなければいけない．今までのような伝統的な基準で教員を選んでいてはできませんから．日本でも職業訓練大学をめぐる議論が浮上しつつありますが，その場合の焦点は，カリキュラムと教員の資格の問題になるのだろうと思います．かつての大学と現在の大学とでは，時代がまるっきり違います．教える相手が違うわけですから，それに対応した対応をどうするかが重要になったのだろうと思います．日本では，差をつけると非常に問題を起こすので，今度のものでうまくいくのかどうか，私は責任がないから黙って見ているだけのことですが，どういう落ち着き方をするのか，つまり日本人が心の中でどう落ち着かせようとするのかという問題だろうと思います．

Science Research in Mass Higher Education System

USHIOGI Morikazu *

Abstract

Before the world war 2, university was considered to be unique from each other, so no attempt has been made to put them on one single scale in order, to indicate which one is better than the others. After the world war second, number of university increased, the government gave up to treat then as of equal performance. The university education need to be diffused geograhphically, although university as research institution need to be concentrated based on the performance. In this way the government developed the evaluation system, on which the research fund to be allocated. Along with the nation-wide evaluation, the across-country ranking of university has been invented to put individual university into the international ranking. The most strongly reacted sector was politicians based on this international ranking, they started to discuss the international reputation of their own university. The landscape of the higher education institutions has been changed.

* Professor Emeritus Nagoya University

イノベーションの時代における科学コミュニティと多様な関係者をつなぐ場としてのサイエンストークス

小山田和仁*

1. 科学コミュニティと多様な関係者をつなぐ場・取り組みの必要性

科学技術政策から科学技術イノベーション政策へという変化の中で，科学コミュニティは従来よりも，多くの多様な関係者と向き合わなければならなくなっている．すでに科学技術への投資は，従来の科学技術振興という理由だけでなく，社会的課題の解決や新産業や雇用の創出などに貢献しうるという社会的・政治的な期待のもとに行われている．そこでは単に個々の学問分野での科学的発見と学術的業績を積み上げるだけではなく，その成果を新たな製品やサービスとして市場的・社会的な価値創出につなげることまで求められている．そのため，知的財産の利活用の促進，ベンチャー企業の創出，社会的課題解決に向けた研究開発などの様々な施策が，従来の大学や研究機関の研究・教育に付加する形で実施されている．その中で研究者も，従来の「産業界」という言葉で表される集団としてではなく，様々な業種の多様な企業関係者，地方自治体や各種団体の関係者，その他課題毎に異なるステークホルダーといった，多様な主体と向き合わなければならなくなる．さらに，従来と異なる機能や役割を果たす上で，これまで科学コミュニティを構成してきた職種とは異なる新しい役割を担う人材も増えてきている．

本稿では，このような状況の中で，科学技術に関する多様な関係者をつなぎ，巻き込みつつ，将来の研究のあり方や方向性を議論する場をつくる取り組みの例として，サイエンストークス(Science Talks)を紹介する．

2. サイエンストークスの概要について

サイエンストークスは，若手の研究者や科学技術に関わる実務者を中心として結成されたネットワーク組織である．発足の契機となったのは2013年10月19日に東京工業大学蔵前会館にて開催されたシンポジウム「Science Talksニッポンの研究力を考える～未来のために今，研究費をどう使うか～」である．同シンポジウムはそもそも，論文添削サービスなどを提供するカクタス・コミュニケーションズ株式会社の社会貢献事業として企画されたもので，筆者も含め，その趣旨に賛同す

2016年7月12日受付　2016年8月27日掲載決定
*サイエンストークス委員会委員，kazuhito.oyamada@gmail.com

る若手研究者・実務者が企画・運営に協力した．同シンポジウムには，現役行政官(財務省，文部科学省)，現役の大学学長や学長経験者，若手研究者が登壇し，それにフロアの参加者も交えて，科学技術への投資や，研究費に関する課題について率直な議論を行った．シンポジウム終了後，関係者・参加者からこのような取り組みを今後も継続して欲しいという強い要望もあり，カクタス社を事務局としたネットワーク組織として継続的に活動を行うこととなった．このため，岸輝雄東京大学名誉教授を委員長とし，活動の趣旨に賛同する若手研究者や実務者をメンバーとする委員会を設置して，活動の方向性の検討や各種イベント・取り組みの企画・検討・実施を行うこととなった．

これまでサイエンストークスは，「日本の研究をもっと元気に面白く」を合い言葉に，主に以下の3種類の活動を行っている．

1つめは，サイエンストークス・バーである．これはその時々の科学技術政策や関連する課題について，トークライブ形式で登壇者と参加者が議論する比較的小規模(参加者数数十名)のイベントである．発想としては，フランスを中心にして行われている，バーでお酒をたしなみながら科学について語り合うバー・ド・シアンス(Bar des Sciences)の科学技術政策版を意図しており，イベント後にはネットワーキングも兼ねた飲食の機会も用意している．科学技術政策という，ともすれば非常に専門的な印象を与え，当時者である研究者自身にとっても身近に感じられないような話題について少しでも身近に感じてもらい，参加者一人一人に自身に関わる問題として考えてもらう機会となるように意図している．具体的な例としては，STAP細胞を巡る一連の問題に関心が高まった2014年9月には，岸委員長が理化学研究所の研究不正再発防止のための改革委員会の委員長を務めたことから，「日本の科学技術政策の課題」として，研究費や研究不正に関する課題について，研究者，学生，行政官，実務者，メディア関係者など多様な参加者を交えて議論を行った．

2つめの活動の柱としては，年1回程度の頻度で開催する大規模イベントである．これは半日程度をかけて，日本の科学技術政策や，研究活動に関わる新しい取り組みなどについて，講演や比較的多数(百名程度)の参加者によるグループディスカッションなどを組み合わせた形のイベントである．例えば，2014年11月には，科学技術振興機構が主催する「サイエンス・アゴラ」において，「ここがヘンだよニッポンの研究！　日本で活躍する型破りな研究者が大集合」と題するイベントを開催している．このイベントは2部構成となっており，前半は，キャリアパスの多様化促進という観点から，博士号や研究経験を有しつつ非アカデミック・キャリアで活躍する方々に，自身のキャリアパスや非アカデミック・キャリアの魅力などを語っていただいた．後半は，グローバル化を受けて日本の研究環境の国際化が叫ばれる中，日本に在住する外国出身の研究者の方々に，日本の研究環境の問題点や課題などについて率直に語っていただいた．このような公開イベントは，従来は府省，大学，ファンディング機関なども同様のテーマで行っているが，どうしても主催者の政策・施策の方針に沿った企画内容になりがちになるが，サイエンストークスでは民間の活動として実施することで自由で率直な議論が可能になると考えている．

3つめの柱は，オンラインでの情報発信である．サイエンストークスのウェブサイト(http://www.sciencetalks.org/)やソーシャル・ネットワーク・サービス(SNS)を通じて，研究や研究支援の新しい方法論や取り組みを行っているような方々や団体の関係者へのインタビュー，オープン・サイエンスなどの科学技術政策上の課題に対する対談記事，イベント開催報告などを配信している．また，最近の例としては，2016年7月に実施された参議院選挙において，科学技術政策に関するニュース配信などを行っているサイエンス・サポート・アソシエーションと共同で，各政党に対して科学技術政策に関するアンケート調査を実施し，科学技術予算，研究費，若手研究者支援，大学改革，大学における防衛・安全保障関連研究といった，科学技術政策上の重要課題に

表1　サイエンストークス　七ヶ条

其の一：出入り自由 日本の研究を元気にしたい！　変えたい！　と強く願うあらゆる人が立場を超えて，個人として参加し，自由でオープンに議論．
其の二：発言自由 「どうせ変わらない」「タブー発言しちゃまずい」なんて気にせず何でも思ったことを話して問題意識を共有してください．
其の三：お持ち帰り自由 面白いアイディアや実践例を共有してください．明日から実践できる，たくさんのよいアイディアをお持ち帰りする場です．
其の四：立場や慣習からの自由 ポジショントーク厳禁．一人ひとりが自分のおかれた立場を超えて，立体的･多角的な視点を持つことが目的です．
其の五：ネットワーキング自由 立場を超えてつながり，自由にコラボしてください．シナジーによって元気を継続的にジェネレートする場です．
其の六：具体的なアクション自由 いいことはどんどんやりましょう．有志が集まって実験的な取組や改革，政策提言など具体的な取組につなげていきます．
其の七：情報発信自由 さまざまな試みや活動をオープンに発信することで，社会からの学術研究への関心と支持を取り戻します．

ついて，各党の回答の比較分析などを実施している（サイエンストークス 2016b）．

サイエンストークスでは，このような多様な取り組みを行っているが，これらの活動を行う上での活動方針として七ヶ条を定めている（表１参照）．

この七ヶ条に現れているように，サイエンストークスは特定の学術分野や団体に限定せず，社会の支持を得つつ，科学技術全体，日本の研究活動全体の活性化に向けた取り組みを行うためのプラットフォームとして機能することを目指している．

3. 第５期科学技術基本計画への提言活動

以上のように，サイエンストークスは，科学技術政策や日本の研究環境の問題や課題を，当時者である研究者や実務者が自らの問題として認識し，行動することを促すような取り組みを行ってきた．しかし，問題や課題に対する認識を高めるだけでなく，国の政策形成に対する具体的なアクションも必要ではないかという意見もあり，より具体的でかつ実践的なプロジェクトとして，2014 年から 2015 年にかけて，「勝手に第５期科学技術基本計画」と題して，第５期科学技術基本計画（以下，「第５期基本計画」とする）への提言を作成するという取り組みを行っている．

この第５期基本計画への提言作成という活動を選んだ理由としては，同計画が 2016 年から 2020 年までの５年間の科学技術政策の基本的方針を定めるものであり，実際の研究の現場に大きな影響を与えうるということがある．加えて重要であったのは，同計画の検討は約１年間と比較的長期にわたって行われること．また，過去の計画の例を踏まえると，問題点の洗い出し，具体的課題別の検討，中間とりまとめ，関係機関からの意見集約，最終案のとりまとめといった，計画策定の各段階のスケジュールがある程度予測できるということであった．このように，政策形成のプロセスがある程度予測可能であるという点は，こういった政策提言作成において無視できないところがある．

毎年の政府予算案の策定に代表される多くの政策形成プロセスは非常に短い時間で行われる．そのため，外部からの政策アイディアが活用される時期，いわゆる「政策の窓（policy window）」（Kingdon 2002）が開く期間が，非常に短くかつ予測しがたく，政府や行政の外にある組織がその政策の窓が開くタイミングに合わせて政策提言を行うことは難しい．しかし，基本計画がこのようにある程度予測できるスケジュールで検討されるのであれば，専任のスタッフを持たない我々のような組織であっても提言を作成し，届けることができるのではという判断のもと取り組みを進めることとなった．

実際の提言作成においては，実際に基本計画の検討を行う，内閣府総合科学技術・イノベーション会議（CSTI）の基本計画専門調査会の会長の原山優子CSTI常勤議員を招いてのサイエンストークス・バー（サイエンストークス 2014a）や，来場者参加型のフォーラム（サイエンストークス 2014b）などを8回開催するとととともに，ウェブサイトでの掲示板などを通じて，論点の洗い出しや意見集約を行った．このようにして集まった問題点や課題，解決策の提案などを，サイエンストークス委員会で整理し，最終的には，5つのテーマからなるからなる提案書「サイエンストークス版　みんなで作る第5期科学技術基本計画への提案」としてとりまとめた（サイエンストークス 2015）．

提言のとりまとめに際して特に気をつけた点は，特定の分野の優先順位付けは行わず，日本の研究全体の活性化につながるような形の提案にすること，出来るだけ幅広い学問分野に共通するような課題に対する提案にすること，日本学術会議や日本経済団体連合会といった同時期に提案を出すと想定される他の団体とは異なる視点やスタイルの提案にすること，などである．結果として，研究やイノベーションの担い手である「ひと」をキーワードとして，顔が見える科学，信頼，評価，多様化，活躍といった5つのテーマについて，あるべき状態をビジョンで示すとともに，国内外ですでに取り組まれている事例を紹介しつつ，改革の方向性や具体的提案を提示するという形にとりまとめることができた（図1参照）．

このようにしてまとめられた提案書について，2015年2月12日に原山CSTI議員に手渡すとともに，同年3月26日に開催されたCSTIの大臣・有識者会合において，平将明内閣府副大臣（当時）をはじめとする出席者の前で内容を発表する機会を得ることができた．またCSTIの基本計画専門調査会においても，外部機関からの提言の一つとして，日本学術会議や各種経済団体と並んで紹介いただいた（内閣府 2015）．

最終的に作成された第5期基本計画への提言内容の反映状況については，同計画が結果として，第4期までの過去の基本計画と一線を画し，基本的な方針を示すことに特化し個別の施策についての言及は限定的なものとなったため，個々の提案内容が採用されたかどうかを具体的に示すことは難しいが，その中でも第4章の「科学技術イノベーションの基盤的な力の強化」の中で人材を重視している点は，我々の提案と共通する問題意識が見て取れると考えている．

また，サイエンストークスでは，このような提案を出して終わりというだけではなく，フォローアップ活動も行っている．具体的には，第5期基本計画が最終的にまとめられた段階で，提案活動や実際の基本計画の内容をレビューする座談会企画（サイエンストークス 2016a）を行っている．また，「ひと」に焦点をおいた自分たちの提言内容を自分たちで推進していくために，従来の研究の枠を超えた活動や挑戦的な取り組みを行っている人をとりあげ紹介する「サイエンス・ゲームチェンジャーズ」を行っている[1)]．

図1 「サイエンストークス版　みんなで作る第5期科学技術基本計画への提言」における5つのテーマ

4. 活動を振り返って

以上，サイエンストークスの活動の概要を紹介してきたが，サイエンストークスの委員として，また発足当初からその活動に関わってきた立場として，筆者の問題意識を以下に述べたい．

そもそも，筆者がこのような活動に関係することになった動機は，常々実務・研究両面で諸外国の科学コミュニティと一緒に仕事をする機会があるなかで，日本の科学コミュニティが，科学技術政策について，政策担当者，産業界，それ以外のより幅広い社会に対してはもちろん，科学技術に携わる関係者に対してさえも，情報発信やコミュニケーションが圧倒的に乏しいのではないかと考えていたことにあった．

海外における科学技術政策の各種報告書や提言を読むと，“scientific enterprise”という言葉がよく出てくるが，これは，現在の科学技術，研究活動が，事業体(enterprise)として組織化され，機能しているという状況を示している(小林 2010)．当然のことであるが，現在の科学技術，研究活動は一人の研究者のみで行えるものではない，相当数の研究はチームとして，チーム内の研究者の分業で行われている．また大学研究アドミニストレーター(URA)，産学連携コーディネーター，大学事務局スタッフなど，研究者以外の実務担当者，大学・研究所のマネジメント層の役割も重要になってきている．さらに少子高齢化の影響もあり，大学院博士課程への進学者数は減少傾向に転じているが，科学研究を将来の仕事として志すような子供達を育て延ばすことは，現在の科学技術を次世代につないでいく上で必要不可欠である．また，研究の成果や研究そのものの魅力を発信しつつ，かつ科学技術が社会を構成する重要な要素として認識してもらうための情報発信・コミュニケーションは，科学技術がもはや社会や経済的関心と切り離されては存在できない現代において，科学コミュニティと社会をつなぐ基盤的な取り組みである．

現状，大学や公的研究機関の研究は，多額の公的資金によって支えられているが，その目的は，純粋な科学技術そのものの振興という目的だけでなく，社会的・経済的な課題解決とそのためのイノベーション創出という期待に支えられている．社会保障費の圧力が強まり国の財政状況が逼迫する中，将来への投資という意味での科学技術への資金投入も聖域ではなくなっている．また，度重なる研究不正は，そのような科学技術への投資を支える社会の信頼という土台を崩しかねない．

このような状況・危機は，実は欧米においても繰り返されてきた歴史があり，そのたびに科学コミュニティは，自分たち自身の問題として向き合い，科学の事業体を構成する関係者と連携して，政策担当者や産業界，社会に対して情報発信・コミュニケーションを行うとともに，自身も改革の取り組みを行ってきた．そのような具体的な例としては，全米科学振興協会(the American Association for the Advancement of Science; AAAS)がある．AAASはそのミッションを「全ての人々のために世界中の科学・工学・イノベーションを促進すること」としているが，そのための活動目標として，「科学者・工学者・社会(the public)の間のコミュニケーションの促進」，「科学とその利用の健全性(integrity)の促進と確保」，「科学技術の事業体への支援の強化」，「社会的課題についての科学的観点からの助言の提供」，「公共政策における科学の責任ある活用の促進」，「科学技術人材の育成と多様性の確保」，「全ての人のための科学技術教育の推進」，「科学技術に対する市民参画の促進」，「科学における国際協力の推進」を設定している(AAAS 2016)．紙幅の都合上，詳細には触れないが，このような目標を設定した上で，AAASは，各学協会とも協力しつつ，科学技術予算分析や，科学技術政策フェローシップ，科学技術外交などの複数のプログラムを実施している[2)]．

AAASの活動は米国の歴史的，社会的文脈や政治システムを踏まえたものであり，その活動すべてをそのまま日本に移植することはもちろんできないが，AAASと同様に科学コミュニティと政策担当者，産業界，その他幅広いステークホルダーをつなぐ活動をするようなプラットフォームを作る必要があるのではないかと筆者は長年考えていたところ，たまたま機会を得て，サイエンストークスの発足にかかわることになった．このサイエンストークスの委員会に入っている他の方々も，同様の思いを持って参画している．

サイエンストークスは発足から数年のゆるいネットワーク組織であり，委員会のメンバーの自主的な活動と協力，事務局のカクタス･コミュニケーションズ社の支援とスタッフの尽力がなければ，これまで述べてきた活動は出来なかったであろう．今後の発展にむけては，学協会や各種の組織，団体，そして科学技術に関わる多様な関係者の支持・協力が不可欠であり，少しずつではあるが学協会との連携も進めている[3)]．また，そのような活動を継続していくための安定した資金源の確保，法人格の取得など，やるべきことは多い．

5. 終わりに

科学技術への政府の研究開発投資は，ここ十年以上にわたってほぼ横ばいとなっており，今後の厳しい財政状況を踏まえると，将来において劇的に増加することは予想し難い．また，科学技術に対する投資も，科学技術そのものの振興，長期的な将来への先行投資というロジックだけでは支えられなくなっている．社会的･経済的課題解決，将来の成長産業の創出という観点からイノベーションへの社会的・政治的な期待や要求はますます強くなるだろう．一方で，度重なる研究不正は，社会や政治の科学コミュニティへの信頼を低下させ，科学技術を支える基盤を弱めることになる．筆者が危惧するのは，科学コミュニティがある種の利益集団として社会的に認識されてしまうような事態が将来生じかねないのではということである．社会や政治からの信頼を得るためにも，科学コミュニティが，積極的に政治や社会に対して発信し，対話を行い，真に自律的な集団・組織として機能することが必要である．

このような活動は研究者個人が日々研究・教育活動をしつつ行うことは非常に困難である．諸外国では長年の経験から，アカデミーやAAASといった組織に専任のスタッフを置き，一種の代理人として，社会や政治との対話・関与に関わる活動をやってもらうという役割・機能分担が行われている．その基盤にあるのは，このような中間的な役割を担うスタッフも，科学技術の事業体はもちろん科学コミュニティの一員であるという共通認識である．我が国においては，科学技術コミュニケーションや，産学連携コーディネーター，倫理・法的・社会的問題(ELSI)の担当者など，同様の役割を担う職が増えてきているが，行政主導の形で導入されてきたという経緯もあるため，コミュニティの一員としての認識は十分ではないと思われる．上記のような中間的な役割を果たす人材・組織についても，科学コミュニティの一員として認識し共同していく必要があるのではないか．我々サイエンストークスも，日本におけるそのような役割を担う組織の一つとして認知されるように活動を展開していきたい．

■注

1）サイエンス・ゲームチェンジャーズについてはhttp://www.sciencetalks.org/?cat=188 を参照．
2）サイエンストークスではAAASの歴史的展開や活動についてもインタビュー記事を掲載している．http://www.sciencetalks.org/?p=2746
3）具体例としては日本分子生物学会に協力し，科学技術政策と日本の研究環境の問題について政策担当者と研究者が議論する「ガチ議論」を，同学会の年次大会にあわせて過去2回開催している．詳細については，ガチ議論サイト(http://scienceinjapan.org/)を参照．

■文献

AAAS 2016: “AAAS Mission”, http://www.aaas.org/about/mission-and-history(2016年7月10日閲覧)
Kingdon, J. W. 2002: *Agenda, Alternatives and Public Policies*, 2nd Edition, Longman Publishing Group.
小林傳司 2010：「エンタープライズとしての科学技術」Web Ronza(2010年12月23日)，http://webronza.asahi.com/science/articles/2010122200006.html(2016年7月10日閲覧)
サイエンストークス 2014a：「「話し合ってどうするの？」に答えたい――サイエンストークス・バー6月6日イベント報告(1)」，http://www.sciencetalks.org/?p=2999(2016年7月10日閲覧)
サイエンストークス 2014b：「イベント報告記事：2014年10月25日　サイエンストークス・オープンフォーラム2014　日本の研究をもっと元気に，面白く～みんなで作る，「第5期科学技術基本計画」への提言～」，http://www.sciencetalks.org/?p=4087(2016年7月10日閲覧)
サイエンストークス 2015：「サイエンストークス版　みんなで作る『第5期科学技術基本計画への提案』」，http://www.sciencetalks.org/wp-content/uploads/2015/03/ScienceTalks_Proposal_for_5th_ScienceAndTechnologyBasicPlan_Final_Ver1-2_2015-03-051.pdf(2016年8月7日閲覧)
サイエンストークス 2016a：「「そもそもなんで『第5期科学技術基本計画』，勝手に作っちゃうことにしたんでしたっけ？～勝手に「第5期科学技術基本計画」編集部反省会(第1話)～」，http://www.sciencetalks.org/?p=5094(2016年7月10日閲覧)
サイエンストークス 2016b：「【参院選2016】科学技術政策についての政党アンケート，結果を公開」，http://www.sciencetalks.org/?p=5288(2016年7月10日閲覧)
内閣府 2015：「外部機関からの「第5期科学技術基本計画に向けた提言」」(総合科学技術・イノベーション会議　第8回基本計画専門調査会(2015年5月14日)参考資料1)，http://www8.cao.go.jp/cstp/tyousakai/kihon5/8kai/sanko1.pdf(2016年8月7日閲覧)

Science Talks: A Platform for Bridging between Scientific and Other Diverse Communities in the Era of Innovation

OYAMADA Kazuhito *

Abstract

In the era of "science, technology and innovation policy," scientific community is required to communicate and engage with much wider communities and more various stakeholders than ever. Science Talks, which is a grass-root network of younger scholars and practitioners, provides fora in which scholars, practitioners, policy makers and other people concerned discuss the future visions of science in Japan, and learn from each other lessons and practices in order to energize research environments.

In this article, the author describes background of its establishment and details of its main activities, focusing on a project to make policy proposal for the 5th Science and Technology Basic Plan of Government of Japan. Opportunities and challenges of this kind of activity in Japan will be discussed toward a better relationship between scientific community and other diverse communities.

Keywords: Science Talks, Scientific community, Science and society

Received: July 12, 2016; Accepted in final form: August 27, 2016
* Committee Member; Science Talks; kazuhito.oyamada@gmail.com

1950-60年代日本における産学協同の推進と批判

夏目　賢一*

要　旨

産学協同は，戦後日本の経済復興と学制改革の問題点を改善すべく，米国の先進的な教育制度として日本へと紹介された．しかし，この特色ある教育システムは一般には普及せず，その一方で，産業界はこの産学協同を技術者不足や技術革新という差し迫った問題に対して都合よく利用した．この産業界の理解は大学経営や政府の利害とも合致していた．これに対して，産官による産学協同の推進は戦前の国家的「独占資本主義」の復活であり，学問の自由や主体性の危機ともみなされた．この批判は1960年代後半の大学紛争の進展とともに高まり，産学協同をタブー視する雰囲気が全国的に広がっていった．批判側はイデオロギー的に，推進側は都合よく恣意的に，この産学協同をスローガン化した．両者の議論ともにその利害関係は抽象的に一般化され，科学技術論の研究者もこの一般化を歴史的な観点から促した．こうして具体的な分析が阻害されることになり，推進と批判の対立は放置され続けたと考えられる．

1．序論

東京大学工学部の猪瀬博らは1981年の日米会議[1)]の報告で，日本では1960年頃から産学協同が「タブー」視されるようになったとし，その歴史的背景として，戦前に軍需が産学協同で進められたことへの強い反戦感情が大学紛争を通じて噴出したこと，および産業界の求める研究開発と大学で評価される研究とが乖離して互いに不信感が生じたことをあげている(Inose et al. 1982)．さらに，黒田(1999)はその「タブー」視の具体的な原因として，1960年7月に経済同友会が拡大する国会周辺デモ[2)]を受けて学生を資本主義陣営に引き付けるべく「産学協同」に政治性を持たせようとした(朝日新聞 1960.7.10, 4)ことをあげ，このような動きが学生の警戒心をあおったと分析している．

日本では産学協同への批判が1960年代に広がったが，その推進側にはタブーとまで批判されるような意図がどれほどあったのだろうか．産業界は戦後復興にあたって，大学を介さずに欧米から技術導入を進め，中央研究所等を設立して独自の研究開発を進めた．しかし，1950年代後半から

2016年2月14日受付　2016年7月3日掲載決定
*金沢工業大学基礎教育部，准教授，knatsume@neptune.kanazawa-it.ac.jp

科学技術振興・理工系ブームが拡大し，産学協同が重視されるようになり，産業界から大学工学部への支援も増加していった．それが1960年代後半になると大学自治との葛藤の中で，日本独自の形で産学協同批判が展開されるようになった(Hashimoto 1999; 李 2012)．このような経緯の中で，大学が産業界の要請に翻弄され，その主体性を失っていったとすれば問題であろう．しかしそれは程度やバランスの問題であり，タブー視は極端なようにも思える．

産学協同についての大学紛争当時の理解として，1969年に東京大学･大学改革準備調査会[3]は(必ずしも明確ではないとしながら)それを次のように説明している．

> 大学(学部単位のこともあれば，学科ないし講座単位，さらには個々の教官あるいはそのグループの場合もある)が私企業・政府機関・財団等との間に一定の委託研究の契約を公式あるいは非公式に結び，研究費の交付を受けて研究をおこなうこと(大学改革準備調査会 1969, 99)

このように産学協同を大学への研究委託と理解すると，そのような現象は産業への科学の有用性が認識される19世紀には世界的に広がり始めていた．日本でも第一次世界大戦の頃からは産業界の寄付金による附置研究所設置や奨学金，委託研究などが拡大している(鎌谷 2006)．また，それ以前には古河財閥が九州と東北の各帝国大学(工・理・農科大学)に建設費を寄付しており，それ以降では1930年に資源審議会によって研究者と事業家の研究組合の設立による「協同研究」の促進が答申されたり，1940年からは研究隣組制度が導入されたりしている．ただし，前者は国家に対する企業利益の還元であり，後者は科学技術の国家総動員体制の一環であって，今日的な産学連携で想定されるような投資的な協力関係ではなかったとも言える(喜多見 1962, 9; 舘 1983, 8–9)．逆に，後者のような事例を産学協同とみなすのであれば，それを推進することは反戦感情を刺激することにもつながるだろうが，それを判断するためには戦後の展開の特徴をきちんと分析する必要があるだろう．

歴史をさかのぼって産学間の共同研究や財政支援の事例を見いだすことは可能である．そこからは，学問がそもそも社会的に構成されたものであり，産学協同は当然のことであると結論づけられるかもしれない．しかし，当然なのであれば，そもそも産学協同を理念として特別視する理由や，タブーとまで忌避する理由は不明瞭になるだろう．あるいは，産学協同を本質的に否定し，新たな学問観を形成すべきなのだろうか．これらの問題は，その後の産学連携や，イノベーション重視の学術政策に関する議論でも十分に解決しないまま続いているように思われる．また，先行研究からは戦後の産学協同の展開について一定の理解は得られるものの，歴史的な全体像がいまだ不明瞭のように思われる．そこで本論文では，1950–60年代の日本で産学協同が特別な理念として展開されていった過程を，その歴史的な段階に応じて工学教員，産業界，学生，工学(工学部)それぞれの利害関心に注目して多面的に分析することで，推進と批判の対立原因を考察したい．

2. 工学教員にとっての産学協同：職業教育の模範的方式として

1950–60年代には，今日一般的な「産学連携」ではなく「産学協同」という語句が用いられていた．そしてこの語句は，大学と産業界との協力関係を抽象的に意味するだけでなく，当初はより具体的に1906年にシンシナティ大学の工学部長シュナイダー(Herman Schneider)が工学教育の一環として提唱した“cooperative system”を意味していた．この方式は，会社での実地勤務期間を大学での学科受講期間と数か月単位で交互かつ体系的に繰り返すことで職業訓練を通じた理解増進

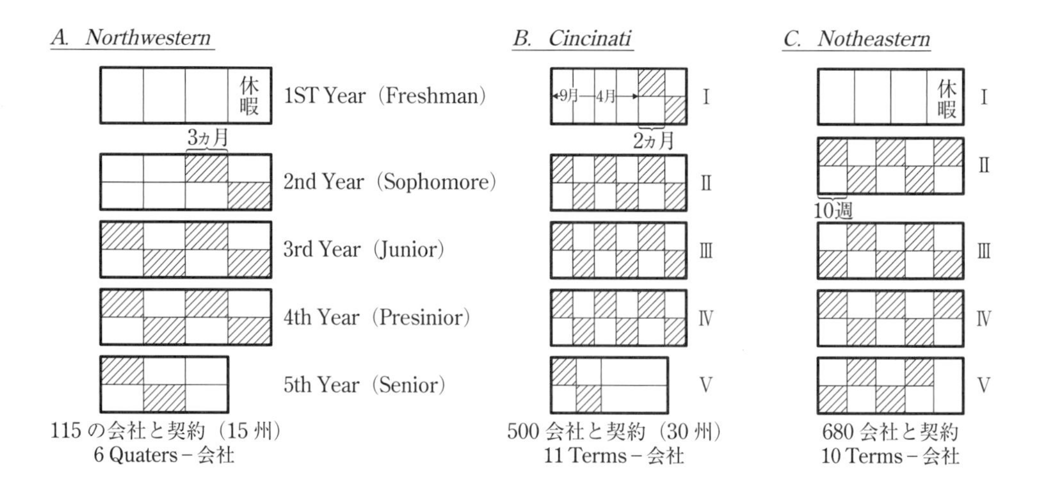

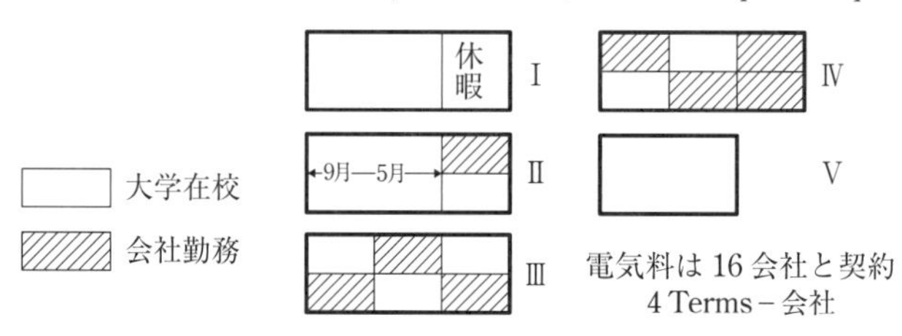

図 1 「産学協同」方式の模式図(日本生産性本部 1958, 41). 大学在校と会社勤務の期間が, 数か月ごとに交互に設けられていることがわかる.

を図る「サンドウィッチ制度」であり(図 1), 学生の経済的自立を助ける「儲けて学ぶ制度」でもあった(日本生産性本部 1958, 39). そして, 米国ではこの方式の有効性が多くの大学で認められ, 制度的な導入が進んでいた.

この方式が日本にも, 第二次世界大戦後の対日占領政策下において米国の優れた方式として紹介された. GHQ/SCAP経済科学局の対日工業教育顧問団 15 名が 1951 年 7–8 月に来日し[4], 産学官(文部省など)の関係者のべ 1,455 名と, 東京, 京都・神戸・大阪, 福岡, 名古屋, 札幌, 仙台の 6 地区で視察と会合を進めた. 顧問団はとくに, 旧制専門学校が新制大学になったことで, 産業界が求める職業教育(sub-professional education)の機会が高卒者から奪われていることへの危惧を報告した(工業教育研究集会中央運営委員会 1951; 文部省大学学術局技術教育課 1952). 戦後の学制改革では普通科が充実した一方で産業教育の機会が減少したという問題があり, 1951 年 6 月には産業教育振興法が施行されていた. しかし, この法律では中学校から大学までが「産業教育」の対象とされたが, 大学については条文もなく運用の対象にはなっていなかった. 大学では, 新制大学に移行して一般教育が導入されたこともあり, 卒業生の職業に関する知識技能の低下が懸念されていた(大山 1952, 92–3; 都崎 1951, 1).

この対日工業教育顧問団の指摘を受けて, 1952 年に日本工業教育協会(以下,「日工教」と表記する)が設立された. この協会は米国工業教育協会(American Society for Engineering Education: ASEE)をモデルとし, その目的は「工業に関する大学相互並びに大学と産業界との連繋を密にし, 大学における工業教育の振興をはかりもつてわが国工業の発展に寄与すること」(協会規程第 3 条)と定められた. 協会の設立準備は, 清水勤二(文部省科学教育局長などを経て名古屋工業大学長)や古賀逸策(東京大学), 佐々木重雄(東京工業大学, 大学基準協会)ら大学の工学教員を中心に, 産業界と文部省の協力によって進められた[5].

また, 1956年6月には通商産業省の産業合理化審議会が答申「産学協同教育制度について」を発表し, 工場実習制度としての「産学協同」を「産業を供給する人間, とりわけその中心と考えられる大学工学部学生の質的向上策」とし, その具体的方法とともに提案した(産業合理化審議会 1956). この審議会を通じて「産学協同」という語句が用いられるようになった(広重 1961, 102)[6].

さらに, 1955年に設立された日本生産性本部は, 同本部の海外生産性視察団派遣事業の一環として1957年に産学協同専門視察団を米国に派遣している. この視察報告での「産学協同」は, 教育面だけでなく研究面も対象とされた. この視察団には日工教所属の大学教員が全国から11名参加し[7], 団長を日工教会長の清水勤二, 書記長を大越諄(東京大学)がつとめた(日本生産性本部 1958).

この視察報告を受けて, 1958年に産学協同委員会が産学官それぞれ4–5名の委員によって組織された. その会長は石川一郎(原子力委員会)がつとめ, 学界からは内田俊一(東京工業大学長), 大濱信泉(早稲田大学長), 茅誠二(東京大学長), 清水勤二の4名が参加した. この産学協同委員会(1959, 15–7)は, 「高度工業国家」を「進歩してやまない高度の科学がすみやかに産業界の技術に吸収せられて常に新しい技術の創造が行われ, 新しい製品や優秀な性能が経済活動を助長し, 貿易の伸長を刺戟し, それらの諸活動の間の協力が積極的にかつ円滑に行われるような国家」と定め, 「その実現に最も効果多きものが産学協同である」と位置づけている. そして, この産学協同の方法として, A. 大学と産業界との研究協力, B. 産業界の技術者がたえず勉強して, 高度の科学を吸収応用する体制(継続教育), C. 学術, 技術両全なる技術者の養成, をあげ, 「大学が産業界で活躍する重要な高級技術者の供給源であるから, 産業界も大学における教育および研究の両活動がさかんになるように援助すべき」として, 教育・研究両面での産業界の協力を求めた.

ここでは, 産学協同の理念が日本の経済発展という目的のための手段として, 工学を離れて大学全体へと一般化されている. このような手段としての一般化は, 次のような同委員会の結論にも表れている.

> わが国の現状をかえりみると, 高度工業国家実現の上に欠けるところの多いことを知るのであって, 産学協同によってその実現に努力し, 一日もはやく模倣日本から創造日本に転換する必要のあることを痛感するものである(産学協同委員会 1959, 17).

そして, 同委員会はこの実現に向けて, まずは1958年に選抜委託学生制度などを「大学卒業後の継続教育に関する産学協同方式」として文部省に要望し(産学協同委員会 1959, 17–20), 同年には国立大学等への受託研究員制度が技術者の再教育制度として実施されることになった. このように, 推進の主体が工学教育から産業政策へと移っていくことで, 産学協同の理念もより抽象的に拡張されていった.

その一方で, 理念が拡張されていく中では特殊事例となるが, 産学協同方式の工学教育も導入が模索された. その代表例として, 東洋大学は1961年に工学部を設置し, 米国にならった「サンドウィッチ」方式の工学教育が目指された. この工学部設置は, 日立製作所社長の倉田主税の協力によって同社から二億円の寄付を得て実現した. また, 教員人選などの開設準備は理化学研究所の主任研究員でもあった大越諄を招いて進められた. 大越は1957年の産学協同専門視察団に参加して以来, 米国の産学協同方式を導入する意義を力説しており, その主張が東洋大学でも全面的に採用されて工学部全体での導入が目指されることになった(東洋大学創立百年史編纂委員会 1994, 416-26, 473-83). 他にも, 1962年に設立された大同工業短期大学では, 産学協同方式にならった「学生委託制度」が導入されている(錦織 1963). しかし, これらの事例はあくまで例外的であり, 一般に普及することはなく, 東洋大学でも理想的な実現には程遠かった. 短期の学外実習であれば必修化している大学もあったが, 成績評価が困難といった理由から, ほとんどがそれを正規の単位(カリキュラム)としては認めていなかった(日本工業教育協会 1965, 60-4). そして,「サンドウィッチ」方式は受け入れ先の企業に大きな負担を強いるため, 結局のところ産業界の十分な協力も得られなかった[8].

3. 産業界にとっての産学協同：技術者不足への対策として

産業界は, 産学協同方式による教育改善への協力には消極的であったが, 経済発展による技術者不足に対する改善要求には積極的であった. そして, このように自らの利害に合わせた産業界の姿勢が, 産学協同の理念を変容させていくことになった.

日本経営者団体連盟(日経連)は, 1956年11月に「新時代の要請に対応する技術教育に関する意見」をまとめ,「今後の経済発展に対応する技術者・技能者の計画的養成教育」や「技術者養成のための理工科系大学教育の改善」などを掲げて, 技術者・技能者の要員数の想定, 短期大学と高校を結びつけた5年制の専門大学の設置, 計画的な法文系の圧縮と理工系への転換, 専門科目の充実などを要望した(日本経営者団体連盟 1956). この背景には, 法文系と理工系の学生数比が75：25になり, 戦前の65：35にも達しておらず, 産業界の需要に反して大学では法文系偏重が進んでいるという問題意識があった. 日経連は, この提言の内容をさらに整理して, 1957年に「科学技術教育振興に関する意見」として発表した.

中央教育審議会は, この産業界からの要請を踏まえて1957年に答申「科学技術教育の振興方策について」を発表し,「確固とした産業振興政策を樹立し, それに準拠して科学技術者養成の年次計画をたて, これを実行するに必要な処置を講ずること」および「学部・学科等の拡充と学生定員の増員」を提言した. また,「大学と産業界との連係」として,「大学の教育と研究とに産業界の要望を反映させ, また, 学生の工場実習に産業界の協力を求めるなど, 努めて大学と産業界との接触を密にし, 相互の協力を促進すること」を求めた(中央教育審議会 1957). 1957年はいわゆるスプートニク・ショックがあり, 科学技術振興への問題意識が国際的に高まった時期でもあった.

この1957年には1962年の技術者需要が27,500人に増大することが予測され, 8千人の技術者不足が見込まれた. そして, この不足分を埋めるために, 科学技術者養成のための理工系学生増募計画が着手された. この計画は順調に達成されたが, 1960年になるとさらに科学技術会議の諮問第1号答申「10年後を目標とする科学技術振興の総合的基本方策について」と国民所得倍増計画が発表され, その計画期間内に17万人の科学技術者不足が予測された. そのため, 1961年からは理工系学生定員をさらに3年間で2万人増員する計画が進められた. また, 1965年からはベビーブーム世代の大学入学志願者急増対策が進められた. こうして最終的に, 1960年に10万人程度だった理工系学部の学生数は1970年には30万人を超え, とくに工学部(理工学部等を除く)では7万人から22万人へと大幅に増員されることになった(学校基本調査).

このように技術者不足が社会的な問題となり, それを補う手段として「産学協同ブーム」や「社立学校ブーム」が拡大した(喜多見 1962, 10; 広重 1961). そこでの産業界の関心は, 経済団体連合会(経団連)が中心となって1960年に設立した日本科学技術振興財団の活動から読み取れる[9]. この財団は，産学協同委員会を「産業界と大学，および国公私立試験研究機関との連携の促進，ならびに産業界の要望する研究，再訓練などの援助の推進をはかるための調査審議機関」として設置した(30年のあゆみ編集委員会 1989, 38)．そしてその課題として，技術者不足の解決，重要研究の推進，研究テーマの決定，日本の研究体制の4項目を設定し，とくに技術者不足への対策として1961年に産学協同センターを建設した．もっとも，技術者不足対策は活動として難しく，実際には講習会やセミナーの継続的な開催にとどまり，センターの建物は同財団が1964年に設立した科学技術学園に寄付され，委員会の活動は同財団の科学技術館で続けられることになった(30年のあゆみ編集委員会 1989, 87–9)．

このような産学協同への注目は，他の経済団体でも同時期に進んだ．経団連が日本科学技術振興財団の設立を決定した1959年12月には，日経連技術教育委員会が自民党文教関係者に旧制高等工業学校に相当する専科大学を新設して中級技術者の養成に力を入れるように要望しており(日本経済新聞 1959.12.9, 3)，経済同友会も全般的な科学技術者不足の解消とその質の強化を目的とする「産学協同センター」の設立を(日本生産性本部の産学協同委員会に代わる推進母体として)発表している(日本経済新聞 1959.12.19, 1)．また，1961年2月には日本鉄鋼連盟が，技術者確保のために国立大学理工系学部に4年間で2億5千万円の資金援助を決定している．

このような技術者不足対策に加えて，技術革新を得るために「企業が，大学または大学内の研究機関に，財政的援助をし，その反対給付として研究の成果を企業に利用させる」ことも産学協同として進められ，学生増募計画が実現していったことで，そちらが産学協同の課題の中心になっていった(喜多見 1962, 9)．その具体的な動きとして，1959年には委託研究の斡旋などを目的として慶応工学会が慶応大学工学部の外郭団体として設立され，1960年には東洋レーヨン科学振興会や，姫路工業大学と姫路市財界人による姫路科学技術センターが設立されている．

産業界は産学協同を技術者不足や技術革新という喫緊の課題への対策として要望し，自分たちの制度的協力が必須となる工学教育の米国方式にはほとんど意識を向けなかった．そして，国家政策もこの傾向に同調していった．科学技術会議の諮問第1号答申でも，産学協同について「産学共同研究は大学または国公立研究機関における基礎的研究等と産業界における応用研究ないしは技術経験とを結びつけ独創的新技術を生むうえにおいて，また営利法人内の研究者の養成，再教育の意味においても重要である」として共同研究施設の設置や受託研究の円滑化を提案している．そこでは，工学教育のサンドウィッチ方式は言及されておらず，日本科学技術振興財団などと同一のビジョンが語られている(科学技術会議 1960, 209)．さらに，この産業界の傾向は，経営基盤の拡張や安定を図ろうとする大学側の利害とも合致していた．そのため，例えば工学部では1962年に成蹊大学工学部が，大学では1965年に金沢工業大学や京都産業大学が，それぞれ産学協同を標榜して設立されているが，それらの大学でも，教育制度としての産学協同方式には意識が向かなかったようである．

4. 学生にとっての産学協同：「独占資本主義」の象徴として

1952年のサンフランシスコ平和条約発効を経て，1960年代初頭の日本では占領政策の反動や計画的な経済政策，日米安全保障体制下での再軍備などが進んでいた．1960年には日米安全保障条約が改定され，さらに1961年の池田・ケネディ会談に基づいて日米科学協力事業が発足した．このような情勢において産官主導の大学改編が進んでいくことは，マルクス＝レーニン的な分析からすると戦前の帝国主義的な「独占資本主義」体制の復活と理解され[10]，産学協同は「生産にたいする科学者の結合を資本の立場よりおこなうもの」であり，1957年の中央教育審議会答申は「文部大臣の諮問機関である中教審が，徹底して資本の声を代弁する」ものとして理解された(大沼他 1975, 228–30; 芝田 1966)．学生を資本主義・民主主義陣営に引き付けるために産学協同を政治的・社会的に利用していくという経済同友会の方針が1960年7月に報じられたことも，このような理解を強めるものであった．経済同友会はその手段として，若手の学者グループや産学協同センターの活動を通じて学生や学者との意思疎通をはかり，政治と社会の問題を積極的に取り上げることで「インテリ中間層にも共感をよぶような資本主義の新しい理論づけ」を積極的に推進するとしていた[11)]（朝日新聞 1960.7.10, 4)．経済同友会は，その後の大学紛争の拡大を受けて，この産学協同に対する方針を「新しい社会における道徳的価値の確立」を求める1969年の提言「高次福祉社会のための高等教育制度」へとまとめていくことになる(経済同友会 1976, 327–8)．日本科学者会議の京都大学工学部分会(1970, 22)は，この1960年の経済同友会の表明を引用しながら，産学協同には「資本主義体制擁護のイデオローグ養成・イデオロギー流布」の側面があると指摘している．

また，1960年代初頭には科学技術基本法や大学管理制度が大きな論争になった．科学技術基本法の制定は，科学技術会議の諮問第1号答申における「制度の改善」方策の筆頭として提言され，その試案が1962年4月に衆議院で提出された．この答申で基本法の審議を担当した第5分科会主査の清水勤二(1960, 102–3)は，その意図を財源確保のための税制問題の解決と述べている．しかし，日本学術会議はこの法制化に第5部(工学)を除いて反対し(広重 1965, 134)，同じ1962年4月にその対案として，科学研究の自由や科学研究者の自主性の尊重，科学研究成果の原則公開などを掲げた「科学研究基本法」の制定勧告を採択している．また，1962年5月の池田首相声明を通じて，(1960年5月の文部大臣から中央教育審議会への諮問「大学教育の改善について」で問われた)大学人事に対する文部大臣の拒否権や，大学の管理運営における評議会や教授会の権限・自治などの問題が注目を集めた．そして，このような大学管理制度の「改善」は大学の自治や学問の自由への国家権力の介入であるとして，大学教員や学生たちの抵抗を引き起こした．

さらに，1960年代には防衛庁技術研究本部の外部委託研究開発費の拡大や半導体国際会議への米陸軍資金の導入などが相次いで問題となり，軍学協同も防衛産業との関係から産学協同と同じく国家独占資本主義の拡大とみなされ，学問の公開・民主・自主を求める観点から批判の対象となった(川崎 1969)．

こうして，産学協同はイデオロギー的な「独占資本主義」批判の標的とされていった．当初は，これはあくまで抽象的な体制批判であり，実情はそのような批判とは程遠いという指摘もあった[12)]．武谷(1961, 42)は産業界の姿勢について「企業家はどこ吹く風と「ネダリに来た」くらいに思って見向きもせず宗教団体などの寄付集めと同じに扱っていた」と述べ，「科学技術に関する限り「独占資本の強大な意志」なんてものは全く見ることはできない．そこには，先進諸国との技術提携のバスに乗りおくれまいとする右往左往が見られるだけである」と述べている．

それが1960年代後半になると，「高度工業化社会」における「人間性の抑圧，人間疎外の現象，繁栄の裏側にある貧困，戦争，政治の腐敗等」がより顕在化するようになり，経済成長優先や研究資金獲得優先への批判とともに「学問の有用性」への根本的な問い直しが進められた．そして，これらの批判が大学の大衆化とともに形成された「学生層」の運動として世界的に拡大した(大学改革準備調査会 1969, 3–17)．学生運動では，世界的にはベトナム反戦など共通する論点もあったが，各国それぞれの社会矛盾や抑圧に対する反乱・解放が目指され，日本では産学協同批判が論点の一つになった．ベトナム戦争に関しても，日本は日米安全保障体制によって米国の帝国主義に加担しているとされ，産学協同はその「帝国主義的再編」における「国家独占資本主義」の一環として理解された．そして，これらが1970年の日米安全保障条約の更新に向けた反対運動として展開された．

大学紛争では，まずは早稲田大学で1965年末に始まった早大闘争において「産学協同路線反対」が掲げられた．この早大闘争の目的は学生会館の管理運営権の獲得と学費大幅値上げの撤回であった．しかし同時に，技術者養成のための理工系技術部門や経営系・教員養成系が拡充される一方で，「役に立たない」第二学部や新聞学科・自治行政学科が廃止されるという，大学本部が進める「国家社会の要請に応える」全学的改編への反対運動へと拡大した．この批判では，大学本部の教育行政そのものが「産学協同」と位置づけられ，「個別闘争の普遍化」が目指される中で，「産学協同」もスローガンとして抽象化された(早大闘争の記録編集委員会 1966, 13–31)[13]．

早大闘争では，技術者不足対策としての産学協同の制度化が批判の原因となった．このような制度化は，学生にとっては，産業界の要請に応じて大学を人材の大量生産の場に変え，就職に関しても大学生の非エリート化を促進するものであった．この学生の心情について，絓(1998b, 106)は「産学協同は，それが日本資本主義の「帝国主義化」を促進するから反対されたわけではない．相対的過剰人口として生産されるほかなくなった学生の，その失業不安を糊塗しようとしてしえぬ資本主義的プロパガンダであるがゆえに，反対されたのである」と分析している．この1960年代半ばの「産学協同」批判は，学生の利害が産業界や大学経営の利害に侵食されていくことへの批判であり，したがって，工学教育の具体的な方式に対する批判ではもちろんなく，大学組織全体への批判として展開された．

5. 工学にとっての産学協同：学問の主体性問題として

東京大学で1968年に始まった東大闘争では，産学協同はさらに根本的に，「大学における学問の自律性と研究者の自主性を確保する必要性と，大学における学問研究(および教育)に対する社会的要請」とのジレンマの象徴として問題化が進められた(大学改革準備調査会 1969, 10–2)．自律性や自主性に欠けると，「学問研究が出資者の利益に従属するおそれ」や，「研究計画の選択が，学問本来の要請と相容れない諸要因によって左右される」おそれが出てくるためである(大学改革準備調査会 1969, 99–100)．こうして，大学組織への批判は大学の学問そのものへの批判へと展開されていった．

そもそも産業界からの要請をどこまで社会的要請として一般化できるかという問題はあるが，社会的要請から乖離することは，大学が「象牙の塔」として閉鎖的で独善的になることを意味した．戦後になって「大学の性格・機能も大きな変化をとげ，いわゆる象げの塔[原文ママ]よりも社会制度としての大学が強く表面に現われてきた」(中央教育審議会 1963, 2)という現状があり，東大としても「「象牙の塔」にとどまりえないことは明らか」(大学改革準備調査会 1969, 11)であった．そしてこのジレンマの中で，1969年2月にまとめられた東京大学「七学部代表団との確認書」に付随して，同大学の評議会は「われわれは，大学における研究が自主性を失って資本の利益に奉仕することがあれば，そのような意味での「産学協同」は否定すべきであると考える」(加藤 1969, 9)という基本方針を示すに至った[14]．

この全学的な動きに応じて，東大工学部の教員たちも工学部検討会を組織し，独自の改革論を展開していった．当時の工学部長であった向坊隆(1969, 120–1)は，その辞任挨拶で「産学協同の否定」の問題に言及し，「工学部においては，学問技術の発展に伴って，「象牙の塔」から，産学協同という形での社会との関連の密接化への変化が自然に行なわれて来ました」としながら，工学のあり方について次のように述べている．

今日，産業とのいろいろな意味での協力なしに，工学の研究，教育の進歩はありえないと思われます．また，大学における工学の研究の成果が産業を益することになるのは当然であります．しかしながら，工学の結果として発展したある種の産業は公害を生み，また産業の発展は，学生諸君の言葉でいえば，独占資本に奉仕し，国家権力を強化することになる，要するに，工学の発展の結果が，社会に如何なる影響を与え，利益が社会においてどのように分配されるか．このような問題に対する反省なしに工学の研究が「象牙の塔」に安住した形で行なわれたり，産業との協力を強めたりしてよいものかどうか．このような問題にのみ捉われていては工学の発展はむしろ阻害されるでありましょう．しかしながら，このような批判はやはり率直に受け止め，謙虚に反省することが，今後の工学と社会の健全な発展のためには必要なのではないでしょうか(向坊 1969, 121)．

ここで向坊は産学協同を基本的に肯定する一方で，社会問題への反省には具体的に答えられていない．ここに工学部のジレンマとその改革論の基本的な方向性が表れている．とくに工学に関しては，1967年に新潟水俣病と四日市ぜんそく，1968年にイタイイタイ病，1969年に水俣病と，四大公害病の公害訴訟がこの時期に相次ぎ，1960年代半ばまでは個別的であった公害問題は日本社会全体の普遍的な問題になりつつあった．そして，このようなジレンマへの反省は各教員に委ねられたが，それらは当然ながら自らの学問分野としての工学の立場から進められ，それを一般的な学問論へと展開する場合にも他の学問分野の立場からの考察はほとんどなく，公害など一般社会の問題にも展開されなかった．その結果，ジレンマは留保されたまま，産学協同の主体的な再評価へと展開されていった．

産学協同に対する工学部検討会の見解として，「大学の理念」を担当したH検討会[15]の近藤一夫は，「如何なる意味でも，大学は絶対に産業界の奴隷または寄生虫であってはならない」とし，産学協同は「あくまで主体性を強化するための相互の参考資料である」と述べている(近藤 1969, 135–6)．その一方で，同じH検討会の渡辺茂(1969, 152–5)は上記の確認書の方針は「項目自身が無意味である」と主張する．渡辺は，大学でしかできない高度な研究の素材は実際の生産過程に潜在しており，企業の実態を把握してこそ研究を新しい学問体系へと高められるとする．また，全国の大学講座数と技術開発を求める企業数がほぼ同数であり，それらが卒業生の就職先になっていることから，「資本主義社会における大学の立場」としては「一企業の利益のみに奉仕する大学人は否定されるべきであるという議論でさえも，必ずしも正当であるとは考えられない」として産学協同を擁護している．

また，このように産学協同の主体性が問題になる根本的な原因として，「国の支出する研究・教育費がきわめて貧困である」こともあげられた(大学改革準備調査会 1969, 99–100)．東大では，教官あたりの積算校費が1957年から1960年にかけて大きく上昇したが，それ以降の増加はわずかであり，大学研究費や工学部校費も1967年からは伸びが止まり，国民総生産や研究投資額との差が広がっていた(稲垣他 1971, 150–1)[16]．

このような財政問題も委託研究に依存する原因となり，その依存はとくに大学院生に大きなしわ寄せを生んだ．例えば，東大工学部の都市工学科の大学院生は，自分たちの活動資料の数々を『自然』1969年4月号に掲載し(東京大学都市工学大学院自治会 1969)，彼らの研究・教育の内容が委託研究の下請けになっている実態が衆議院文教委員会(1969, 10–9)でも問題視された．とくに都市工学科では，成田新都市計画や筑波研究学園都市計画など，自分たちの学科の委託研究が当時の社会問題の原因にもなっているというジレンマがあった．都市工学科の大学院生であった相沢義包は，この状態を次のように説明している．

都市工学の研究は,ほとんどが学問的な水準からいって非常に初期の段階にあるものですから,いわゆる実践的な活動をまず前提にせざるをえない．その研究をおもむろに一般化していくという時期にあったために，安易な実践というレベルにとどまっている．そのために安易な実践として，いわゆる委託研究があったのです．ほとんどの研究が，委託研究に研究資金のみならず，何らかの依存していたために，大部分のカリキュラムは，委託研究に従属する形で構成されていた．これは，大学院に入り，研究室に入るということは，委託研究をやらざるをえないことになるということを意味します(相沢他 1969, 85).

以上のように，産学協同問題の根本には，大学の拡大と大衆化にともなう資金問題があり，就職問題があり，理想的で伝統的な学問観とそれらの現実問題とのあいだの葛藤があった．絓は，当時の産学協同批判の根本的な矛盾を次のように指摘している．

「産学協同反対」という視点は確かに学問の政治性を暴露するに有効であるにしても，それは同時に,学問の価値中立性という神話を更に強化してしまう両刃の剣ではないのかというのが,当時からの私の疑問であった．なぜなら，自分の学問が資本主義に――政治的にも――利用されないためには，より深く「象牙の塔」に閉じこもるか，何もしないでいるかしかないはずだからである．少なくとも，その方が相対的に有効である．そして，これこそ資本主義の内にある者に唯一可能な「自己否定」だろう．当時，東大全共闘(助手共闘)から言われ，ジャーナリズムでももてはやされた「自己否定」なるキャッチコピーは，所詮そのようなものにしか帰結しまいというのが,今も変わらぬ私の認識である．つまり,「産学協同反対」も「自己否定」も,古典的な大学学問神話――「人民のため」の学問！――の反復強迫的な表現に過ぎないという意味で，実は全くリアリティーを欠いていたのである(絓 1998a, 105).

そして，このような「古典的な大学学問神話」に歴史的な分析が加えられることで，産学協同の正当化がさらに促されることになった．科学史家の青木靖三(1969, 17–22)は，そもそもヨーロッパ中世の大学(法・神・医学部)は「社会的要請」に応じて生み出された「産学協同的発想からの産物」であり，それが学問化したことで「正統」の「確立，保存，保守」が求められるようになったのであり，近代科学も同じように大学外の「機械的技術」によって発展したが大学に組み込まれたことで保守化していったと指摘する．東大工学部の木原諄二は,この青木の指摘を引用しながら「私たちはもう一度自らの学問が自己目的化していないかどうかを点検し，そのような堕落から身を守らなければならない」として「虚ろな権威主義的姿勢」への反省を促している(木原 1969, 360).このように産学協同を社会的要請と同一視することは，社会全体の中でも産業界ひいてはその中でも政治力のある特定の産業・企業の利害を普遍視するものであり，個別的な利害への従属という産学協同批判の論点に答えたことにはならないだろう．しかし，推進側には産学協同こそ学問本来のあるべき姿という認識を与え，批判的姿勢に反省を促して，自らを正当化するように機能した．

都市工学科で公害問題に取り組んだ宇井純(1985, 25)は，1969 年末に欧州留学から帰国した時のことを「もちろん都市工学科の学生,大学院生の大部分はどこへ行ったかわからなくなっていたし,教授たちは自信を取りもどし，以前よりも保守的な空気が教室を支配していた」と回想している．そして，1970 年に「公害原論」を，1974 年には「大学論」(大学解体論)を，それぞれ公開自主講座として展開していった．宇井の指摘する「保守的な空気」にはさまざまな要因が想像できるだろうが,「教授たち」は自らを問い直したことで，むしろ産学協同を推進してきた工学部の従来の姿勢に自信を深めたのではないだろうか．例えば当時の東大工学部で最年少の助教授であった吉川弘之(1990, 15-9)は，大学紛争時に学生と「カンヅメになって」議論する中で，専門とする生産工学について学生から「大学がなんで生産みたいな，企業の利益につながることをやるんだと問い詰め」られ，大越諄の教えを参考にしながら考察を進めることで「設計」やその背後にある人間の知的行為としての「人工知能」という研究テーマを形成していったと回想している．

1961年に広重は，科学技術研究の重心が民間企業に移り，企業は基礎研究についても大学に委託する必要性は低く，産学協同としても工業技術より経営管理の分野が求められているとして，従来の保守的な学問観をあらためる必要があると主張していた．そして，科学・技術・産業が相互に遊離していることを日本の科学技術の「もっともいちじるしい欠陥」として，「このような欠陥を克服しようとする姿勢と主体的な構想をもたずに，大学の自治などの古典的概念を対置しただけでは，大学は産学協同の波に，まったく受動的におし流されてしまうほかないであろう」と指摘していた(広重 1961, 110)．この広重の指摘は1960年代を通じて現実の問題となったが，それに対する批判側の積極的・主体的な克服は実現しなかったように思われる．その「自己否定」へと帰結してしまうジレンマの根深さから，産学協同は「タブー」視されることにもなったのであろう．

これに対して，推進側はその克服のための主体的な構想として，産学協同を軸として科学･技術･産業が相互に連関するような学問観を積極的に展開していった．経済同友会は1969年2月に「直面する大学問題に関する基本的見解」を発表して産学協同をあらためて擁護するとともに，同年7月には「高次福祉社会のための高等教育制度」を発表して，産学協同が「象牙の塔に閉ざされた「学問のための学問」から「社会に開かれた学問研究」へという近代教育思想の思想に合致する」だけでなく，米ソや日本などが短期間で高度工業化を達成した事例からして「世界史的な流れに沿うもの」であり，さらに「企業における研究開発の進展，大学以外の調査研究諸機関の高度化，ビッグ･サイエンスの登場，生涯教育に対する社会的要請の高まりなどによって，産学協同は今後ますますその重要性を増すことになろう」と主張している(経済同友会 1969, 18)．

また，東京商工会議所は1973年に「「産学協同」という言葉は，かつての大学紛争以降ややタブー視せられるきらいがあった」が，新時代に即応するためには産業界と教育界との「大々的な協力の制度化がはかられなければならない」として，所属経営者や大学学長など数百名を対象とした調査結果を発表している．その結果，産学協同の促進を「必要である」とする回答は全体の92%であり，学長においても85.9%であった．逆に「必要ではない」とする回答は1.4%であった．さらに，米国を模範とする「サンドウィッチ教育」の導入についても調査がおこなわれ，全体の70.1%，学長の79.1%が役立つと回答し，さらに全体の57.5%は商業系でもこのような教育が必要と回答していた．これらの調査結果に対して，東京商工会議所は，これまで産学の協力関係の多くがごく一部の大企業との研究開発に限定され，制度化もされておらず，「大多数の中小企業は協力の手がかりさえつかみかねている」のが現状であり，さらには「大学と企業との研究協力にともなう不明朗な資金の授受，大学における研究の主体性の喪失と教育の軽視等の批判もあり，このことがひいては産学協同に対するアレルギーを生ぜしめ，産学協同の制度化等その普及・推進をさまたげる要因となっている」と指摘している(東京商工会議所 1973)．

この東京商工会議所の「サンドウィッチ教育」の設問には制度の説明が注記されており，この制度が周知ではないと判断されていたことがわかる．1970年代になっても産学協同の制度的な普及はなかなか進まず，その原因として，そもそもその理念が1950-60年代に大きく変容して，推進側にとっても曖昧で把握しにくいものになっていたことがあげられる．産学協同は経済力や政治力のある特定の産業や大企業を中心に推進されたものであり，大多数の中小企業にとっては利用しにくいものであった．推進側にとってもこの個別的な政治性を克服していくことは重要であり，それが不在のまま産学協同の制度化が進められたことで，学問の主体性についての批判も繰り返されることになったと考えられる．

6. 結論

産学協同は，戦後の経済復興と学制改革の問題改善のために，米国の先進的な教育制度として日本に紹介された理念であった．そして，米国を模範として産業界と連携した工業教育を振興するために日工教が設立されたりしたが，その特殊な教育制度としては日本には根付かなかった．その一方で，産業界は産学協同を経済発展のための技術者不足対策や技術革新のための委託研究として推進した．これらは，大学経営や政府の利害とも合致していた．しかし，産官による産学協同の推進は国家的な「独占資本主義」の復活とみなされ，産学協同は大学組織のあり方についての問題になり，さらに一般化されて学問の主体性についての問題となった．その批判は大学紛争を通じてイデオロギー論争(資本主義・帝国主義論など)として増幅され，解決できない根本的矛盾として産学協同をタブー視する雰囲気を生み出していった．そこでは産学協同は工業・工学に限定された理念ではなくなり，職業教育の改善策という当初の目的は意識されなくなった．

このように，産学協同は当初から批判の対象であったわけではなく，歴史的な段階を経て批判の対象となった．その原因として，批判側が過剰にイデオロギー化したことは大きいだろうが，推進側が都合の良いスローガンとして恣意的に利用したことも大きいだろう．理念が曖昧に用いられたことで，戦前の事例との区別が曖昧になった．また，産学協同が経済力や政治力のある特定の産業や企業の関係者によって推進されたことにも注意が必要である．推進側にせよ批判側にせよ，その利害関係を抽象化し，産業界を一般社会と同等視したり，産業界を一括りにしたりする議論を展開したことで，個別具体的な政治性に対する批判が曖昧になった．さらに，産学協同を歴史的に一般化する論説(科学技術史・科学技術論など)も，推進を正当化する一方で，このような曖昧化を進める原因になった．このようにさまざまな立場からそれぞれの利害に応じて曖昧に用いられていったことが，結果的に産学協同の推進と批判の抽象的な対立を放置する大きな原因になったと考えられる．

■注

1）第2回日米科学政策比較セミナー(米国科学財団(NSF)と日本学術振興会による日米科学協力事業の一環として，1981年8月にハワイのホノルルで開催された)のこと．
2）1960年6月15日には国会突入デモに発展し，東大4年生の樺美智子が死亡する事故が起こった．
3）東大紛争を受け，評議会の承認によって東大総長の諮問機関として1969年1月に設置された．
4）1950年にGHQ経済科学局(ESS)のディース(Bowen C. Dees)が大学基準協会会長の和田小六と日本学術会議会長の亀山直人に，米国から工業教育の使節団を招くことを提案して実現した(佐々木 1962, 30–1)．それまでにも，東京大学工学部の古賀逸策らが，GHQ民間情報教育局(CIE)に一任された民間通信局(CCS)のポーキングホーン(Frank A. Polkinghorn)らの協力を受けて1950年に大学電気教官協議会を設立していた(古賀逸策先生記念事業会 1984, 102–26)．
5）1951年の対日工業教育顧問団の視察で挨拶に立った南原繁は，日工教について「戦後の教育制度改革の中で実を結んだ協会活動の一つだろうということで，創立当時の関係者の熱意を回顧した」(都崎 1972, 2)という．顧問団も報告書については「強い勧告をするよりむしろ米国の経験に基く示唆の形を取つた」(文部省大学学術局技術教育課 1952, 1)と述べている．なお，初代会長を大山松次郎(設立準備時の東大工学部長)，常務理事を清水勤二がつとめ，協会事務所は文部省大学学術局技術教育課内に置かれた．

6) この答申以前にも，日工教の第21回運営理事会(1956年2月13日)では「産学協同制度について」を議題にしている．ただし，それは産業合理化審議会の動向を紹介し，そのために日工教が「日経連として実習を受入れられるような工場数を調査した」と報告するものであり(日本工業教育協会 1956, 226)，あくまでこの答申の関連で「産学協同」という語句が用いられていることがわかる．それ以前では，例えば日工教はこの教育制度を「産学協力制度」と訳していた．

7) この視察団そのものは，日本生産性本部の他の視察団と同じく12名で組織された．

8) 日本生産性本部が1964年に派遣した産学協同についての欧州視察に合わせて企業509社を対象とするアンケート調査が実施され(回答率43.5%)，この結果を踏まえて同年の日工教第12回年次大会でパネル討論がおこなわれた．そこでは視察団の一員であった大越諄が調査結果を報告し，学外実習は回答企業の85%が引き受けているが，「学校からの要請でしぶしぶ引受けているか，会社の利益を考えて，引受けているかのどちらかで，大局に立って産学協同のために引受けているんだという会社は以外に[原文ママ]も少ない」と分析している(日本工業教育協会 1965, 38–9)．さらに「サンドイッチ・システム」については，日本の制度では3，4年生で実施できればいい方だが，4年生は「採用の決まった学生だけあずかるという会社がかなり多く」，その一方で「3年はまだ知識が低いので，非常に困る」と判断されることもあり，企業が学生の教育という「産学協同の趣旨を理解していない」と批判している(日本工業教育協会 1965, 40–1)．

9) この会長には，東洋大学工学部設置のための寄付に応じた日立製作所社長の倉田主税が就任している．

10) レーニン自身の分析と比較すると帝国主義の特徴とされる金融資本についての分析が欠けており，あくまで資本主義批判のためのわかりやすい表現として普及したと考えられる．

11) この発言は木川田一隆(同会代表幹事)による．なお，日本科学技術振興財団と日刊工業新聞社が後援した工科系大学学生連盟(日本大学や東海大学など10大学から構成される)の座談会は同財団への期待とも読める内容で占められ，産学協同への本質的な批判は見られない．そこでは，産業界の科学技術が大学よりも大幅に進んで学生が就職時に相当のギャップを経験することなどが問題視され，その対策として，財団などの中間組織を設けて産業界と学生との情報共有を進め，産学が歩み寄って職業教育も含めた教育施設の拡充や科学技術知識の普及活動を進めることが提言されている(工学連加盟学生 1960)．

12) 当時の日本生産性本部のアンケート調査では，受託研究員制度について知らない大企業は24%，中小企業は55.5%であり，知っていても利用しなかった企業は全体で79.8%（中小企業では97%)であった．また，大学への委託研究については，大企業の2/3が実施していたが，利用が期待される中小企業では17.4%にとどまっており，「まだまだ，産学協同への意識は低い」としてさらなるPRの必要性があると結論づけられている(日本生産性本部 1960)．

13) 「産学協同」に対する具体的な理解は党派によって異なっていた．例えば，全学協は学費学館問題を「日本支配者階級による教育の帝国主義的改編に規定された産学協同政策と人づくり政策の具体化」と解釈し，さらに社青同解放派は「大学は労働力商品の再生産過程であり，この合理化が産学協同路線であり，したがって学費学館問題は全社会秩序再編の一環である」と解釈していたのに対して，民青はこの問題を「アメリカに従属して軍国主義復活を進める米日反動による教育の軍国主義化」と解釈していた(早大闘争の記録編集委員会 1966, 19, 293)．

14) この項目は当初は確認書に含められていたが，理学部が不署名であったため最終確認書からは外され，あくまで評議会の基本的な考え方として付帯的に示されることになった(加藤 1969, 7–12)．

15) 1968年11月の向坊工学部長の新執行部成立にあたって，工学部の諸問題についての議案を整理して教授会に提出することを目的として，テーマごとにAからHの検討会が組織された．

16) 日本科学者会議の京都大学工学部分会(1970, 19–21)も，無原則的で産業界追従の跛行的膨張(ほぼ同じ内容で名称を便宜的に変えただけの講座が開設されるなど)や，企業資金の導入によって民主・自主・公開の原則と相反するような研究・教育内容の歪曲が生じていることを批判し，その背景として大学予算に対する国の「貧困化政策」があると指摘している．

■文献

30年のあゆみ編集委員会 1989：『30年のあゆみ』日本科学技術振興財団．
相沢義包，武谷三男 1969：「東京大学は「文化革命」の戦場」『現代の眼』（1969年1月号），84–95.
青木靖三 1969：「職人の科学と科学の職人——大学紛争解決の道遥かなり——」『朝日ジャーナル』11(17)，17–22.
中央教育審議会 1957：『科学技術教育の振興方策について』文部省．
中央教育審議会 1963：『大学教育の改善について』文部省．
大学改革準備調査会 1969：『東京大学改革準備調査会報告書（東大問題資料3）』東京大学出版会．
Hashimoto, T. 1999: "The Hesitant Relationship Reconsidered: University-Industry Cooperation in Postwar Japan," Branscomb, L. M., Kodama, F. and Florida, R. (eds.) *Industrializing Knowledge: University-Industry Linkages in Japan and the United States*, MIT Press, 234–51.
広重徹 1961：「大学人と産業人」『中央公論』76(5)，100–10.
広重徹 1965：「科学技術基本法は必要か」『科学朝日』25(12)，134–5.
稲垣栄三，高橋洋一，滝保夫，竹鼻三雄，豊田弘道，平田賢，古谷圭一，増子昇 1971：「工学部改革への提言」『工学部の研究と教育』東京大学出版会，141–205.
Inose, H., Nishikawa, T. and Uenohara, M. 1982: "Cooperation between Universities and Industries in Basic and Applied Science," Gerstenfeld, A. (ed.) *Science Policy Perspectives: USA-Japan*, Academic Press, 43–61.
科学技術会議 1960：『「10年後を目標とする科学技術振興の総合的基本方策について」（諮問第1号）に対する答申』科学技術会議．
鎌谷親善 2006：「日本における産学連携——その創始期に見る特徴——」『国立教育政策研究所紀要』135，57–102.
加藤一郎 1969：『「七学部代表団との確認書」の解説（東大問題資料1）』東京大学出版会．
川崎昭一郎 1969：「産学協同・軍学協同と学問研究の自由」『文化評論』90（1969年3月号），67–80.
経済同友会 1969：『高次福祉社会のための高等教育制度』経済同友会．
経済同友会 1976：『経済同友会30年史』経済同友会．
木原諄二 1969：「大学改革の方向」森口繁一編『新しい工学部のために』東京大学出版会，348–85.
喜多見昭彦 1962：「わが国における産学協同の促進情況」『日本の科学と技術』26（1962年7月号），9–14.
古賀逸策先生記念事業会編 1984：『古賀逸策博士記念文集』コロナ社．
近藤一夫 1969：「あるべき大学の姿」森口繁一編『新しい工学部のために』東京大学出版会，134–43.
工学連加盟学生 1960：「座談会 学生と産学協同」『日本の科学と技術』7（1960年12月号），30–3.
工業教育研究集会中央運営委員会 1951：『工業教育研究集会報告』工業教育研究集会中央運営委員会．
黒田光太郎 1999：「産学協同観の変遷」『まてりあ』38(11)，847–50.
李麗花 2012：「日本における産学連携の展開——先行研究のレビューにおける時代ごとの主な特徴を中心に——」『広島大学大学院教育学研究科紀要』第三部，61，233–42.
文部省大学学術局技術教育課 1952：『対日工業教育顧問団報告書：本文及び訳文』文部省大学学術局技術教育課．
向坊隆 1969：「東大紛争の意味するもの——学部長の辞任に当って——」森口繁一編『新しい工学部のために』東京大学出版会，118–23.
日本科学者会議京都大学工学部分会 1970：「工学部における産学協同」『日本の科学者』5(2)，16–23.
日本経営者団体連盟 1956：『新時代の要請に対応する技術教育に関する意見』日本経営者団体連盟．
日本工業教育協会 1956：「第21回運営理事会」『工業教育』4(1, 2)，224–6.
日本工業教育協会 1965：「パネル討議 産学協同を確立しよう」『工業教育』12(1, 2)，37–72.
日本生産性本部 1958：『アメリカ産学協同の実態——産学協同専門視察団報告書——』日本生産性本部．
日本生産性本部 1960：「具体化の道急ぐ産学協同《各界の動きとアンケート調査にみる》」『生産性』152（1960年2月号），20–2.

錦織清治 1963：「大同工業短期大学における産学協同」『日本の科学と技術』43(1963年12月号)，14-6.
大沼正則，藤井陽一郎，加藤邦興 1975：『戦後日本科学者運動史』(上)青木書店.
大山松次郎 1952：「文部大臣その他に対する「工業教育振興要望陳情書」」『工業教育』1(1)，91-3.
産学協同委員会 1959：「産学協同委員会発足」『工業教育』6(2)，14-20.
産業合理化審議会 1956：『産学協同教育制度について』通商産業省.
佐々木重雄 1962：「夜明け前の憶い出」『工業教育』10(1)，29-35.
芝田進午 1966：「独占資本の復活と大学」『日本の科学者』1(1)，34-9.
清水勤二 1960：「諮問第1号に関する審議に参加して」『学術月報』13(7, 8)，102-3.
早大闘争の記録編集委員会 1966：『早稲田をゆるがした150日——早大闘争の記録——』現代書房.
絓秀実 1998a：「無意識としての「産学協同反対」(1)」『発言者』49，100-5.
絓秀実 1998b：「無意識としての「産学協同反対」(3)」『発言者』51，104-9.
衆議院文教委員会 1969：「第61回衆議院文教委員会第11号」(1969年4月11日).
舘昭 1983：「企業と大学——戦前の素描」『現代の高等教育』244，5-11.
武谷三男 1961：「産学協同論の姿勢をただす」『エコノミスト』28(1961年7月号)，42-7.
都崎雅之助 1951：『アメリカの職業指導と職業教育』文教書院.
都崎雅之助 1972：「日本工業教育協会の今後」『工業教育』19(2)，2-4.
東京大学都市工学大学院自治会 1969：「〈資料集〉自立的研究者をめざしての闘い——東大闘争における都市工学大学院生の主張——」『自然』24(4)，52-61.
東京商工会議所 1973：『新時代に即応する産学協同のあり方に関する意見調査』東京商工会議所.
東洋大学創立百年史編纂委員会 1994：『東洋大学百年史 通史編II』東洋大学.
宇井純 1985：「さらば東大 ①御用学者との戦い」『朝日ジャーナル』27(50)，22-6.
渡辺茂 1969：「大衆化する大学」森口繁一編『新しい工学部のために』東京大学出版会，143-55.
吉川弘之 1990：『概念の設計から社会システムへ』三田出版会.

Promotion and Criticism of Industry-University Cooperation in Japan from the 1950s to 1960s

NATSUME Kenichi *

Abstract

The cooperative system between industries and universities was introduced to Japan from the United States as an advanced educational approach for amending problems in Japanese postwar economic recovery and educational reform. Although this peculiar educational system never became common, business organizations utilized this idea to address shortages of engineers or to stimulate technological innovation. Industrial implementation coincided with the interests of university management and with governmental policies. On the other hand, such an industry-university-government collaborative promotion was regarded as a revival of prewar national "monopolistic capitalism" and also as a crisis in academic freedom or subjectivity. These criticisms exacerbated ideological disputes through campus activism in the late 1960s, and they created an atmosphere in which such matters of industry-university cooperation were viewed as taboo. Those who opposed industry-university cooperation were seen as ideologically motivated and those who favored it were seen as opportunistic and arbitrary, especially in their convenient use of the idea as slogans. In addition, both arguments were buttressed by abstractly generalizing the interests of industries. And the STS scholars reinforced the generalization of collaborative relationships from historical points of view. Thus, any specifically tailored analyses were disturbed, and the conflict remains.

Keywords: Engineering education, High economic growth, Shortage of engineers, Monopolistic capitalism, Subjectivity

Received: February 14, 2016; Accepted in final form: July 3, 2016
*Associate Professor; Academic Foundation Programs, Kanazawa Institute of Technology; knatsume@neptune.kanazawa-it.ac.jp

科学技術イノベーション政策の誕生とその背景

小林　信一*

要　旨

「科学技術イノベーション政策」は日本の科学技術政策及び関連政策の条件下で登場した日本固有の概念である．とはいえ，イノベーションもイノベーション政策も一定の学術的基盤と国際的共通性を持つ．本稿では，イノベーションに関する学術的理解とそれが政策的課題として位置づけられてきた背景を紹介するとともに，日本の政策的場面においてイノベーションがいかにして受容され，政策的課題となっていったか，いかにして科学技術イノベーション政策が成立してきたかを紹介する．とくに第二次安倍政権下の科学技術イノベーション政策の特色が，①科学技術，研究開発に関わるイノベーションだけを対象とすること，②成長戦略の下位戦略として位置付けられたこと，③その実現のための手段としての「イノベーション・ナショナルシステム」にあること，これが契機となって日本社会にイノベーション概念が急速に普及したことを示す．

1．目的

イノベーションもイノベーション政策も一定の学術的基盤と国際的共通性を持つ概念である．イノベーション論やイノベーション政策が近年急速に発展したことは世界的傾向である．ファーゲルベリらによると，タイトルにイノベーションを持つ書籍，論文の全文献に占める割合は，緩やかな増加傾向を示していたが，1990年代半ばに急速に増加し，さらに2000年代後半に一段と増加したという(Fagerberg, Fosaas and Sapprasert 2012, 1132–1133)．日本社会のイノベーションに対する関心や科学技術イノベーション政策は，世界の動向と無縁ではないが，時間遅れや独自性もある．海外では，イノベーション政策は，科学技術に限らない，幅広いイノベーションを対象とすることが多い．科学技術イノベーション政策の概念とその政策は日本の行政の条件下で登場した日本に固有のものである．本稿は，イノベーションに関する学術的理解とそれが政策的課題として位置づけられてきた背景を紹介するとともに，イノベーションが日本でいかにして政策的課題となり，また科学技術イノベーション政策として位置付けられるにいたったかを吟味し，日本的特性を探る．

2016年7月3日受付　2016年8月27日掲載決定
＊専門調査員，国立国会図書館，skob@jcom.home.ne.jp(自宅)

イノベーション論やイノベーション政策に関しては，近年レビュー論文が多数登場し，ハンドブックや教科書も出版されている．そこで，研究動向や海外の政策動向の詳細な紹介はそれらに譲り，本稿では日本におけるイノベーション論やイノベーション政策の受容と発展，科学技術イノベーション政策の生成と変遷に焦点を当てる．2章ではイノベーション政策の学術的基盤を提供することになったイノベーションに関する各種の学説等の展開，3章ではイノベーション概念が日本社会と政策にどのように受容されてきたかを歴史的に振り返る．4章では今日の科学技術イノベーション政策とその特徴を描出し，5章でまとめる．

2. イノベーション政策の学術的基盤

2.1 シュンペーターの新結合とイノベーション

シュンペーターの『経済発展論』はイノベーションに関する議論の原点である．『経済発展論』のイノベーション概念の日本社会への導入においては，誤解もみられるので，最初にこの点について整理しておく．

『経済発展論』の独語版の初版は1912年の『Theorie der wirtschaftlichen Entwicklung』(Schumpeter 1912)である．これは英語にも日本語にも翻訳刊行されていない．独語版初版は，議論がまだ未成熟なことが顕著な特徴である．後に有名になるneue Kombinationen(新結合)の語は登場するが，体系的には整理されていない．後に有名になる新結合の定義や類型は，独語版初版には登場しないのである[1)]．

今日的な意味でのイノベーション論の原型は，1926年の独語改訂2版『Theorie der wirtschaftlichen Entwicklung: eine Untersuchung über Unternehmergewinn, Kapital, Kredit, Zins und den Konjunkturzyklus』(Schumpeter 1926)である．副題が追加され，議論はかなり整理され，『経済発展論』が完成した．英語版，日本語版もこの独語改訂2版を基にしている．英語版は，シュンペーターが米国ハーバード大学に移った後の1934年に，『The Theory of Economic Development: An Inquiry into Profits, Capital, Credit, Interest, and the Business Cycle』(Schumpeter 1934)として翻訳出版された．日本語版は，かつてシュンペーターの下に留学した中山伊知郎，東畑精一の共訳により1937年に『経済発展の理論―企業者利潤・資本・信用・利子及び景気の回転に関する一研究』(シュンペーター 1937)として出版された．これらで明確化されるのが新結合の概念である．独語改訂2版及びそれに基づく英語版，日本語版は，第2章で新結合(neue Kombinationen, new combination)の概念を導入し，①新しい財の導入，②新しい生産方法の導入，③新市場の開拓，④原材料もしくは中間生産物の新しい供給源の獲得，⑤新しい産業組織の形成の5つの場合を含むことを述べた．したがって，シュンペーターの新結合を引用する場合には，「Schumpeter 1926」とするのが適切であるが，「Schumpeter 1912」としている例が少なくない．

日米で『経済発展論』が翻訳出版された少し後に，シュンペーターは『景気循環論』(Schumpeter 1939; シュムペーター 1958–1964)を出版した．『景気循環論』は原著が英語版で2巻(日本語訳は5巻)の大作である．英語版のI巻第3章「How the Economic System Generates Evolution」の「A. Internal Factors of Change」で「商品供給方法の変化という言葉でわれわれはそれを文字通りにうけとれば含意するよりもはるかに広い範囲のでき事を考えている．まさに標準的事例として役立つかもしれない新商品の導入をも含める．すでに使われている商品の生産についての技術上の変化，新市場や新供給源泉の開拓，作業のテーラー組織化，材料処理の改良，百貨店のような新事業組織の設立―略言すれば，経済生活の領域での『ちがつたやり方でことを運ぶこと』―，すべてこれらのことはわれわれが革新という言葉で呼ぼうとするものの事例である.」(シュムペーター 1958, 121)と書いている. これは,『経済発展論』で新結合として説明したものを, 改めてイノベーション(日本語訳では「革新」)の語で表現したものである. また, この記述に続いて「B. The Theory of Innovation」の節を設けており,「革新［イノベーション］は新結合を遂行することにある」(シュムペーター 1958, 126)と明記されている([ ]は筆者による補記). なお, シュンペーターは, 雑誌論文では, 独語改訂2版の『経済発展論』出版直後の1928年に,『景気循環論』と同様にnew combinationはinnovationであると説明しており(Schumpeter 1928, 377–8), この頃にシュンペーター自身がinnovation概念を確立したと思われる.

2.2 イノベーション論の発展

イノベーション論の歴史において, シュンペーターは傑出した存在であるが, 例外的存在でもある. シュンペーターの経済学は主流になることなく, イノベーションや科学技術に対する社会科学的関心は高まらないまま時間が経過した. 主要な学説史に関しては, ファーゲルベリら(Fagerberg and Verspagen 2009)が紹介しているほか, マーチン(Martin 2012)が経済学以外の分野も含めて主要な文献を抽出し, 紹介している.

マーチンは, シュンペーターの『経済発展論』,『景気循環論』及び『資本主義・社会主義・民主主義』(Schumpeter 1942; シュムペーター 1951–1952)等を科学政策及びイノベーション論の前史時代と位置付け, 1950年代後半から1970年代末までを先駆者達の時代と位置付けた. この時代には技術に関する社会科学分野の研究が徐々に始まる. さらにマーチンは, 1970年代末以降をイノベーション論等が成熟した時代とする. この時代は, 半導体技術とそれに支えられたマイクロエレクトロニクス技術, コンピュータ制御技術が発展し, いわゆるハイテクへの注目が高まった時代である. 同時に, 日本経済が世界を席巻し, 新興工業経済(NIEs)も成長した一方で, いわゆる先進国病が深刻化し, さらにソ連を中心とする社会主義国家(中央計画経済)が崩壊しつつある時代でもあった. このような社会・経済状況はイノベーションに対する関心を高めることにつながった.

この時代には多様な発展が見られる. とくに1980年代には, イノベーションの進化経済学, さらにナショナルイノベーションシステムに関する研究の進展が見られた. 進化経済学に関しては, ネルソンとウィンターの『経済変動の進化理論』(Nelson and Winter 1982; ネルソン, ウィンター 2007)がその記念碑的著作である. 本書はシュンペーター経済学の再興ともいうべきもので, 正統派経済学がうまく扱ってこなかったイノベーションを, 進化経済学の枠組で捉え直した. 初期の進化経済学において, ネルソンは変異淘汰モデルの観点からイノベーションを捉えている(Nelson 1998). 変異淘汰モデルでは, 制度や組織は変異(すなわちイノベーション)すると考える. 制度や組織に起きたイノベーションは, 他の制度や組織, 環境との相互作用で淘汰される. それが制度発展の歴史(軌跡)となる. また, イノベーションとその淘汰は単独で起こるのではなく, 一つのイノベーションは他の制度, 組織のイノベーションに影響を及ぼす. 様々な制度, 組織は, 互いの存在が淘汰圧として働き, 相互に適応する形で進化(共進化)を遂げる. したがって, イノベーションはシステム的又はネットワーク的な現象となる. こうしてイノベーションを捉える枠組ができ, 国際的に多くの研究者がイノベーション論(イノベーション研究)に参入するようになった.

2.3 イノベーションシステム論

フリーマンの日本の産業技術政策に関する研究が, ナショナルイノベーションシステム(National Innovation System: NIS)の概念の嚆矢となった(Freeman 1987; フリーマン 1989). 非欧米国でありながら産業経済を発展させた日本の成功要因を分析し，社会経済を構成するアクターの活動やネットワークに着目し，技術そのものよりも，その普及を支える政策，教育等に着目した．それらを含めた経済発展のパタンは一様ではなく，国ごとに異なることに着目し，“National System of Innovation”[2]の概念を導入した．フリーマンはNISを「その活動や相互作用が，新しい技術を開始し，輸入し，修正し，普及させるような，私的・公的セクターにおける諸制度のネットワーク」（フリーマン 1989, 2）と定義づけた．イノベーションと関連する諸要素，諸アクター，諸制度からなるシステムを考えると，そのシステムは，理念上は空間的に限定されているわけではないが，現実には多くの制度や文化が国家の範囲内で歴史的に発展し，特色ある制度を形成し，国境を越える相互作用は相対的には少なくなる．そこで，一国の経済や社会を，その中でイノベーションが生じるような一つのシステムと捉える．これがNISである．

NIS研究を一層発展する契機となったのが，ルンドバルとネルソンの編纂書である．ルンドバルらはNISを「イノベーションシステムは，新規で経済的に意味のある知識の生産，普及，利用において相互作用をする要素と関係から構成され，ナショナルシステムは，一国の国境の中に存在するか，そこに起源を持つ要素と関係から構成される．」と定義する（Lundvall 1992, 2）．ルンドバルらは，知識と制度学習[3]をNISの根幹に位置付けた．制度のイノベーションは，制度に新たな知識や知識の使い方が加わったり，交代したりすること（すなわち，学習）で起こると考える．他方，ネルソンらは（Nelson 1993）はあえてNISを明確に定義しなかったが，NISの国際比較によって，イノベーションを生み出す優れた政策，制度や隘路を明らかにする契機となった．

その後もミクロレベルのイノベーションの経営学的研究など，多様な社会科学分野と関連しながらNIS研究は発展していった．また，同じシステムレベルの研究に関しても，地域のイノベーションシステム（Regional Innovation System）や産業部門別のイノベーションシステム（Sectoral Innovation System）の観点からの研究が活発に行われるようになった．これらは，イノベーションが生じる際の環境条件が，国家，地域，セクターのどのレベルで決まっていると考えるかという点で見解の相違がある．しかし，イノベーションの種類や時代によって，イノベーションを生み出す条件やイノベーションの様態は変容するものだと考えれば，これらに大きな差異はなく，いずれもイノベーションを生み出す条件を探究するシステム論的研究である．もっとも，このようなNIS概念とNIS研究の多様性は，NISの魅力であるとともに厳密性の欠如という難点にもなる．

Research Policy（31巻2号, 2002年）はイノベーションシステム特集を組んだ．また，ミエッティネン（Miettinen 2002; ミエッティネン 2010），シャリフ（Sharif 2006），マーチン（Martin 2012）らもNIS研究を紹介している．このうち，ミエッティネンやシャリフは，NIS概念の脆弱性又は欠陥に着目した批判的レビューである．彼らはSTS的アプローチに準拠し，NISの概念がいかに社会的に構築された概念であるかを論じた．NISは前述のように，研究の着想として多様なイノベーション研究へと展開したが，このことは同時に，理論的な概念として明確には規定されていないことを示している．確かに，その曖昧さが多様な研究の契機となった面もあるが，研究としての厳密性は未だ確立していないと言っても過言ではない．もちろん，多様な発展をした各分野ではそれぞれの流儀が成立しているが，全体としては曖昧さを伴った概念として流通することになる[4]．それゆえにNISの概念は研究と政策とをデリケートな形で結びつける境界オブジェクトであり，バズワードだとみなされることになる．とくにNIS研究が盛んであった北欧諸国では，NIS概念が現実の政策形成に影響を及ぼしたが，概念の曖昧さゆえに，NISと結びつけられてアドホックな施策が次々と繰り出されて，政策が混乱するなどした．

2.4 イノベーション政策

科学技術政策との対比では，科学技術政策が科学技術に注目することから科学技術プッシュの観点(リニアモデル)に偏る傾向があるのに対して，イノベーション政策は需要プルの側面が相対的に色濃く現れる[5)].

イノベーション政策は，1970年代から着目されるようになるが，当初は「産業イノベーションに対する公共政策」といった素朴な政策概念であった．この産業イノベーション政策が顕著になるのが1980年代初頭である．当時のいわゆるサッチャリズム，レーガノミクスは，自由競争を重視する一方で，産業技術の振興，産学官連携などに注目した．これが当時のイノベーション政策の端的なイメージであるが，日本では歴史的に通商産業省が産業技術政策を担ってきたため，産業技術の振興施策は珍しいことではなく，改めて産業イノベーション政策を取り上げるまでもなかったため，あまり関心は持たれなかった．一方，科学及び技術の研究政策が部門(セクター)別行政と切り離されていた国では，産業技術政策を担当する行政組織がなかったこと，伝統的に市場に対する政府の介入を避ける傾向が強かったことから，従来との政策的違いが際立ったのである．

その後，イノベーション政策に対する理解は，NIS研究の発展にも助けられて，産業技術政策というよりは，イノベーション基盤の整備，とくにアクター間のネットワーキングや連携の促進，そのための規制改革等へと重点を移していく．その中で，特許，大学スピンオフ企業(スタートアップ)などに注目が集まった．このようなイノベーション政策が具体的に展開していく上では，OECDを中心に国際比較研究等を展開した研究者群の果たした役割が大きい[6)]．とくに北欧では現実の政策に影響を及ぼし，イノベーション政策の導入が試みられるようになった．ただし，イノベーション政策は，一定の政策として定着したのではなく，ハイテク産業論，クラスター論，知識産業論，知識経済論，New Economyその他の概念とも関連しながら，さまざまな断片的な政策イシューを提起しながら，試行錯誤の中で変容を続けた．その焦点も，ハイテク産業，情報産業やインターネットビジネス，知的財産権，産学官連携，地域クラスター，需要側からのイノベーション等々，移ろい続けてきた．一貫するのは，イノベーションとイノベーションを通じた経済の持続的成長への関心と期待である．

2.5 冷戦の終焉とイノベーション政策

NISが政策的議論や研究の対象となる背景には，東西冷戦の緩和やその終焉の余波も見逃せない．第二次世界大戦までの戦争の時代はもとより，戦後も1960年代までは欧米主要国で，国家研究開発の大部分を，原子力開発，宇宙開発を含む軍事技術関連分野の研究開発が占めていた[7)]．軍事技術関連の研究開発への投資は徐々に低下したが，それに代わって，1970年代の石油危機，環境問題が，科学技術による社会問題の解決に対する期待を高め，政府の研究開発投資の優先順位を徐々に変えていった．このような変化を記述する際に，フリーマンはmilitary innovation systemの概念を用いた．すなわち，政府の研究開発投資の変化をmilitary innovation systemの時代から消費財のイノベーションの時代への変化として描写したのである(Freeman 1982, 202)．この時点ではフリーマンはNIS概念を生み出していないが，military innovation systemからNISへの変化と言い換えてもよいだろう．もちろん，NIS自体は産業の発展とともに発展したもので，突然出現したわけではない．しかし，military innovation systemが後退しつつある時期にNIS概念が注目されるようになってきたことも歴史的事実である．

自らイノベーション政策とは言わないが，米国下院科学委員会による報告書『Unlocking Our Future: Toward a New National Science Policy』(Committee on Science 1998)はイノベーション

政策上，象徴的な文献である．基礎研究は政府の支援を得て多大な成果を挙げてきた．応用研究以降は企業や産業の責任であり，これについても経験を積んできた．しかし，両者をつなぐ部分は政府も産業界も十分に顧みることがなく，対策も講じられてこなかったために，基礎研究の成果が産業界の応用研究に必ずしも結びつかない．この基礎研究と応用研究のあいだのギャップを「死の谷」と表現した[8)]．「死の谷」の隠喩は，いかにして基礎研究と応用研究の「死の谷」を乗り越えるべきか，という政策的課題へと翻訳され，本報告書を含めて，その後詳細に分析されていくことになる．これ以降，「死の谷」はイノベーション政策が克服すべき課題の象徴として人口に膾炙することになる．「死の谷」には，シーズプッシュ型のイノベーション観が強く反映しているとはいえ，イノベーション政策の対象や範囲を明確にしたという点で，時代を画す概念となった．

『Unlocking Our Future』のイノベーション政策上のもう一つの重要な意義は，冷戦型科学技術政策の終焉を公言した公式文書だということである．本報告書の作成に至る経緯は冒頭で紹介されているが，そのきっかけは下院議長ニュート・ギングリッチ(Newt Gingrich)が科学委員長センセンブレナー(Jim Sensenbrenner, Jr.)に対して，新しい科学技術政策のあり方について検討を依頼したことにある．ギングリッチは諮問の中で，アメリカの科学技術政策はヴァネヴァー・ブッシュの『Science: The Endless Frontier』で展開されたモデルにしたがって運営され，冷戦下ではこのモデルはとてもうまくいったと述べる．なぜならば，科学技術における国家の威信を確保し，強い科学，技術，生産活動を発展させることは，平時において国民に役立つだけでなく，冷戦や潜在的な“熱い戦争”の下では必須だからである．しかし，ソ連の崩壊，冷戦の終結により，ブッシュのアプローチは正当性を失い，「「私たちの科学は，あなたたちの科学より優れている」という意味で国威を発揚することは，もはやアメリカ国民にとって意味がない．」(Committee on Science 1998, 5)と述べた．連邦議会は，冷戦を根拠として科学研究への投資を正当化する冷戦型科学技術政策の終焉を宣言し，それに代わるモデルを探索しようとしたのである．その問いへの回答が『Unlocking Our Future』であり，イノベーション政策だったのである．

3. 日本におけるイノベーション政策の導入と展開

3.1 イノベーション概念の技術革新としての導入

シュンペーターの『経済発展の理論』は1937年に邦訳が出版され，「新結合」の概念が輸入されたが，シュンペーター自身が新結合をイノベーションと明記した『景気循環論』の邦訳は刊行されずにいた．邦訳の刊行に先駆けて，『景気循環論』のイノベーション概念を紹介したのが昭和31年の『経済白書』(昭和31年度年次経済報告)である．白書は「世界景気の堅実な力強い発展の陰に潜む基礎的な動因は，大衆購買力の増加による耐久消費財の売れ行き増加と技術革新のための新投資の増大であろう．…（中略）…投資活動の原動力となる技術の進歩とは原子力の平和的利用とオートメイションによって代表される技術革新(イノベーション)である．」と述べた(経済企画庁1956, 33-34)．白書のイノベーションに関する記述は3頁ほどの短いもので，『景気循環論』を明確に引用していたわけでもなかった．

経済白書が「技術革新」の語を用いたことに関して，星野芳郎はシュンペーターの『景気循環論』(邦訳刊行前であったが)のイノベーションの定義を紹介しながら，innovationを技術革新と訳すのは適切ではないとし，「最近一般につかわれている技術革新という用語の内容は，すでにinnovationの内容とはちがっていて，せまい意味での技術的変革に強いアクセントがおかれているようである．だから，「技術革新」は一種あいまいな新語として登場してきたという感がある．」(星野 1956, 39-40)

と評している．

それでも，技術革新に関する記述は関心を呼び，例えば，通産省は『通商産業研究』1956年11月号で特集「技術革新の意味するもの」を組み，技術の革新にとどまらず，多様なイノベーションをシュンペーターの新結合の分類に倣って整理したり，市場調査，PRといった側面に言及したり，幅広いイノベーションに注目した．このように1956年の経済白書を契機として「技術革新（イノベーション）」が一種のブームとなった．もっとも，イノベーションの語は一般化せず，もっぱら技術革新の語が用いられ，結果として，日本ではイノベーションが技術に偏して捉えられる傾向が続くことになる．

3.2　産業技術政策と科学技術政策の基礎研究シフト

それでは，イノベーション政策に関してはどうか．日本でイノベーション政策が本格的に意識されるのは欧米より遅く2000年以降だが，およそ四半世紀前に例外がある．それが『イノベーション政策―産業技術革新を求めて―』（パビット，ウォルカー 1978）である[9]．「日本語版の発刊によせて」でパビットは，日本が技術政策と産業政策を統合したこと（産業政策の一環として産業技術政策を位置づけたこと），原子力や宇宙，エレクトロニクスなどの大型技術開発に政府の研究開発資源を集中させなかったことをよいことだと評価している（パビット，ウォルカー 1978, 4）．欧州諸国では，イノベーションに対する関心は高かったものの，政府は原子力，宇宙といった国家プロジェクトに傾注し，産業界の技術イノベーションを支援する政策がうまく発展しなかった．一方，日本では当時通産省が産業技術政策を担っていたという点で，ある意味ではうまく展開していたというのである[10]．

ところが1980年代の経済摩擦，技術摩擦は，日本政府の産業政策，産業技術政策への批判を招いた．いわゆる「基礎研究ただ乗り」批判もあり，産業界も基礎研究指向を高め，1990年代にかけて科学技術政策，産業技術政策は「基礎研究シフト」をしていくのである．実は，欧米はこの間にイノベーション政策を進化させたが，日本では逆向きの力が働き，イノベーションやイノベーション政策を等閑視する状態が続いた（小林 2004）．しかも，産業技術政策がすでに存在し，実質的にはイノベーション政策的な施策が徐々に導入されていたこともあり，イノベーション政策と産業技術政策との違いが明確でなく，イノベーション政策への関心と期待は高まることはなかった[11]．

3.3　イノベーション政策の前夜

イノベーション政策に対する関心は1990年代末から徐々に高まっていく．1990年代後半には知識社会，知識経済に関心が持たれるようになり，2000年以降には政府文書にも登場するようになる．平成12年度の年次経済報告（経済企画庁 2000），科学技術白書（科学技術庁 2000）は，知識集約型経済や知識基盤社会を紹介した．年次経済報告第2章「持続的発展のための条件」は知識経済論を概観する内容である．これらの知識基盤社会，知識基盤経済等の語は日本では2000年頃から見られるようになったが，OECDではイノベーションに関する議論と関連付けられながら，1990年代半ばから活発に議論されていた．当時は，知識基盤経済，知識基盤社会に関する議論とイノベーション政策とは一緒に議論されていた．あえて言えば，経済，人材養成，雇用などに関しては「知識基盤」の語で議論され，科学技術や研究開発，産業などに関しては「イノベーション」が多用され，大学は，「知識基盤」と「イノベーション」の双方に関わる存在であり，人材育成，産学連携，大学スピンオフなどは双方を結びつける話題として扱われた．

イノベーション政策への過渡期を象徴する事例として，「国家産業技術戦略」の策定がある（国家産業技術戦略検討会 2000). 1999年10月に通産省が実質的な事務局となり，産学官の委員が参加する「国家産業技術戦略検討会」が設置され検討を行った．産業技術戦略は16分野23戦略及び全体戦略の計24戦略が検討された．検討は半年足らずの短期間に集中して行われ，報告書は2000年4月に発表された．「国家産業技術戦略」の全体戦略に，イノベーションの語はプロダクト・イノベーション，プロセス・イノベーションとして登場するだけであるが，報告書の考え方にはイノベーション政策の萌芽がある．

「国家産業技術戦略」は，産業技術の貢献により達成すべき大目標として，①高齢社会における安心・安全で質の高い生活の実現，②経済社会新生の基盤となる高度情報通信社会の実現，③環境と調和した経済社会システムの構築，④エネルギー・資源と食料の安定供給の確保，を掲げ，その下に具体的な政策目標を中目標及び小目標として階層的に示し，それぞれの政策目標を達成するための技術課題を体系的に整理(政策目標の技術への翻訳)し，さらに個々の技術課題について優先度を評価するという，ニーズ先導型の政策立案方式を採用している．「政策目標の技術への翻訳」においては，単に技術の達成可能性だけでなく，市場の成立性，透明性とアカウンタビリティに留意するべきだという方針を示した(国家産業技術戦略検討会 2000, 13–5)．ここで示されている方針は，シーズ先導型に偏りがちな従来の科学技術政策，産業技術政策と対照的である．もっとも，検討期間が短かったためか，あるいは検討参加者が産学官の技術系関係者に偏っていたためか，分野別の産業技術戦略のほとんどが技術動向や技術シーズに関心を向け，いかにしてニーズと結び付けるか，重点化するか，といった点に関してはほとんど踏み込めていない．「政策目標の技術への翻訳」というイノベーション政策への転換が企図されたが，それを具体化するまでには至らなかった．

2001月1月には中央省庁再編により，科学技術会議に代わって総合科学技術会議(CSTP)が設置され，同年3月30日に「第2期科学技術基本計画」が閣議決定された．第2期科学技術基本計画は，目指すべき国の姿を，「知の創造と活用により世界に貢献できる国」，「国際競争力があり持続的発展ができる国」，「安心・安全で質の高い生活のできる国」とし，これらを実現するために必要になる科学技術分野の中から，①少子高齢社会における疾病の予防・治療や食料問題の解決に寄与するライフサイエンス分野，②急速に進展し，高度情報通信社会の構築と情報通信産業やハイテク産業の拡大に直結する情報通信分野，③人の健康の維持や生活環境の保全に加え，人類の生存基盤の維持に不可欠な環境分野，④広範な分野に大きな波及効果を及ぼす基盤であり，我が国が優勢であるナノテクノロジー・材料分野の4分野を重点分野として特定した．一見したところ，国家産業技術戦略の場合と同様に，大目標を4つの中目標へと階層化し，「政策目標の技術への翻訳」をしているように見えるが，第2段階の政策目標をそのまま重点化すべき研究開発分野に対応させている．結局は社会ニーズをいかにして技術的に実現するかという観点には踏み込むことなく，重点化するシーズを並べるにとどまった．その意味ではイノベーション政策の影響は受けつつも，従来の科学技術政策の思考様式の域を出るものとはならなかった．

2002年の「平成14年版科学技術白書」(文部科学省 2002)の第1部は「知による新時代の社会経済の創造に向けて」であり，「科学技術の進歩によるイノベーションが社会経済の発展に果たす役割を示すとともに，現在の我が国のイノベーションの創出の仕組みを分析し今後の在り方を示した」(文部科学省 2002, はじめに)ものである．イノベーションに関する解説，各国のNISやイノベーション政策，我が国のNISの現状について紹介されており，イノベーション論及びイノベーション政策の概説といった趣である．シュンペーターをイノベーションの主唱者して紹介し，『経済発展の理論』の新結合の5類型をイノベーションの例として紹介している(文部科学省 2002, 3)[12)]．また，末尾では「イノベーションの創出を一層活性化させていくためには，研究開発を推進するばかりでなく，およそ社会全体を視野に入れた幅広い，総合的な取組が必要になるものと考えられる．」（文部科学省 2002, 87）と述べ，イノベーションを本来の広い意味で捉えた．

3.4　イノベーション概念の登場

日本でイノベーションが政策の中に位置付けられたのは，2006 年 3 月の「第 3 期科学技術基本計画」からである．本基本計画ではイノベーションを「科学的発見や技術的発明を洞察力と融合し発展させ，新たな社会的価値や経済的価値を生み出す革新」と説明している．イノベーションと言いながら，科学技術に関連する部分だけを抜き出した形になっているが，用語法としては，技術革新からイノベーションに変わった．

政策と研究開発分野との対応関係に関しては，第 2 期科学技術基本計画が掲げた「知の創造と活用により世界に貢献できる国」，「国際競争力があり持続的発展ができる国」，「安心・安全で質の高い生活のできる国」の 3 理念を，「人類の英知を生む」，「国力の源泉を創る」，「健康と安全を守る」として継承し，それぞれに対応づけた 6 つの大目標，12 の中目標を設定した．第 2 期の重点 4 分野，ライフサイエンス，情報通信，環境，ナノテクノロジー・材料を引き継ぎ，重点推進 4 分野とした．また，「政策課題対応型研究開発」という概念を創出し，重点推進 4 分野については分野別推進戦略の策定を求め，その際には，政策目標との関係の明確化や研究開発として目指す科学技術面での成果（研究開発目標）の設定により，「研究開発目標の達成が政策目標の達成に至る道筋も明らかにすることによって，科学技術成果の社会・国民への還元についての説明責任を強化する」としている．形の上では，「政策目標の技術への翻訳」を行い，ニーズ主導型の政策体系となっているように見えるが，分野別推進戦略の策定に際して，「新興領域・融合領域」への対応を（分野融合ではなく）分野ごとに求めるという立場を採っており，本質的にはシーズ先導の域を出ない．

2007 年 6 月の第一次安倍内閣において閣議決定された「長期戦略指針「イノベーション 25」」（いわゆる「イノベーション 25」）は，イノベーション担当大臣の下に設置された「イノベーション 25 戦略会議」が，2025 年に向け目指すべき社会の形とイノベーションを検討して取りまとめられたものである．「イノベーション 25」では，イノベーションとは「技術の革新にとどまらず，これまでとは全く違った新たな考え方，仕組みを取り入れて，新たな価値を生み出し，社会的に大きな変化を起こすことである．」とし，第 3 期科学技術基本計画の科学技術に関連する部分のみを抜き出したイノベーション像とは対照的である[13]．また「イノベーションは，予期せぬ創造的破壊」でもあるとする．シュンペーターの新結合の 5 類型でイノベーションを記述するだけではなく，新たな価値の創造，社会の大きな変化，創造的破壊といった，いわばイノベーションのアウトカムから定義をしている点が特徴である．

「イノベーション 25」はまた，社会システムの改革戦略，及び技術革新戦略ロードマップからなる政策ロードマップを導入した．このうち，社会システムの改革戦略のうちの中長期的に取り組むべき課題については，①生涯健康な社会，②安全・安心な社会，③多様な人生を送れる社会，④世界的課題解決に貢献する社会，⑤世界に開かれた社会，の 5 つの実現すべき社会像ごとに課題を示した．技術革新戦略ロードマップについては，第 3 期科学技術基本計画の方針に基づいて 2006 年 3 月に策定された分野別推進戦略を，分野の枠組を取り払い，社会システムの改革戦略で示された実現すべき社会像と関連付けて再整理し，それを「研究開発ロードマップ」とした．このような整理の仕方は「国家産業技術戦略」が本来目指したものに近く，イノベーション政策らしいものとなった．もっとも，第一次安倍内閣が「イノベーション 25」策定の約 3 か月後に退陣表明したこともあり，現実の政策は必ずしも「イノベーション 25」の枠組に沿って進んだわけではない．

現実の政策になかなか浸透しないイノベーション政策であったが，2008年には立法府で画期的な動きがみられた．それは議員立法による「研究開発システムの改革の推進等による研究開発能力の強化及び研究開発等の効率的推進等に関する法律(研究開発力強化法)」の成立である[14]．「研究開発力強化法」は日本の法律で初めてイノベーションの語を用いた．第2条第5項において「「イノベーションの創出」とは，新商品の開発又は生産，新役務の開発又は提供，商品の新たな生産又は販売の方式の導入，役務の新たな提供の方式の導入，新たな経営管理方法の導入等を通じて新たな価値を生み出し，経済社会の大きな変化を創出することをいう.」と定義した．これにより，イノベーション(の創出)の概念が法的に明確化された．なお，この定義は，明らかにシュンペーターのイノベーションの定義に倣っており，科学技術に関わるものに限定した第3期科学技術基本計画とは一線を画している[15]．

3.5　科学技術イノベーション概念の登場と確立

2011年8月に「第4期科学技術基本計画」が閣議決定された．「研究開発力強化法」にも言及するとともに，「科学技術政策とイノベーション政策とを一体的に捉え，産業政策や経済政策，教育政策，外交政策等の重要政策と密接に連携させつつ，国の総力を挙げて強力かつ戦略的に推進していく必要性が高まっている.」とイノベーション政策的視点を示した．また，「課題達成のために科学技術を戦略的に活用し，その成果の社会への還元を一層促進するとともに，イノベーションの源泉となる科学技術を着実に振興していく必要がある．そのためには，自然科学のみならず，人文科学や社会科学の視点も取り入れ，科学技術政策に加えて，関連するイノベーション政策も幅広く対象に含めて，その一体的な推進を図っていくことが不可欠である．このため，第4期基本計画では，これを「科学技術イノベーション政策」と位置付け」[16]た．こうした記述だけを見れば，科学技術イノベーション政策は，科学技術政策とイノベーション政策の総体を意味するようにも見えるが，脚注で「「科学技術イノベーション」とは，「科学的な発見や発明等による新たな知識を基にした知的・文化的価値の創造と，それらの知識を発展させて経済的，社会的・公共的価値の創造に結びつける革新」」と定義した．結局，科学技術によるイノベーションに限定した狭い意味になっている．この定義自体，第3期の「イノベーション」と大きく変わるものではないが，科学技術を冠して「科学技術イノベーション」とし，明確にその範囲を科学技術や研究開発に関わるものに限定した．これによって，日本的な「科学技術イノベーション」概念が，技術革新よりは広く，しかしシュンペーターのイノベーションより限定されたものとして確立した[17]．

第4期基本計画は，科学技術イノベーション政策の推進には，「我が国が取り組むべき課題を予め設定し，その達成に向けて，研究開発の推進から，その成果の利用，活用に至るまで関連する科学技術を一体的，総合的に推進する方法」と，「独創的な研究成果を生み出し，それを発展させて新たな価値創造に繋げるという方法」の2つがあることを示し，両者に取り組むことを述べている．前者はニーズ側からのイノベーション(ニーズプル・イノベーション又はディマンドプル・イノベーションと言う)，後者はシーズ側からのイノベーション(シーズプッシュ・イノベーションと言う)である．第3期科学技術基本計画がイノベーションの語を用いながらもイノベーションをシーズプッシュ・イノベーションに限定したこととは対照的である．このようなニーズプル，シーズプッシュの両方のアプローチをともに取り上げる姿勢はイノベーション政策の性格を反映したものである．

4. 成長戦略とイノベーション政策

4.1 産業競争力会議が主導する成長戦略のための科学技術イノベーション政策

2012年末には第二次安倍内閣が発足した．第一次安倍内閣で検討された「イノベーション25」が民主党政権下でほとんど棚上げにされた状態を踏まえて，成長戦略と結び付けてイノベーションを取り上げ，科学技術イノベーション政策が議論されるようになる．

第二次安倍内閣の最初の総合科学技術会議（CSTP）（2013年3月1日開催）で，安倍首相は，①科学技術イノベーション政策の全体像を示す長期ビジョンや短期の行動プログラムを含む「科学技術イノベーション総合戦略」を策定すること，②日本経済再生本部と連携して，成長戦略に盛り込むべき政策を，科学技術イノベーションの観点から検討すること，③CSTPの司令塔機能について，権限，予算両面でこれまでにない強力な推進力を発揮出来るよう，抜本的な強化策を具体化すべく検討すること[18]，の3点を指示した．

このうち，①は「科学技術イノベーション総合戦略―新次元日本創造への挑戦―」(2013年6月7日)として結実した[19]．②は成長戦略を中心として各種の政策を動かす安倍政権の政策運営の一部に，科学技術イノベーション政策を位置づけることを意味する．これが，昨今の日本の科学技術イノベーション政策の最大の特徴となっている．

第二次安倍政権の政策運営は，経済財政諮問会議，規制改革会議，日本経済再生本部を中心に，いわゆる成長戦略の下に各種の施策を統合する形で進んでいる[20]．このうち，日本経済再生本部は政権が発足した2012年12月26日の閣議決定「日本経済再生本部の設置について」で，成長戦略の策定と点検を担う司令塔として設置された．日本経済再生本部は閣僚会議であり，実質的には閣議と同じメンバーで構成されている．このことは，成長戦略の名の下に，首相が関係大臣に指示する形で各種施策を推進することを意味し，日本経済再生本部は，政策立案と推進における官邸主導を具現化する装置となっている．ただし，成長戦略の具体的な検討は，日本経済再生会議の下に設置された産業競争力会議で行われる．

産業競争力会議は，2013年1月8日の日本経済再生本部決定で設置された．産業競争力会議の第9回(2013年5月22日)には山本一太・内閣府特命担当大臣(科学技術政策)（当時)が科学技術イノベーション総合戦略の原案を報告した．CSTPで検討された科学技術イノベーション総合戦略も成長戦略との整合性を意識してスタートしたのである．なお，産業競争力会議は，2014年10月から新陳代謝・イノベーションWGを開始した[21]．同WGは，イノベーション政策に関わるいくつかのテーマを取り上げた．そのうち，「大学改革・イノベーション」の検討には，総合科学技術・イノベーション会議(CSTI)の議員も出席した．産業競争力会議がCSTIに宿題を出し，CSTIがそれに対する回答や必要な施策を検討する形となっている．すなわち，CSTIは内閣府設置法で規定されている機関であるが，日本経済再生本部，さらには産業競争力会議新陳代謝・イノベーションWGの下で動く形になり，科学技術イノベーション政策は実質的に成長戦略の下位政策に位置づけられた．

4.2 「イノベーション・ナショナルシステム」概念の登場

科学技術イノベーション政策が成長戦略の目標実現へ貢献すべきものと位置付けられる構図は，イノベーション政策らしい．しかし，イノベーションを科学技術に関連する範囲に限定するという制約条件の下で成長戦略へ貢献するという困難な宿題を与えられたと言わざるを得ない．科学技術が関わるイノベーションに限定するとしても，イノベーションは科学技術の成果や研究開発活動と経済成長や社会発展とを結びつける，又は橋渡しするところに現れるのであり，橋渡しに関する対策が必須である．

そこで橋渡しに関する議論が行われることになり，「イノベーション・ナショナルシステム」概念が，今日の日本的イノベーション政策の指導原理の一つとして登場した．これは，2014年6月24日策定の「日本再興戦略改訂2014—未来への挑戦—」のための議論の途上で登場した概念である．同年3月25日の産業競争力会議フォローアップ分科会(科学技術)では，CSTP，文科省，経産省，橋本和仁東京大学教授が，そろって橋渡しの仕組みに関する構想を報告した．基本的には大学と産業界の間に，ドイツのフラウンホーファー協会等をモデルとする公的研究機関を入れて，橋渡しのプラットフォームとするといった構想である．会議の最後には，甘利明経済再生担当大臣(当時)が自ら資料を提出して，橋渡しのための施策等に関して検討することを指示した[22]．

ここで突然に「イノベーション・ナショナルシステム」が登場したが，その意味や定義の説明はない．ただ，すでに研究開発力強化法が方向を定め，2013年6月14日策定の「日本再興戦略—JAPAN is BACK—」でも導入を目指していた「国立研究開発法人」制度[23]を実現する方向で法改正の準備が進んでいたこと，さらに「成長戦略のための新たな研究開発法人制度」として，国家戦略に基づいて世界最高水準の成果をめざす「特定国立研究開発法人」制度の創設に関して検討が進み，2014年3月12日のCSTPで理化学研究所と産業技術総合研究所を指定することを実質的に決定していた[24]ことから，「イノベーション・ナショナルシステム」は，国立研究開発法人とくに特定国立研究開発法人の新たな役割，国の研究開発システムの中での位置づけを説明するための概念であると推測できる．

甘利大臣(当時)はその後も各種の会議で「イノベーション・ナショナルシステム」概念を使うが，この概念に関する説明はないままであった．ナショナルイノベーションシステムやナショナルシステムオブイノベーションであれば，NIS論として以前から流通している概念だが，それを表現したいわけではなさそうである．もっとも，国立研究機関を中心に，イノベーション実現の国家的システムの構築を目指すというのは建前の議論で，理化学研究所や産業技術総合研究所を優遇するためのレトリック又はプロパガンダであるとすれば理解できないことはない．しかし，一部の国立研究機関がイノベーションのプラットフォームとなることですべてうまくいくのだと考えているとしたら，余りにも素朴である．特定国立研究開発法人の研究者たちのみならず，その他の研究機関や大学の関係者たちは，成長戦略と一部の研究機関の生き残り戦略に振り回されることになりかねない．

このように，日本のイノベーション政策は第二次安倍政権の発足後に本格化した．その特色は，①科学技術，研究開発に関わるイノベーションだけを対象とするように制約された「科学技術イノベーション政策」，②成長戦略の下位戦略として位置付けられた「科学技術イノベーション総合戦略」，③その実現のための重要な政策手段としての(特定国立研究開発法人を中心に構築されることが期待される)「イノベーション・ナショナルシステム」，である．

5. さいごに

5.1　新聞の「イノベーション」は何を反映するか

最後に，学説や政策を離れて，イノベーションがどのように浸透してきたかを新聞記事の推移を通じて見てみよう(表1)．

第1の特徴は，新聞が「技術革新」は使っても「イノベーション」をほとんど使わない傾向が続

表1　新聞紙面における技術革新とイノベーション(それぞれの語を含む記事数)

	日本経済新聞		読売新聞		朝日新聞		できごと
	技術革新	イノベーション	技術革新	イノベーション	技術革新	イノベーション	
1988-1989	701	167	223	12	206	14	
1990-1991	653	154	212	7	174	7	
1992-1993	452	80	221	18	149	9	
1994-1995	570	88	243	23	146	6	
1996-1997	565	122	300	33	188	12	(第1期科学技術基本計画)
1998-1999	654	91	282	37	173	16	
2000	423	87	207	9	113	16	
2001	378	182	154	27	76	18	(第2期科学技術基本計画)
2002	278	106	96	35	99	19	平成14年版科学技術白書
2003	248	79	101	20	62	16	
2004	265	99	102	26	76	10	
2005	285	108	112	38	64	21	
2006	421	284	149	91	81	71	第3期科学技術基本計画
2007	340	351	161	108	94	77	イノベーション25
2008	288	250	125	60	102	42	研究開発力強化法
2009	293	282	96	33	101	48	
2010	278	333	105	61	83	61	
2011	357	385	105	83	85	76	第4期科学技術基本計画
2012	356	509	117	118	80	91	第二次安倍内閣発足(12月26日)
2013	419	654	136	167	114	115	日本再興戦略 科学技術イノベーション総合戦略
2014	371	710	127	130	87	129	
2015	410	751	177	138	113	123	

注)日本経済新聞，読売新聞，朝日新聞の朝夕刊(地方版を除く)の記事で，見出し，本文に，技術革新，イノベーションの語が登場する記事を1988年初から2015年末まで抽出．企業名や連載のタイトルにイノベーションを含むもの等のノイズがあることに留意．

いたことである．大手新聞社はイノベーションを使いたがらないのである．カタカナ言葉の多用は好ましくないことは理解できるが，その結果，日本では1956年以降，イノベーションを技術革新と言い習わした．これが，日本でイノベーションの語が浸透せず，また技術に偏って理解される遠因にもなったと思われる．なお，イノベーションの記載が増えた最近でも新聞紙上には「イノベーション(技術革新)」という表記がしばしば登場する．

第2に，2006年の第3期科学技術基本計画，2007年の「イノベーション25」を契機にイノベーションの語が多く用いられるようになった．ただし，イノベーションの語は使われるようになったものの，当時はまだ技術革新の方が多く使われていた．イノベーションの使用は持続せず，2008年には減少に転じる．

第3に，第4期科学技術基本計画策定に向けた議論が始まり，策定された2010，2011年にイノベーションの語が再び増加する．

第4に，第二次安倍内閣発足以降，イノベーションの語の使用頻度は格段に多くなる．それにつられる形で技術革新の頻度も増えるが2013年以降は(2015年読売新聞を除いて)イノベーションが技術革新を上回るようになる．一般の新聞読者であれば，2013年頃からイノベーションの語が頻出するようになったと感じるに違いない．その意味で，イノベーションはある種のブームであり，「ハイプ(hype)」(＝誇大宣伝)の性質を有しているとも言える．

5.2　イノベーション政策のこれから

日本でイノベーションの語が最初に白書に登場したのが1956年．ただし，このときの表記は「技術革新(イノベーション)」であり，技術革新の語の方が一般化した．政策の場でイノベーションやイノベーション政策が注目されるようになるのは，2000年前後からである．正式に政策文書でイノベーションに言及されたのは，すなわち政策として取り上げられたのは2006年の第3期科学技術基本計画，2007年の「イノベーション25」からである．そして，第二次安倍内閣以降の成長戦略の下ではイノベーションへ大きい期待が寄せられている．2013年以降はイノベーションがある種のブームとなり，新聞でも多数見られるようになった．過去のイノベーション論やイノベーション政策を巡る世界の動きを知らない人から見れば，イノベーションという語は，成長を約束する呪文の如く登場してきたのである．

2013年以来のイノベーションがハイプで終わるのか，あるいは，急激に拡大したイノベーションに対する期待が，安定した概念として，経済学やその他の学問，政策の中に定着するのか，現段階では判断できない．ハイプであるならば，いずれ「幻滅」が到来することになる．イノベーションは出口指向の橋渡しで，すぐにも役立つ成果が得られるという短絡した図式は，素朴なイノベーション論，素朴なイノベーション政策論であるが，同時に，科学技術イノベーション政策そのもの，及び生き残りをかけた研究機関の誇大宣伝でもある．社会が望む成果が得られなければ，ハイプは幻滅へ転じる．幻滅の局面では，イノベーションやイノベーション政策は多方面から批判を浴びることになるだろう．

イノベーション論やイノベーション政策と，時の政権の科学技術イノベーション政策，さらには成長戦略とは別物のはずだが，成長戦略が目論見通りに進まなければ，イノベーション論やイノベーション政策が犯人扱いされる可能性は高い．その時，イノベーション政策はどのように弁明されるのであろうか．学術的には，イノベーション，イノベーション政策は単なる流行語だとかバズワード(buzzword)だと切り捨てるのは誠実ではない．あまりにも条件適合的に変容させてしまった概念やイノベーション政策の枠組みを解きほぐし，改めて構築し直すことができるか否かが鍵を握ることになると思われる．

■注

1)『経済発展論』独語版初版にはNeuerungが多数登場する．Neuerungはinnovationの独語訳であるが，今日的な「イノベーション」の意味ではなく，「新しくすること／したこと」の意味で用いられている．このことは独語改訂2版(Schumpeter 1926)でも同じであり，その英訳版(Schumpeter 1934)はNeuerungをinnovationと訳しているが，やはり「新しくすること／したこと」の意味である．日本語版(シュンペーター 1937)は革新と訳しているが，これも同様である．後述のとおり，シュンペーターは1928年の英語論文(Schumpeter 1928)で新結合はinnovationであると論じており，新結合としてのinnovation概念が誕生した．その後の『景気循環論』(Schumpeter 1939)でも同様の議論をしているが，その日本語版(シュムペーター 1958-1964)はinnovationを「革新」と訳している．なお，『景気循環論』

の独語訳は1961年に刊行されたが，そこではinnovationをInnovationと訳している．つまり，独語版ではNeuerungとInnovationとは区別されたが，英語版，日本語版では「新しくすること／したこと」を表す場合と新結合を表す場合とを同じ語で表現された．

2）National Innovation Systemは初期には，National System of Innovationと表記される場合が少なくなかったが，後にはNational Innovation Systemの表記も登場し，比較的多く使用されている．両者に定義上の違いは見られない．ただし，用語として統一はされていない．本稿ではNational Innovation System(NIS)を用いる．

3）制度は知識蓄積の一つの方法であり，知識と知識の使い方を一体として具現化したものである．例えば工場は，技術とその使い方を施設や装置，その空間配置等に具現化している．

4）NISに対する見解であり，イノベーションやイノベーション論を否定するものではない．

5）リニアモデルと需要側重視との対比は，ブッシュ・レポート(Bush 1945)とスティールマン・レポート(Steelman 1947)の科学技術政策に対する考え方の対比，ブルックスによる科学のための政策(policy for science)と政策における科学(science in policy)の対比(Brooks 1964, 76)等に遡れる．科学技術政策は元来，科学技術の政策への寄与をも含む概念として成立してきたもので，イノベーション政策的側面を内包していたとも言える(小林 2011)．ただし，1980年代までは，イノベーション政策は未分化であり，科学技術とイノベーションの関係は比較的単純に捉えられていた．

6）OECDを中心とするイノベーション政策に関するさまざまな議論や調査に関するレビューとしては，姜(姜 2009)，ゴーディン(Godin 2009)などがある．

7）例えば米国では，1960–61年度の公的研究開発資金のうち88.5%を軍事技術関連分野が占めていた．英国，スウェーデンは70%を超え，フランスも69%であった(Freeman 1982, 191)．

8）本報告書は「死の谷」(Committee on Science 1998, 40)の概念を最初に用いた文献である．後にブランスコムらは，「死の谷」は荒涼としたものではなく，基礎研究による発明がイノベーションへと進化するために通るべき「ダーウィンの海Darwinian Sea」だという新たな隠喩を示した(Branscomb and Auerswald 2002, 35–8)．つまり，「死の谷」と「ダーウィンの海」とは，同じものの別の表現であるが，日本に伝わる中で，両者を別のものとする者が少なからず現れた．

9）英国サセックス大学のScience Policy Research Unit(SPRU)のパビットとウォルカーによる論文(Pavitt and Walker 1976)の翻訳．訳書のタイトルは「イノベーション政策」だが，原著にinnovation policyの概念は登場せず，「government policies toward technological innovation in industry」と表現されている．論文の対象もtechnological innovation(訳書では技術革新)に限定し，イノベーション全体ではない(Pavitt and Walker 1976, 15; パビット，ウォルカー 1978, 13)．論文の前半は，イノベーション研究のレビューであり，後半は英仏独蘭4か国の政策のレビューである．ここで重要なのは論文そのものよりも，「日本語版の発刊によせて」である．

10）この見方は後のフリーマン(Freeman 1987; フリーマン 1989)の見方にも通じる．

11）この点に関しては政策当事者でもある能見氏の議論が参考になる(能見 2004)．

12）白書が，新結合の5類型の出典として記載した『経済発展の理論』が1912年刊行(独語版初版に相当)であるかのように記しているのは，前述のとおり誤りである．

13）「イノベーション25」は，「イノベーションの成果は，市場に届けられ生活者の満足を高めて，初めてその価値を生み出す．」と生活者ニーズを重視する．また，「イノベーションの創出・促進に関する政策は，従来の政府主導による「個別産業育成型」，「政府牽引型」から，国民一人ひとりの自由な発想と意欲的・挑戦的な取組を支援する「環境整備型」へと考え方を大きく転換していかねばならない」と，人を育てることにイノベーション政策の基本があると述べている．科学技術振興，産業技術振興などシーズ創出に関心を集中させてきた従来の政策に比べ，イノベーション政策らしさが現れている．

14）「研究開発力強化法」は，議員立法にしばしば見られるように，政策的な目標や課題，改善を要する事項等を指摘し，政府に対して方針の策定や対策の立案を促す性格の法律である．

15）その後，菅直人内閣の「新成長戦略―「元気な日本」復活のシナリオ―」(2010年6月18日)は，グリーン・イノベーション，ライフ・イノベーションを取り上げた．ただし，2006年の第3期科学技術基本計画でイノベーション概念が用いられて以降は，短命内閣が続いたこともあり，イノベーション政策は深化しなかった.

16）『科学技術基本計画』（平成23年8月19日閣議決定），6-7.

17）第4期基本計画には「イノベーションシステム」の概念も登場し，課題として位置づけられた.

18）③は，内閣府設置法の改正により，2014年に総合科学技術会議（CSTP）を総合科学技術・イノベーション会議（CSTI）へと改組することで実現した.

19）科学技術イノベーション総合戦略は，「第4期科学技術基本計画と整合性を保ちつつ，最近の状況変化を織り込み，科学技術イノベーション政策の全体像を含む長期のビジョンと，その実現に向けて実行していく政策を取りまとめた短期の行動プログラム」からなる.「基本計画と整合性を保ちつつ」と言うものの，科学技術イノベーション総合戦略は長期ビジョンと短期の行動プログラムを持つことから，実質的には，第4期科学技術基本計画を棚上げしたとも言える.

20）経済財政諮問会議は内閣府設置法で設置される機関．民主党政権下では休眠状態だったが，第二次安倍内閣はこれを復活させ，財政的観点から，成長政策を推進するための政策，予算編成の方針（「経済財政運営と改革の基本方針」．いわゆる「骨太方針」）を毎年度定めている．規制改革会議は内閣府本府組織令で設置されたもので，第二次安倍内閣発足後の2013年1月24日にスタートした．これは規制改革の側面から成長戦略を後押しするものである.

21）新陳代謝・イノベーションWGの座長は甘利明経済再生担当大臣兼内閣府特命担当大臣（経済財政政策）（当時），主査が橋本和仁東京大学教授である.

22）経済再生担当大臣「我が国のイノベーション・ナショナルシステム構築のための検討項目」2014.3.25.〈https://www.kantei.go.jp/jp/singi/keizaisaisei/bunka/kagaku/dai2/t1.pdf〉議事録によれば，甘利大臣は「我が国から常にイノベーションが生まれるようにするため，大学・大学院と公的研究機関，民間企業相互の有機的連携を強化し，技術シーズの実用化を強力に推進するための改革を行う必要がある．このため，…（中略）…我が国のイノベーションナショナルシステムに関し，大学研究者及び大学院生の公的研究機関への受入れ，橋渡しのための企業からの受託研究の受入れ強化，橋渡しのためのファンディング機関の改革，技術シーズ創出力の強化，さらにはイノベーションを担う人材の育成流動化などについての検討を行いたいと考えている．ナショナルシステムの検討では，総合科学技術会議を担当する山本大臣と密接に連携を図り，文科省，経産省にも積極的に御協力をいただき，4月中旬に改革の方向性を取りまとめたい.」と指示した.「第2回産業競争力会議フォローアップ分科会（科学技術）議事要旨」2014.3.25.〈https://www.kantei.go.jp/jp/singi/keizaisaisei/bunka/kagaku/dai2/gijiyousi.pdf〉

23）独立行政法人の中から研究開発関連の法人を国立研究開発法人として位置づけ，研究機関として適切な運営ができるようにしようとするもの.

24）特定国立研究開発法人制度は，いわゆるSTAP論文問題で頓挫したが，2016年度の立法で新たに物質・材料研究機構を追加し，3機関が指定される見込みである.

■文献

Branscomb, L. and Auerswald, P. 2002: *Between Invention and Innovation: An Analysis of Funding for Early-Stage Technology Development*, National Institute of Standards and Technology.

Brooks, H. 1964: "The Scientific Advisor," Gilpin R. and Wright C. (eds.) *Scientists and National Policy Making*, New York: Columbia University Press, 73–96.

Bush, V. 1945: *Science: The Endless Frontier*, Washington, D.C.: GPO.

Committee on Science, U.S. House of Representatives 1998: *Unlocking Our Future: Toward a New National Science Policy*, Washington, D.C.: GPO.

Fagerberg, J., Fosaas, M. and Sapprasert, K. 2012: "Innovation: Exploring the knowledge base," *Research Policy*, 41(7), 1132–53.

Fagerberg, J. and Verspagen, B. 2009: "Innovation studies: The emerging structure of a new scientific field," *Research Policy*, 38(2), 218–33.

Freeman, C. 1982: *The Economics of Industrial Innovation, 2nd ed.*, Pinter.
Freeman, C. 1987: *Technology and Economic Performance: Lessons from Japan*, Pinter; 大野喜久之輔監訳 1989:『技術政策と経済パフォーマンス―日本の教訓』晃洋書房.
Godin, B. 2009: "National Innovation System: The System Approach in Historical Perspective," *Science, Technology & Human Values*, 34(4), 476–501.
星野芳郎 1956：「技術革新と資本主義」『経済評論』復刊 5(5), 39–48.
姜娟 2009：「「イノベーション政策」の概念変化に関する考察―OECDの政策議論を中心とする―」『研究技術計画』, 23(3), 267–87.
科学技術庁 2000：『平成 12 年版科学技術白書』
経済企画庁 1956：『昭和 31 年度年次経済報告』
経済企画庁 2000：『平成 12 年度年次経済報告―新しい社会が始まる―』
小林信一 2004：「1995 年の科学技術政策」『学術の動向』9(6), 47–53.
小林信一 2011：「科学技術政策とは何か」『科学技術政策の国際的な動向［本編］』(国立国会図書館調査資料 2010–3), 7–34.
国家産業技術戦略検討会 2000：『国家産業技術戦略』
Lundvall, B. (ed.) 1992: *National Systems of Innovation: Towards a Theory of Innovation and Interactive Learning*, London: Pinter.
Martin, B. 2012: "The Evolution of Science Policy and Innovation Studies," *Research Policy*, 41(7), 1219–39.
Miettinen, R. 2002: *National Innovation System: Scientific Concept or Political Rhetoric*, Helsinki: Edita; 森勇治訳 2010:『フィンランドの国家イノベーションシステム：技術政策から能力開発政策への転換』新評論.
文部科学省 2002：『平成 14 年版科学技術白書』
Nelson, R. 1998:「進化的経済理論の観点」『進化経済学とは何か』有斐閣, 3–17.
Nelson, R. (ed.) 1993: *National Innovation Systems: A Comparative Analysis*, Oxford University Press.
Nelson, R. and Winter, S. 1982: *An Evolutionary Theory of Economic Change*, Harvard University Press; 後藤晃, 角南篤, 田中辰雄訳 2007：『経済変動の進化理論』慶應義塾大学出版会.
能見利彦 2004：「我が国のイノベーション政策の動向」『研究技術計画』19(3・4), 141–8.
Pavitt, K. and Walker, W. 1976: "Government Policies towards Industrial Innovation: A Review," *Research Policy*, 5(1), 11–97; 島弘志ほか訳 1978:『イノベーション政策―産業技術革新を求めて―』産業調査会.
Schumpeter, J. 1912: *Theorie der wirtschaftlichen Entwicklung*, Verlag von Duncker & Humblot.
Schumpeter, J. 1926: *Theorie der wirtschaftlichen Entwicklung: eine Untersuchung über Unternehmergewinn, Kapital, Kredit, Zins und den Konjunkturzyklus, 2., neubearbeitete Aufl.*, München, Leipzig: Duncker & Humblot; Opie, R. (trans.) 1934: *The Theory of Economic Development: An Inquiry into Profits, Capital, Credit, Interest, and the Business Cycle*, Harvard University Presss; 中山伊知郎, 東畑精一訳 1937:『経済発展の理論―企業者利潤・資本・信用・利子及び景気の回転に関する一研究』岩波書店.
Schumpeter, J. 1928: "The Instability of Capitalism," *The Economic Journal*, 38(151), 361–86.
Schumpeter, J. 1939: *Business Cycle: A Theoretical, Historical and Statistical Analysis of the Capitalist Process*, New York, London: McGraw-Hill Book Company; 吉田昇三監修, 金融経済研究所訳 1958–1964:『景気循環論―資本主義過程の理論的・歴史的・統計的分析―』(1～5巻)有斐閣.
Schumpeter, J. 1942: *Capitalism, Socialism and Democracy*, New York, London: Harper & Brothers; 中山伊知郎, 東畑精一訳 1951–1952:『資本主義・社会主義・民主主義』(上・中・下巻)東洋経済新報社.
Sharif, N. 2006: "Emergence and Development of the National Innovation Systems Concept," *Research Policy*, 35(5), 745–66.
Steelman, J. 1947: *Science and Public Policy, volume one to five*, Washington, D.C.: GPO.

The Origins of the "Science and Technology Innovation Policy" in Japan

KOBAYASHI Shinichi *

Abstract

The term "Science and Technology Innovation Policy" is quite unique, which was appeared in the context of science and technology, and other relevant policies in Japan. Both "innovation" and "innovation policy" in Japan have the same scholarly bases and characters as other countries, while Japanese society has recognized "innovation" as "Gijutsu-Kakushin" (technology innovation) ever since. The paper aims to describe the scholarly background of "innovation" and "innovation policy", and the reason why Japan's policy required the concept of "Science and Technology Innovation Policy" instead of "innovation policy." Finally, the paper intends to discuss that the economic growth strategy introduced by the second Abe administration was eager for the potentials of "Science and Technology Innovation Policy," which made "innovation" so popular among the general public as if it was a buzzword or a hype.

Keywords: Technology innovation, Innovation policy, 2nd Abe administration, Growth strategy

Received: July 3, 2016; Accepted in final form: August 27, 2016
* Senior Specialist; National Diet Library of Japan; skob@jcom.home.ne.jp

「科学技術イノベーション」の思想と政策

後藤　邦夫*

要　旨

最近の政府の科学技術イノベーション政策を批判的に検討し，「社会的諸問題の科学技術による解決」という思考の問題点を指摘する．まず，日本の科学技術政策が辿った経路を1930年代にさかのぼって検証し，つぎに，イノベーションの思想とその展開を3期に分けて論じ，「起業家パラダイム」「技術・経済パラダイム」「戦略パラダイム」と転換してきたことを示す．とくに，1970–90年代以降の産業構造のもとでの戦略パラダイムの特徴を論ずる．それに基づき，現在の日本の「科学技術イノベーション」を批判する．

1. はじめに

最近の日本で「科学技術イノベーション」をめぐる言説が流布されている．政府の科学技術政策の司令塔とされてきた「総合科学技術会議」に対し，2011年に閣議決定された第4期科学技術基本計画で「科学技術イノベーション戦略本部」への改組が示唆され，2014年に「総合科学技術イノベーション会議」と改称された．また，2013年以降「科学技術イノベーション総合戦略」が毎年更新される閣議決定事項となった(2015年度は6月19日閣議決定)．まさに政府の中心的な政策のひとつとしての地位を占め，その影響は科学技術政策の域を超え，経済政策や文教政策(とくに高等教育政策)に及んでいる[1)]．

しかし，イノベーションをめぐる多様な言説のなかで技術イノベーションやビジネス・イノベーションなどが語られることはあっても，「科学技術イノベーション」という表現は極めて少ない．それは日本の政府筋の文書に多く見られ，日本国内で流布しているのが特徴である．とくに近年では，近未来の日本が当面する難問に対する解決策を科学技術が与えるという期待と結びついて語られるようになった．

日本は，確実に到来する人口減少による労働力の減少と消費需要の縮小による経済の縮小，GDP，外貨準備等におけるシェアの低下による国際的影響力の減退に直面している．さらに，国内総生産の2倍を超える財政赤字の累積と財政破綻の危機，高齢化による医療，社会保障支出の増

2016年2月7日受付　2016年7月3日掲載決定
*NPO法人学術研究ネット，k-goto@andrew.ac.jp

大と将来における福祉システムの破綻の危機，格差拡大，貧困層の増加と世代を超える貧困の連鎖の伝播と，その結果として予想される高等教育進学率低下と労働力の劣化など，克服すべき課題は山積している．活動期に入ったとされる国土の変動と災害の拡大への対策も急務である（福島の復興と廃炉を含む）．

科学技術イノベーションの強調は，それによる高度成長の再来を期待し，成長の果実による難問の解決を目指そうとするのであろう．さらに，多くの政策文書には「世界で一番」「世界最高」といった修辞が並ぶ．それは，本来の意味のイノベーションではなく，あたかも「社会的課題を科学技術によって解決する」という技術決定論，あるいはサン・シモン主義者の夢想の現代版を思わせる[2)]．2015年には国立大学の人文社会系学部を「社会のニーズに合うように転換せよ」という文部科学省の通達が論議を呼んだが，それも同根の思想に発するものと理解すればそれなりに整合的である．当然のことながら，日本が直面する上記の難問は，社会，経済，文化等の全分野を包括した政策立案と国民的な合意形成に基づく粘り強い努力以外に安易な解決の道はないのであって，一発逆転の妙案はないだろう．科学技術は重要ではあるが一端を担うものに過ぎない．

他方，いわゆるアベノミクスの第三の矢といわれる成長戦略では，「改革」「規制緩和」という名の新自由主義的政策が志向されてきた．ところが，新自由主義の源流を作ったと言われる論客の一人ハイエク（Friedrich Hayek）は『科学による反革命』（Hayek 1952）でサン・シモン主義を激しく攻撃し，科学技術テクノクラート（ハイエクの表現ではエンジニア）の統治への介入を鋭く批判している．筆者はハイエクの思想には反対であるが，この点に限っては賛成せざるを得ない．

我が国の政策状況はまさに矛盾に満ちている．さらに，現政権の首脳のイデオロギーを考慮すると，国家総動員法下で「国体の本義発揚と科学技術振興の両立」を説いた「橋田文相談話」（1940年）を思わせる．また，このような政策選択における国家官僚機構の役割にも注目せざるを得ない．

本稿では，科学技術イノベーションに関する最近の動向とそれに対する批判的考察を以下の順序で扱う．

まず，日本における「科学技術」「科学技術イノベーション」をめぐる言説を政府の政策文書を中心に検討し，その意味，背景，役割を検討する．

次に，経済理論としての「イノベーション」について，シュンペーターによる導入とその後の展開について考察する．さらに，現在進行中の産業構造の変化のもとでのイノベーションのあり方を考察する．

最後に，その考察に基づき，現在の日本で流布している「科学技術イノベーション」について批判的検討を加える．

2. 日本におけるイノベーションをめぐる言説の特徴

2.1 前史としての「科学技術」と「技術革新」の登場

「科学技術による社会的課題の解決」という思考が日本の統治システムの内部に胚胎したのは，「科学技術」という表現が生まれた1930年代末である（広重 1974）（大淀 2009）．さらに1940年代には科学技術による戦局の打開が叫ばれた．敗戦後は，『1956年経済白書』でイノベーションの日本特有の訳語である「技術革新」というタームが現れ，復興が完了して「もはや戦後ではない」という日本経済を発展させるキィワードとして広く話題を呼んだ．以下，その間の状況を要約しよう．

対中国戦争が泥沼状態となり，米英などとの関係が悪化に向かった1938年に一連の施策が取られることになった．すなわち，国家総動員法公布である（1938年4月第一次近衛内閣）．ほぼ時を同じくして内閣に科学審議会が設置された(1938年4月同上). さらに, 今日まで続く「科学研究費」交付制度を含む補正予算が閣議決定され, 両院を通過した(1939年3月平沼内閣). この動向は, 科学動員計画閣議決定(1940年4月米内内閣)に引き継がれる.

その頃から, 一部の技術官僚グループ(工政会など)の間で用いられていた「科学技術」という用語が公的に用いられるようになる. すなわち.「全日本科学技術団体連合会」が133学会の参加によって設立され(1940年8月), さらに「科学技術新体制確立」が閣議決定される(1941年5月第二次近衛内閣).

太平洋戦争が開始され, ミッドウェイにおける敗戦以降, 戦局が混迷を深めつつあった1942年12月, 東条内閣は従来の科学審議会を廃止し,「科学技術審議会」を内閣に設置した. その影響のひとつが「教育に関する戦時非常措置方策」の閣議決定である(1943年10月東條内閣). いわゆる学徒動員, すなわち文系学生の徴兵猶予撤廃として知られるが, 同時に高等教育の理工系への転換・強化の施策でもあった. 高等学校の文科は1/3に縮小され, 残りは理科に転換された. 文科系大学の理科系への転換, 東大第二工学部設置など, 工学部, 工専の増設, 高商の工専への転換も進行した.

1945年8月の敗戦後, 早くも9月の文部省通達は高等学校理科生の文科への転科を承認するなど, 再転換がなされた. しかし, 敗戦直後の雰囲気は,「科学技術においてアメリカに敗れた」というものであり, 科学技術立国の提言が相次ぐことになる.

占領下の科学技術政策の中心は, 科学技術行政協議会の設置である(1948年12月第2次吉田内閣). 戦時体制からの脱却が図られる中で, 研究者の選挙による日本学術会議が設置され, 政府に対する日本学術会議の勧告を政府は尊重すべきものとされた. 科学技術行政協議会は, 政府と学術会議の協議機関であった.

イノベーションが姿を表すのは,「もはや戦後ではない」という表現で知られる1956年経済白書(第3次鳩山内閣)である. 戦後復興が終わり, 日本経済の次の成長段階には「技術革新」が必要であるという主張がなされ, 原子力とオートメイションへの期待が表明された. 以来, イノベーション＝技術革新という主張が経済論壇を中心に流布されることになる(後藤 1995).

ほぼ時を同じくして科学技術庁設置法が公布される(1956年3月第三次鳩山内閣). 1954年に初めて予算化された原子力研究の開始と連動した出来事で, 原子力開発に慎重であった学術会議と政府の対立が顕在化したという背景がある. その状況下で, 内閣総理大臣を議長とする科学技術会議が内閣に設置され, 政府と学術会議との協議は廃止される(1959年2月第二次岸内閣). 以来, 学術会議の存在感が低下の一途をたどることは周知の通りである(後藤 2012).

しかし, 1950年代末から60年代にかけての高度成長期に入ると, 技術導入と大型投資, 内需拡大による成長が続き, 技術革新はしばらく政策論の中心から外れる. 事実, 1970年代初頭までの日本では, 科学技術に投じられる資金はGDPの2%に達したことはなく, しかもその多くは民間の支出であった[3)].

状況を変えたのは, 1970年代初頭の環境危機と1973年の石油危機である. すなわち, 1974年に戦後初のゼロ成長と消費者物価高騰があり, 経済成長の回復を科学技術に期待する傾向が強まり,「資源のない我が国は, 科学技術によって生きる他はない」という言説が流布される. そして, 科学技術会議6号答申, 80年代通産ビジョンなどが相次いで出され,「創造的技術立国」すなわち「テクノナショナリズム」が唱えられるに至る.

しかし, 2度の石油危機による世界経済の低迷の中で, 原油高に押された日本の産業構造の転換は急速であり, 1980年代の日本経済は比較的好調であった. 電子工業の発展と製造業の主力の省エネルギー・加工組立型への転換は，中小企業への「外生化比率」が高く，小刻みな「カイゼン」の積み重ねを特徴とする日本の製造業にとって追い風となり，年間3～5%の成長を続けほぼ「一人勝ち」状態となった．結果として起こったアメリカとの貿易摩擦では「基礎研究ただ乗り」と批判され，その批判をかわすかのような大企業の「第二次中央研究所ブーム」が到来した．

1980年代からバブルの時代にかけての日本では，技術革新やイノベーションに関する言説は再び下火になる．それとは対照的に，冷戦下の軍事支出の増大と不況に苦しみ，レーガン・サッチャー流の新自由主義が現れた欧米諸国では，情報通信技術の興隆にあわせてイノベーションが広く論じられるようになった．サセックス大学科学政策研究ユニットSPRUのフリーマンChris Freemanによる『技術イノベーションの経済学』(Freeman 1974, 1882, Freeman and Soete1997)は，欧米や第三世界でベストセラーになったが，日本ではほとんど話題にならなかった[4)]．

同じ頃，シリコンバレーやボストン近郊のルート128沿線地区に多くのハイテク・ベンチャー企業が生まれた．この成功にならい，レーガノミクスで衰退した地方経済の活性化が州立大学に期待され，テキサス，ノースカロライナなどの各地にハイテク産業集積が形成された．それは，1862年のモリル法によって設立されたアメリカの主要州立大学Land Grant Universityの本来の役割でもあった(それらの大学が同時に世界的研究大学でもあることに注目すべきである)．冷戦の終結によって軍事技術であったARPAnetが民間に開放されインターネットとなったことも新規ビジネスの形成を促進した．その際のキィワードがイノベーションでありEntrepreneurship起業家的精神である．まさにSchumpeterの1912年の原点への回帰であるが，その具体的展開は大きく異なっていた(この点は後述する)．日本でも，テクノポリス法，通信回線開放と新電電創業など，それに対応する動きが見られたが，新規開業率は停滞し，各地のテクノポリス計画も大多数は失速した．

この動向を見ると，経済の先行きが不透明な時期に，科学技術やイノベーションが強調される傾向があることがうかがわれる．1990年代になり，日本経済の停滞の長期化に直面して，又もや科学技術への期待が高まってくるのは自然であったかもしれない．すなわち，1995年の阪神淡路大震災の年，科学技術基本法が成立し，第1期基本計画で，当時すでに問題になっていた財政難のもとでの17兆円の支出が決まった．以後の展開は次節で扱う．

2.2 イノベーションの提起

主要な行政文書にイノベーションが登場するのは第3期科学技術基本計画(2006年第3次小泉内閣)である．第1期17兆円，第2期24兆円という財政赤字下での大金の科学技術への支出が提案・実施される以上，社会への還元を明示する必要があると考えられたのであろう．こうして，「第3期基本計画における基本姿勢」の第一として，「社会，国民に支持され成果を還元する科学技術」という項目が立てられ，以下のように述べられる(第3期科学技術基本計画p. 6)．

科学技術政策は，国民の理解と支持を得て初めて効果的な実施が可能となる．このため，研究開発投資を戦略的運用の強化により一層効果的に行うこと，絶え間なく科学の発展を図り知的・文化的価値を創出するとともに，研究開発の成果をイノベーションを通じて，社会・国民に還元する努力を強化すること，科学技術政策やその成果を分かりやすく説明するなど説明責任を強化することによって国民の理解と支持を得ることを基本とする．これによって，国民の科学技術に対する関心を高め，国民とともに科学技術を進めていくことが可能となる．

一読して明らかなように，「科学の発展と知的・文化的価値の創出」が政策の主な目標であり，イノベーションは国民の理解と支持を得るために「成果の社会への還元」を強調するために導入されている.

「基本計画」の文書の後半には「研究開発の成果を切れ目なくイノベーションにつなぐ」という類の文章が頻繁に現れるが，全体の文脈は，明らかにシュンペーター(Joseph Schumpeter)以来の用法とは異なる.（強いて類似を求めれば，1947年のスチールマン・レポート「合衆国における科学と公共政策」であろう．前年に出されたバネバー・ブッシュ(Vannevar Bush)の『Science, Endless Frontier』を受けて，アメリカ独自の基礎研究充実が国防力の強化のみならず産業の繁栄，福祉の増大になるといういわゆるリニア・モデルの主張である.）

他方，基本計画を受けて制定され，2008年6月に公布された「研究開発システムの改革の推進等による研究開発能力の強化および研究開発等の効率的推進に関する法律」の第2条第5項では，「イノベーションの創出」の定義としてシュンペーターの1912年の著書『経済発展の理論』における定義が表現を変えて踏襲されている.

当時「改革」されたばかりの日本学術会議では，2006年に早速「科学技術イノベーション力強化分科会」が発足した．活動の概略は『学術の動向』11巻12号の幾つかの論考と座談会で知ることができる．特に座談会では，各参加者が「基礎研究の充実」を強調していることが注目される．重要な論点ではあるが，まさしくリニア・モデルでありイノベーションを正面から扱ったものとは言いがたい.

2006年，第一次安倍内閣は，高市早苗大臣を「イノベーション担当」とし，2025年を目標年度とする「イノベーション25」の策定に取り掛かかり，「中間とりまとめ(案)」(2017年2月)が出された．この中間とりまとめ案では，基本戦略として「科学技術イノベーション」「社会イノベーション」「人材イノベーション」の推進をとりあげ，2025年の日本社会に関して技術ユートピアを思わせるイメージを展開している．その後の議論の過程で安倍首相辞任があり不発に終わったが，第二次安倍内閣発足後の2013年以降の科学技術イノベーションに向かう取り組みの前段階として位置付けられるであろう.

2.3 「グリーンイノベーション」と「ライフイノベーション」および「総合科学技術イノベーション会議」に向けた問題提起 —— 民主党政権下の試行

政権交代後に発足した鳩山内閣は，野心的な温室効果ガス削減目標の提示で注目を集めたが，イノベーションについても独特の政策を提案した．すなわち，「新成長戦略——輝きのある日本へ」(2009年12月鳩山内閣閣議決定)における「グリーンイノベーション」と「ライフイノベーション」である.

前者は環境問題対応，後者は医療福祉問題対応であるが，通常，前者は経済成長に対する制約要因，後者は財政支出拡大の最大の要因であり，経済成長の手段としては考えられてこなかった．それを成長戦略の目玉にしようというのは，いささか無理筋であるように思われた(しかも原子力発電の振興が含まれていた)．ただ，環境の改善と福祉の強化という目標自体は悪いものではない．成長戦略というよりも，科学技術の成果を適切に利用することによる経済や財政に対する負の影響を減少させようということならば理解できる．しかし，生産性の飛躍的向上を通じた経済成長とは必ずしも直結せず，イノベーションという表現は適切ではない.

その後，「新成長戦略～『元気な日本』復活のシナリオ」(2010年6月菅内閣閣議決定)が出され，「国土の長期展望」中間報告(2011年2月)で人口動態や各地域の人口推移の予想や自然環境の変化に基づく少子高齢化の警告がなされる．前者では「グリーンイノベーション」と「ライフイノベーション」が引き続き強調されている．

そして，2011 年 3 月の東日本大震災と「フクシマ第一」の大事故を迎える．

その後に策定された第 4 期科学技術基本計画(2011 年 8 月菅内閣)では政策目標の大転換がなされる．それまでの基本計画が重点 4 分野と推進 4 分野に見られるように国としての研究の重点分野を明示するのが主眼であったのに対し，科学技術の目標を「達成すべき社会的重点目標」へ転換したのである．そこで社会的重点目標とは何かが問題となる．同基本計画は以下の3点を挙げている．

(1)　科学技術イノベーション(グリーンイノベーションとライフイノベーション)

(2)　人材とそれを支える組織(基礎研究指向)

(3)　社会とともに創り進める政策

(1)は鳩山内閣の新成長戦略の継承，(2)は基礎研究重視，(3)は東日本大震災の経験やSTS関係者の見解をある程度反映したものと見ることができる．しかし，科学技術政策の目的は，第一に社会の知的文化的基盤の充実であり，技術の経済活動への反映は各企業の活動を通じて実現されるとするのが常道であろう．社会的重点目標の達成は第一に社会政策に帰せられるべきものであり，それを科学技術政策の目標と定めたのは「社会のための科学」(ブダペスト宣言)という一面があるとはいえ問題であると言わねばならない．さらに，その文脈のなかで科学技術政策の司令塔とされてきた「総合科学技術会議」が「科学技術・イノベーション戦略本部」に改称・転換される方向が示された．当時の民主党政権下ではそれ以上の具体化には至らず，「総合科学技術イノベーション会議」の発足は 2014 年に持ち越されたが，この転換が極めて重要であったことは確かである．

2.4 「科学技術イノベーション」の展開

自民党の安倍政権は「アベノミクス」とともに，2007 年のイノベーション 25 を継ぐかのように，「科学技術イノベーション総合戦略」を閣議決定した(2013 年 6 月)．そのなかで，目標としての「科学技術イノベーション立国」が提唱された．その目標は以下のように規定されている．

(1)　我が国産業にとって有望な市場の開拓を主導する「経済成長のエンジン」

(2)　地球環境問題の解決等我が国が誇りを持って「世界に貢献する術」

(3)　我が国が直面する「制約・課題を超克する切札」

まさしく，「社会問題の科学技術による解決」という展開である．

2014 年 6 月には，同様の科学技術イノベーション総合戦略が閣議決定された．全体としての方向性は 13 年度版とほぼ同様であるが，以下のように修正された．

2030 年に実現すべき日本社会のイメージを以下のように規定する．

(1)　世界トップクラスの経済力を維持し持続的発展が可能となる経済

(2)　国民が豊かさと安全・安心を実感できる社会

(3)　世界と共生し人類の進歩に貢献する経済社会

そして，当面特に取り組むべき政策課題が挙げられ，日本を「世界で最もイノベーションに適した国」にすると強調された．

さらに 2015 年度の総合戦略では，重点を置くべき政策分野で国を挙げて推進していくべきものとして以下の 5 点を挙げている．

(1)　大変革時代における未来の産業創造・社会変革に向けた挑戦

(2)　「地方創生」に資する科学技術イノベーションの推進

(3)　2020 年東京オリンピック・パラリンピック競技大会の機会を活用した科学技術イノベーションの推進

(4)　イノベーションの連鎖を生み出す環境の整備
(5)　経済・社会的課題の解決に向けた重要な取組
そして，各項目には多数のテーマが総花的に並べられている．

2015年は，「第5期科学技術基本計画」策定の年次である．5月に出された「中間とりまとめ」を経て，総合科学技術イノベーション会議の答申では，全面的に科学技術イノベーションが強調されている．第5期科学技術基本計画の4本柱としてあげられているのは，以下の4項目である．

i）　未来の産業創造と社会変革に向けた新たな価値創出の取組
ii）　経済・社会的課題への対応
iii）　科学技術イノベーションの基盤的な力の強化
iv）　イノベーション創出に向けた人材，知，資金の好循環システムの構築

国家(具体的には政府と官僚システム)が主導してイノベーションを起こす，というイメージである．執筆者のイノベーション理解に対する疑念が生ずるのは当然であろう．また，この文書にも各処に「世界をリードする」「世界で一番」という根拠不明の大言壮語が目立つ．

同時に，この間における論文数の減少と基礎研究の停滞，研究現場の疲弊，研究者の研究時間の減少などの否定的側面についての記述はなされ，国際的に「劣後」状態とまで述べられている．しかし，その原因の分析はほとんどなされていない．大学や国立研究機関の「改革」や女性・若手研究者のポスト増加の数値目標が示されたが，とくに政策にかかわる要因の分析は皆無と言っても良く，目標も抽象的なものにとどまっている[5]．

第3期基本計画(2007)までは「科学の発展と知的・文化的価値の創出」が政策の目標とされ，イノベーションは多額の資金投入に国民の理解を得るための「成果の社会への還元」であったのに対し，イノベーションが目的となり，基礎研究はそのための基盤整備である，という完全な逆転が起こったわけである．そのように目的化したイノベーションとは本来いかなるものなのか，あらためて検討する必要があるだろう．

3. イノベーションの提起と展開をめぐって

イノベーションという概念の起源がシュンペーターの著書(Schumpeter 2012)で提起された「新結合」であり，著者による英語版で「イノベーション」と訳されて広く流布された事情はよく知られている．その後の展開についても既に知られているが(後藤 2004)（後藤 2012)，技術，製造業，産業構造の変貌を考慮に入れ，改めて現段階の理解をまとめておきたい．

3.1　シュンペーターによるイノベーションの提起

イノベーションの概念は主流の新古典派とも，ケインズ経済学やマルクス経済学とも異なるシュンペーターの独自の経済理論と結びついていた(当時，ケインズの経済学はまだ登場していない)．19世紀末に定着した新古典派の静態的均衡理論やその改良といえるオーストリー学派の限界革命(単純化すれば，需給の均衡は，それぞれの値についてではなく，値の変化率について成り立つとして定常的な動的均衡を説明)では，生産関数は固定されており，資本主義に固有の性格としての経済の拡大・成長が理論に内生化されていない．技術進歩などによる生産性の向上があったとしても外生的なパラメーターとして事後的に与えられるにすぎない．それに対し，シュンペーターは，『経済発展の理論』で，資本と労働という投入要素の「結合」によって決まる生産関数自体が「新結合」によって変化することによって成長するのが資本主義に固有の性格であるとした[6]．そのような新

結合の事例として1912年の著書であげられたのが，よく知られた次の5項目である(Schumpeter 1912).

(1) 新しい商品，あるいは商品の新しい質の導入.

(2) 新しい生産方法の導入

(3) 新たなマーケットの開発.

(4) 原料または中間生産物の新たな供給源の獲得.

(5) 産業における新たな組織の形成.

今日の用語法に当てはめれば，(1)がプロダクト・イノベーション，(2)がプロセス・イノベーションでともに技術イノベーションであり，(3)，(4)，(5)がビジネス・イノベーションで，それぞれ，マーケティング，購買，経営組織に関わるものである.

これらの「新結合」をつくり出す役割を持つのが「起業家的精神」を体現する強烈な個性をもった創業型経営者であり，その存在自体が信用を創造し投資を呼び起こす．もちろん，投資家である銀行の役割も強調されている．アメリカに移ったのち同書の英語版でイノベーションという用語を普及させ，さらに，大著『景気循環論』(Schumpeter 1939)で理論の実証を試みる．その理論とは資本主義経済における好不況の波，すなわち景気循環に対して，イノベーションによる好況期の開始，その波及，陳腐化による不況局面への移行というノーマルな過程として説明するもので，彼独特なものであり経済学の世界では広い支持は得られなかった[7)]．しかし，コンドラチェフの長期波動として知られる数十年周期の景気変動に注目を集めたのは有意義であった.

このような，いわゆる「シュンペーターⅠ」に対して，もう一人の「シュンペーターⅡ」が存在するといわれてきた(塩野谷1995など)．1942年の著作『資本主義・社会主義・民主主義』(Schumpeter 1942)で，資本主義は，巨大企業と官僚制の跋扈によって，イノベーションを実行する主体である「起業家的精神」が失われることにより停滞局面に入り，必然的に崩壊すると主張される．そして，多数の人々の意見を集約できる民主的な社会主義のもとで，国家や社会によってイノベーションが政策として実行されたとき，経済は改めて活性化されるだろうという展望が述べられる．この構想が，いわゆるネオ・シュンペータリアンの一部によるNational Innovation Systemのもとになるのであるが，その場合も国家の役割は環境整備が中心であり，活動の主体はやはり企業経営者である．このようなイノベーション概念の変貌については次節に譲ることにする.

この節の始めで述べたように，イノベーションという概念は，生産関数の変化を常態とする動学的不均衡に立脚したシュンペーターの独自の経済理論と強く結びついて提起された(それに対し，需給均衡に立脚した主流派の経済理論では生産関数が固定されている)．それにもかかわらず，イノベーションは理論的立場を超えて広く共有される概念になっているのはなにゆえであろうか．投資による資本蓄積の増大が成長をもたらすとする多くの経済理論においても，現実には生産関数の変化(生産性の変化)を無視できないために，経済の外的要因としてイノベーションの概念が採用されていると考えられる[8)]．すなわち，シュンペーターによって経済理論に「内生」するものとして導入されたイノベーションが，別種の経済理論においては生産関数の中のパラメーターの変化として事後的に表現されると考えられる[9)]．そのさい，イノベーションの概念は，マクロ経済理論から一旦切り離され，個別の企業経営における生産性増大のための活動として位置づけられることになる.

3.2 イノベーションにおける諸パラダイムの提起

イノベーションの意味は，時代とともに産業構造の変化に応じて変化してきたと考えられる．その変化をパラダイムの転換(あるいは共存)としてまとめたのがヨン・スンドボーの『イノベーションの理論』(Sundbo 1998)である．以下では，内容を若干修正して，その枠組を利用する．

スンドボーは,多数の研究者によるイノベーション研究を整理したうえで,「起業家的パラダイム」「技術・経済パラダイム」「戦略的パラダイム」が1880年代以降の三つのコンドラチェフ・サイクルに対応して成立してきたと主張する．シュンペーターがイノベーション論を構想したのは第3コンドラチェフの時代(1880s–1930s)であり，その時期の経済の主要な発展要因が「起業家」の活動と銀行の支援であったことを指摘し，初期のシュンペーターのイノベーション論を「起業家パラダイム」と呼んだ．たしかに，19世紀末から20世紀初頭にかけて，電気事業のエディソン，ジーメンス，化学工業のソルベー，ボッシュ，自動車産業のフォードなど，新分野を開拓して成果を上げた起業家を輩出した．それを支えた金融機関は伝統的な商業銀行というより，新規発行の株式の引き受けなどの発起業務をも行うドイツ型と呼ばれる新たな銀行であった[10)]．1912年という時点におけるシュンペーターの問題提起は当時の新産業発展の実情を反映していたといえる．

スンドボーは第4コンドラチェフの時代(1930s–1980s)がまさしく「技術革新」の時代であったことを指摘し，イノベーション論は「技術・経済パラダイム」へシフトしたとする．筆者はコンドラチェフ・サイクルには懐疑的であるが，両大戦から冷戦期にかけての先進諸国がいわゆる「総力戦体制」に移行し，重化学工業とそれを基盤とする軍需産業など，いわゆる重厚長大産業が伸長したことは明らかであると考える．その結果，マクロ経済政策における国家の役割が増大し，国家独占資本主義，集権的社会主義，ケインズ的政策の時代となり，国家官僚であるテクノクラートや大企業内部技術者の役割が拡大した．すなわち，イノベーションの担い手は，国家や巨大企業のような大組織の内部の技術者や管理者(イントラプレナー)に移行して行き，「起業家」の役割は失われるわけではないが減退してゆく[11)]．イノベーションの内容も，いわゆるラディカル・イノベーションよりインクリメンタル・イノベーションが主流になる[12)]．前節で触れた「シュンペーターII」は，このようなパラダイムの変化を反映したものと考えられる．

さらに，スンドボーは，1990年代には試論の域にあった第5コンドラチェフ・サイクル(1990s–)に関して，潜在的な「戦略的パラダイム」について論じている．その場合，個別企業から国家に至るまで，市場調査や研究開発を戦略的目標に向けて運用するマネジメントの確立が重要になる．主役は「創業者的起業家」や「企業内技術者」から「戦略的経営者」に移行し，組織もそれにふさわしい形態に改革されてゆくであろう，というのである．同様に，フリーマンとソエテは，第5コンドラチェフ・サイクル(1990s–)を予想しつつ，コンピュータ・ネットワーク時代における産業構造の諸相について予測的に論じている(Freeman, Soete 1997, 65–70)．筆者は,既に述べたように,コンドラチェフ循環よりも，この間の産業体制の変化が重要と考えている．すなわち，第一次大戦前の個別産業資本主義の段階，両大戦期から冷戦初期に及ぶ「総力戦体制」下の国家資本主義・国権的社会主義による重化学工業重点化の時代，ハイテク産業の高度素材・部品の生産と組み立てのボーダーレスなネットワーク形成の時代として上記のパラダイム転換を理解することが可能であると考える．節を改めて現段階のイノベーションについて考えることにする．

3.3　1970年代以降の産業構造の変化とイノベーションの変貌

すでに第1章で,1970年代から90年代初頭にかけての「日本の成功」と高評価に触れた．その後,日本ではバブル崩壊後の「失われた20年」があり，世界的には冷戦終結とデジタルネットワークの時代を迎える．ただ，冷戦が続いていた1970–90年代と冷戦終結と本格的なデジタル化の1990年代以降とでは状況はかなり異なる．さらに2000年代以降の人工知能の進出が一層の変化を呼び起こすと予想される．すなわち，全ての産業に関わる中核的部門として社会の知的・文化的状況を反映するメディア・ネットワーク，ソフトウェア，コンテンツなどが重要となる．このような時期におけるイノベーションを論ずる前提として，1970年代以降の段階の産業体制の特徴をまとめておこう．

〈産業構造の知識化・サービス化の進行〉

日本を含む先進国のGDPにおける製造業の比率，労働人口における製造業従事者の比率が軒並み20%を割り，サービス業の割合が増大するに至ったことはすでに常識である．さらに製造業の対象となる製品や生産ライン自体がソフトウェアを含む広義の知識・サービスの要素を多く含むことになる．例えば，家電製品，自動車，工作機械等のおおまかに見た外見や機能は50–100年前と大差はないように見えるが，センサーやプログラム内蔵プロセッサを組み込んだ機電複合体としての製品の中身や性能は大きく変化している．部品点数は著しく増大し，それぞれの多様化と高品質化は著しい．それらの調達を少数の巨大事業所内で行うことは困難となり，専業に特化した多数の大中小の企業群との連携が必要になる[13)]．

〈市場の多様化とマーケティングの変化〉

消費市場の多様化は言うまでもないが，高度で多様な中間財市場の重要性が増大する．マーケティングは商品のニーズ把握のためのリサーチの域にとどまらず，上流下流双方に渡る外部の顧客との，コミュニケーションを含むサービス活動や保守・点検活動に拡大し，ときに研究開発の協業化に及ぶ．その活動は地域や国家を超えた広がりをもつ[14)]．

〈社会的分業体制の多様なネットワークの形成〉

巨額の投資やインフラ整備を要する巨大プラント・大企業は存続するが，もはやピラミッドの頂点ではなくなる．ファブレス企業，ソフトウェア・ビジネス，コンサルタントを含む水平的ネットワークが構成される．政府機関・大学などの公的部門もネットワークに繋がることになるがそれらの機能・役割は別に論ずる．

〈産業集積の変貌〉

上記のようなネットワークの基盤となる産業集積も大きく変化する．鉄鋼や石油化学などの大工場を頂点とするコンビナートが主流であった「技術・経済パラダイム」の時代から，中小のハイテク企業の集積（リサーチパークやクラスター）とその間の連携が注目を集めるようになる（Braczyk and others 1998; Porter 1990）．

以上のように，現代の産業社会は，電力，合成化学，自動車等の分野の「一点突破」が可能であった「起業家パラダイム」の時代や国家や大企業の組織的活動が中心の「技術・経済パラダイム」の時代とは大きく異なる複雑な特徴を備えるに至った．イノベーションが，広い視野と展望を持った「戦略的経営者」あるいは，技術，営業，管理などに関わるメンバーによってよく組織された「戦略的チーム」によって担われるという実態が認識されつつある．それが「戦略パラダイム」の提起の背景である．標準的なテキストにおいても，技術，市場，経営組織が並行して扱われている（Tidd and others 2001）．

スンドボーが「戦略パラダイム」に言及した1998年には，上記のような特徴は必ずしも顕著ではなかった．そこで，彼は新たなパラダイムを試論的に提起し，1990年代を三つのパラダイムの並立の時代として扱っている．しかし，1995年のWindows95の発売，ネット環境の激変とインターネット商業化の爆発的拡大，モバイル端末の普及などが製造業やサービス産業にインパクトを与えた．そして，前述したような時代の特徴がさらに明確になったのである．

3.4　イノベーションにおける公的セクターの役割

ネットワークやコミュニケーションがキィワードとして浮上する中で，政府機構や大学，NPOなどを含む公的セクターの役割が注目されている．本来，イノベーションは企業を主体とする産業活動が中心であり，生産やサービスという経済活動に直接関与しない公的セクターは産業活動に役立つ技術的知見や人材の供給者という脇役と考えられていた．事実，「起業家パラダイム」の時代には，公的セクターの果たす役割は，大学の人材供給と技術シーズ提供，国立研究機関による工業標準の作成と供給などであった[15]．

国営企業や大企業が主役となる「技術経済パラダイム」では，政府機関や大学も「総力戦体制」の一端を担うことになり，第二次大戦中から冷戦時代にかけて見られたように，軍産学一体の研究開発活動が促進される．とくに米ソ両国で，国立研究機関は軍事研究を中心に肥大した．1960年代には軍事研究に参加したアメリカの一部の研究大学の黄金時代も到来した．バネバー・ブッシュはそのような大組織による科学研究の成果が民生部門に波及すると主張した(いわゆるリニア・モデル)．しかし，ベトナム戦争からレーガン政権にかけてアメリカ経済は軍事費の負担と「双子の赤字」に苦しむことになる．旧ソ連では軍事優先の科学研究の成果は民間に移転されず，体制自体が破綻した．アメリカにおいて状況を打開したのは，第1章で示唆したように，大組織からスピンアウトしたベンチャー企業のイノベーション活動であり，それらのベンチャー企業をキャンパスに集中立地させた各地域の大学の活動であった[16]．

この事実は，現在進行中の「戦略パラダイム」における公的セクターの役割についても示唆を与える．在来のパラダイムにおける人材供給や技術シーズの提供に加えて，ネットワークやコミュニケーションの有効性を保証する公共部門の「開放性」と「多様性」がある．それに加えて，アカデミックセクターの伝統的特性に注目すべきである．

厳しい競争環境下で企業利益の囲い込みを優先する一般企業の場合，社会の多様なエージェントとの交流・ネットワーク形成の活動に限界があることは否定できない(とくに知的財産権問題が重要性を増しつつある近年の環境ではそうである)．それに比べ，公的セクターは，レーガン時代のバイ・ドール法以来の知財重視の傾向はあるものの，個別的な利害関係に左右されない活動を特徴とする．すなわち，国立機関は，国家官僚制の影響下で硬直的な運営に陥る可能性はあるものの，基本的には税金で運営され，納税者＝国民に対する説明責任を負うという意味では個別の利害関係から独立していると見てよい．

大学は，公共的な教育機関であると同時に，学術を核とした研究者の共同体である．その研究者は自らが選択する特定の研究分野に集中的に取り組む一方，二重の意味で開かれた環境下に置かれている．すなわち，一方で，所属する大学内において専攻を異にする他分野の研究者とのコミュニケーション，協同的意思決定などの機会が多く，他方では，所属組織と離れた横断的な研究者コミュニティ(学会など)に帰属し評価にさらされる．このような特性と環境は，組織の方針に従って活動する企業内の研究開発者の場合とはかなり異質である．

さらに大学における学生の存在が重要である．毎年，入学と卒業によって大量に若い構成員が入れ替わることによって，大学は他の組織にはない活力をもつことができる．しかも学生は将来の社会の構成員として来るべき社会における価値を体現する存在である．言い換えれば，学生の思考や行動を通して，社会の将来を見通すことができるということである[17]．

いわゆる産学連携は，特定の研究開発分野における産業界の研究者と大学の研究者の協力として捉えられる傾向があるが，より重要なことは，企業と大学の組織としての異質性がネットワーク活動を通じて生み出す効果であろう．イノベーションの「戦略パラダイム」のもとで社会とのコミュニケーション，ネットワークを重視する企業にとっても，大学との連携は，大学が伝統のなかで形成してきた特徴を取り込むことで有利に働くということである[18]．

いわゆる新自由主義的改革を主張する論者の中には，公的機関の私企業化をもって改革と称するものが多い．しかし，私企業と公的機関という性格の異なる組織間のネットワークが多くを生み出すという正反対の主張こそが，戦略パラダイムの時代におけるイノベーションの特徴である．

4. あらためて日本における「科学技術イノベーション」を問う：結びに替えて

日本の産業技術の構造転換を促した1970年代の特徴的な出来事は，おりからの公害問題による環境制約，石油危機後のエネルギー価格の高騰，半導体エレクトロニクス技術に基づく情報処理関連分野の拡大である．その結果，産業の主役は，鉄鋼と石油化学に代表される資源・エネルギー多消費型で資本集約的な産業から，自動車，電機など高度な部品の集積を伴う加工組立型製造業へシフトした．在来の中小企業群の相当部分が，経営者の高学歴化や元請け企業からの技術移転などにより，日本の宿痾とまで言われた「二重構造の底辺」から「活力あるハイテク集積」へと変貌した．

特に顕著となったのは，機械・電子複合化技術(いわゆるメカトロニクス)と半導体，磁性材料を含む機能性・高品質材料の生産技術(素材のスペシャルティ化)である．プラスティック成形が牽引した金型の精密加工も金属部品の生産の高度化をもたらした．

1990年代以降のデジタル化の広がりと産業の再編成の時代には入り，インターネットの普及，高機能モバイル端末の普及，デジタル情報処理の製造業やサービス業の各分野への浸透が急速に進み，産業社会の構造変化が進行しつつある．そのなかで，日本の産業界は，ハードウェアの基盤となる高品質の中間財(部品・部材など)や資本財(電機，自動車，ロボット，工作機械，建設機械など)では一定の優位を保ってきた[19]．そして，資本財，中間材，最終材のいずれにおいても，東アジア諸国との間で，緊密で複雑なサプライチェーンや金融のネットワークで結ばれつつある．

そこでの優位性は典型的なインクリメンタル・イノベーションによるものである．また，技術とは直接の関係がないビジネスモデルにおけるイノベーションでは，小口宅配便やコンビニエントストアなど，マーケット指向の成功事例がある[20]．

しかし，社会の知的状況を反映するメディア・ネットワーク，ソフトウェア，コンテンツなどが関わる中核的部門，知識化・サービス化と一体化した戦略的商品開発の分野では多くの問題に直面している．そのなかで「科学技術イノベーション」が政府の側から強調されているわけである．

すでに第2章で述べたところであるが，科学技術の成果をイノベーションにつなげるという発想は，国立研究所や大学の科学研究の成果を技術シーズとして企業に引き渡し，技術革新というイノベーションのひとつの類型につなげようというもので，いわゆるリニア・モデルと第3章で述べた「技術・経済パラダイム」の段階のイノベーション観の混合である．いずれも，ネットワークや社会とのコミュニケーションがキィとなる「戦略パラダイム」の現在から見れば，科学技術という用語が生まれ，技術革新が唱えられた1930–60年代という，ひと時代前の構想であると言わねばならない．

技術シーズはもちろん重要である．しかし，それ以上に，社会の様々なエージェントとのコミュニケーションを伴うネットワーク活動と，そこから得られた知見を製品開発や市場開拓に活用する戦略的思考の重要性が高まっている．

そのような戦略的思考のできる経営者とその予備軍にとって必要な知識とは何であろうか．科学技術に関する知識や数理的思考能力はもちろん必要である．それ以上に，歴史や文学を通して得られる人間に関する知見，社会科学的知見に基づく複雑化する現代社会の動向に関する洞察や予見の能力が重要であろう．昨今の高等教育に関する論議の中で，人文学や社会科学の軽視とも見られる文教当局の姿勢に対する批判は当然である．

以上は主としてイノベーションの側からの考察であるが，科学技術のサイドから問題を見た場合はどうであろうか．

科学技術，なかでも科学は，第3期までの基本計画に見られるように，知的文化的価値の創出が最大の目標のひとつである．近代科学の重要な起源である古代から近代に及ぶ自然哲学の発展は，そのことをよく証明している．逆に，統治機構の要求に完全に従属していた伝統的中国の「科学技術」は，個別的な課題における著しい進歩にもかかわらず，ついに近代科学を創出できなかった．科学技術の社会への貢献は当然であるが，そのありようは実に多様であり，経済成長をもたらすイノベーションへの寄与はその一端を占めるに過ぎない．

科学技術とイノベーションの双方からの考察にとって，「科学技術イノベーション」を巡る最近の言説と政策は，さらに慎重な考察を必要とすると結論される．

■注

1）本稿執筆時(2015年12月)の時点で公表された「第5次科学技術基本計画」に関する答申は，「科学技術政策」が事実上「科学技術イノベーション政策」となったことを示す．

2）サン・シモン主義には，フランス革命後の王政復古時代に復活した貴族支配に抵抗するブルジョアジーの一部の運動としての革新的要素があった．今日のそれは，将来への展望が困難となった状況における支配層の願望としての技術決定論の一種である．

3）1973年のオイルショックの直後，日本の科学技術支出は全体でGDPの1.5%程度であった．1960年代に国立大学の理工学系学部が急拡大したにもかかわらず，おおむね2%を超えていた当時の欧米諸国に比べて少額であった．現在の日本では約3.5%である．当時のGDPを考慮するとその額は今日に比べ非常に少なかったといえる．

4）この時期，日本のカイゼンは，ローゼンバーグNathan Rosenbergによってイノベーションの一種とされ，Freemanは第3版でインクリメンタル・イノベーションとして評価する．当時の日本経済のパフォーマンスに対しては，欧米の論壇では今日では想像できないほどの高評価が下されていた．(Freeman 1987; von Tunzelmann 1995; Detrouzas and others 1989)など．

5）民間の調査研究(例えば豊田レポート)は，論文数を指標とすると2002–2004年をピークとして減少局面に入ったことが示されている(論文総数でアメリカ，中国，ドイツが先行し，一人当たり論文数では35位，得意分野であったMaterials Scienceで韓国に抜かれるなど)．政府の政策に関わる指標(国立大学法人化に伴う運営交付金削減，大学院博士課程入学者数の減少)との相関も明らかにされている．また，論文数(2009–2011年平均)で大学が80%を占めているにもかかわらず2013年の政府負担経費は39%にとどまっていることが示されている．戦時下を知る筆者らの世代は，ロジスティックス(物資と人員の補給)を無視したまま，科学技術の振興による必勝などの誇大なスローガンが連呼されたかつての日本のイメージが重なる．

6）同様に，拡大・成長を資本主義経済に内在する性格と捉え，資本を「自己増殖する価値」であるとしたのがマルクスの経済学である．生産過程そのもののなかで，可変資本(＝労働)の搾取によって剰余価値が発生し，資本蓄積が行われ，拡大再生産が行われる．シュンペーターは，基本的な経済思想の違いにもかかわらず，経済史研究と経済動学を組み込んだ理論としてのマルクス経済学を高く評価していた．マルクスは未発表の草稿（死後にカウツキィによって『資本論第３部』にまとめられる）で，不変資本と可変資本の比率（資本の有機的構成：今日的表現では資本装備率）が異なる複数部門が並立する経済社会の動的均衡モデル（再生産過程表式）を提起した．

7）マルクスともケインズとも異なるシュンペーター独自の景気変動論については伊東・根井 1993, 137-147 に簡潔な説明がある．

8）ケインジアンに対する「新古典派的総合」がかつての主流派であった事を想起させる．新古典派的均衡理論を主としながら，現実の経済運営においては「自由放任」に固執せず，「均衡」を実現するためのケインズ的政策を排除しない，というものであった．

9）いわゆるコップ・ダグラス型生産関数の場合に明示的である．それ以外でも労働生産性や資本産出係数などの変化として表現される．経済理論にとっては外生的で，しかも事後的にしか表現されない．また，先進国ではGDPの2-3%に達する研究開発経費を経済活動に内生化させるについて立場の分岐が生まれる．中間投入とすればGDPに変化がないが，知財として資産形成に合算すれば押し上げることになる．

10）19世紀初頭まで後進国であったドイツでは，慢性的な資本不足のため株式市場による資金調達が困難であり，銀行が株式引き受けによる発起業務を行った（いわゆる「特殊ドイツ型銀行」）．結果として可能になった大型投資によって19世紀後半のドイツ重工業の発展が支えられた．「金融資本主義」（ヒルファディング）の展開である．

11）ホンダの４輪車市場への参入，住友金属の和歌山製鉄所建設など，通産省（当時）の政策に抵抗して行われた事例も多い．

12）最もありふれたケースは，プラントのスケールアップによる「規模の経済」の実現である．日本のカイゼンもローゼンバーグやフリーマンによってインクリメンタル・イノベーションの典型例とされたのは既述の通りである．

13）ある時期までは理想とされた一企業内で多くを調達する垂直統合モデルは成立しない．デルのバリュー・チェイン・モデルやトヨタのかんばん方式が出現し，注目を浴びる結果となったのは当然である．

14）例えば，産業開発やエンジニアリングの分野での商社の活動として，すでに広く認識されているはずである．

15）19世紀末から20世紀初めにかけて国立標準局（アメリカ），国立物理工学実験所（ドイツ），国立物理学研究所（イギリス）などが設立され，工業標準の作成や各種データの作成と提供にかかわる研究成果が出され，電気，化学などの新分野の産業活動を促進した．日本の国公立試験研究機関も同様の役割を果たした．

16）大企業や政府機関の利用が中心であった初期のコンピュータを革新し，幅広い民生利用に道筋をつけたDEC，シリコンバレーで活躍したMicrosoft，Appleなどの事例が示す通りである．インターネットの原型で軍事利用のために開発されたARPAnetも，実際に受託して開発したのは，MITなどからスピンアウトしたエンジニアたちが立ち上げたBBNという小さなコンサルタント企業であった（Hafner and Lyon1996）．大学関連リサーチパーク協会AURRP（現在はAURP）の設立は1986年である（2015年時点でアメリカを中心にメンバーのリサーチパークは約700にのぼるという）．

17）産官学連携を意味するTriple Helixの活動の推進者であるエツコヴィッツHenry Ezkowitzと意見交換した時，彼が強調したのは，学生の存在こそが大学の比較優位の源泉だということであった．また，前注で言及したAURPでも，大学キャンパス内のリサーチパークに立地する企業のメリットとして，大学の施設の利用や教員との研究交流だけでなく，学生との接触をあげている．

18）シリコンバレーのハイテク企業の中には，大学キャンパスを思わせる開放的雰囲気をもつケースがあることが知られている．また，1990年代から問題になっているEntrepreneurial Universityは，大学の特性を生かした新時代のベンチャー・ビジネスの創出を大学のミッションのひとつとすることを主張しているのであって，大学自身の運営の企業化とは真逆の発想である．

19）中堅・中小企業を含む日本の「ものづくり」の現場の強さは，例えば，中沢，藤本，新宅３氏の著書などに明らかである（中沢，藤本，新宅 2016）．

20）小口宅配便は政府の規制当局との厳しい葛藤を経て実現した．コンビニエンスストアは，テキサスのサウスランド社のモデルの輸入であったが，日本における定着にはそれなりの革新を行う必要があったようである.

■文献

Braczyk, Cooke, and Heidenreich (ed.) 1998: *Regional Innovation Systems, the Role of governances in a globalized world*, UCL Press.

Detrouzas, Michael L, and others (ed.) 1989: *Made in America, Regaining the Productive Edge*, MIT Press.

Freeman, Christopher 1974: *The Economics of Industrial Innovation 1st edition*, Penguin Books.

Freeman, Christopher 1982: *The Economics of Industrial Innovation 2nd edition*, MIT Press.

Freeman, Christopher 1987: *Technology Policy and Economic Performance: Lessons from Japan*, Pinter, London and New York.

Freeman, Christopher 1992: *The Economics of Hope*, Pinter Pub.

Freeman, Christopher and Soete, Luc 1997: *The Economics of Industrial Innovation 3rd edition*, Pinter Pub.

後藤邦夫 1995:「技術論・技術革新論・国家独占資本主義論」，中山　茂，後藤邦夫，吉岡　斉(編)『通史・日本の科学技術Ⅱ』学陽書房，248-257.

後藤邦夫 2002：「イノベーション論――歴史的概観に基づく当面の課題」，科学技術社会論学会編『科学技術社会論研究』第1号，玉川大学出版部，81-87.

後藤邦夫 2012:「イノベーションは格差を超えるか――ポスト 3.11 日本の知識経済社会」吉岡　斉他編『新通史・日本の科学技術　別巻』原書房，97-110.

Hafner, K and Lyon, M 1996: *Where Wizards Stay Up Late – The Origins of the INTERNET*, Simon and Schuster.

Hayek F. von 1952, *The Counter Revolution of Science*: *Studies on the Abuse of Reason*, Free Press: 佐藤茂行訳 2004：『科学による反革命――理性の濫用』木鐸社.

広重　徹 1974：『科学の社会史』中央公論社.

伊東光晴，根井雅弘 1993：『シュンペーター――孤高の経済学者』，岩波書店.

中沢孝夫，藤本隆宏，新宅純二郎 2016『ものづくりの反撃』筑摩書房.

大淀昇一 2009：『近代日本の国民形成と工業立国化：技術者運動における工業教育問題の展開』すずさわ書店.

Porter, Michael 1990: *The Competitive Advantage of Nations*, Free Press.

Rosenberg, Nathan 1967: "Problems in the Economists Conceptualization of Technological Innovation", in Rosenberg, Nathan 1967: *Perspectives on Technology*, 61–84, Cambridge UP.

Schumpeter, Joseph A. 1912: *Theorie der wirtschaftliche Entwicklung*, Dunker u. Humboldt, Leiptzig.

Schumpeter, Joseph A. 1934: *The Theory of Economic Development*, Harvard UP (1961 Reprint, Oxford UP).

Schumpeter, Joseph A. 1939: *The Business Cycle - a Theoretical, Historical, and Statistical Analysis 2 vols.* MacGraw Hill.

Schumpeter, Joseph A. 1942: *Capitalism, Socialism and Democracy*, Allen & Unwin.

塩野谷祐一 1995：『シュンペーター的思考』東洋経済新報社.

Sundobo, Yon 1998: *The Theory of Innovation: Entrepreneurs, Technology and Strategy*, Edward Elgar.

Tidd, Bessant, and Pavitt, 2001: *Managing Innovation - Integrating Technological, Market, and Organizational Change 2nd ed.* John Wliey & Son.

Von Tunzelmann, 1997: *Technology and Economic Progress, the Foundations of Economic Growth*, Edward Edgar.

Idea and Policy of "Science-Technology Innovation" in Contemporary Japan

GOTO Kunio *

Abstract

"Science-Technology Innovation Policy", which is adopted by Japanese government, is under investigation. First, a brief history of science and technology policy of modern Japan is discussed. Second, development of innovation theory, introduced by Yon Sundbo, and his three paradigms, "entrepreneurial", "technology-economic", and "strategic", is developed in accord with changing industrial structures since late 19th Century. Particularly, characteristics of strategic paradigm of innovation, which is salient in contemporary industrial society, is described. Lastly, based on these discussion, "Science-Technology Innovation Policy" of Japanese Government is criticized.

Keywords: Science-technology, Innovation, Entrepreneur paradigm, Technology-economy paradigm, Strategy paradigm

Received: February 7, 2016; Accepted in final form: July 3, 2016
* GK-net NPO; k-goto@andrew.ac.jp

イノベーション再考

西村　吉雄*

要旨

イノベーションという概念をシュムペーターまで戻って再考する．それは資本主義経済における利潤と経済成長を生み出す構造の再考でもある．イノベーションによって利潤を生み出すためには，新知識(科学技術的知識にかぎらない)と，その市場化が必要だ．

20世紀初頭までの米国では，個人発明家が新知識を生み出し，その市場化を大企業が担う例が多かった．1930年代から1960年代にかけて，新知識獲得と市場化が，同一企業内で行われるようになる(リニア・モデルと中央研究所の時代)．1970年代以後は，大学が生み出した知識を，大学発ベンチャーが市場化する活動が活発になる．

第2次大戦後の日本は，外国で確立した技術の導入から始めた．1960年ごろからは日本も中央研究所の時代となる．1990年前後のバブル経済の時期，企業が基礎研究を強化する．しかしすぐに経済が低迷し，企業は研究開発活動を弱める．これに応ずる形で日本でも，イノベーションへの大学の貢献が期待されるようになる．しかし日本のイノベーション政策は，あまりに研究指向かつ社会主義的で，経済活性化に貢献しているとは言えない．

科学技術社会論学会は2015年7月11日に，「日本の学術政策における『イノベーション』の拡大――その深層を考える――」というタイトルのシンポジウムを開催した．しかしそこで聞いた講演内容は，シンポジウムのタイトルとほとんど無縁，私にはそう感じられた．講演は大学問題に終始していて，経済に触れない．イノベーションは，何よりもまず経済の話，これが私の理解である．

このようにイノベーションに関する議論は，かみ合わないことが多い．こういうときは原点に戻ろう．イノベーションに関する原点と言えば，やはりシュムペーターだろう．

そこで本稿では，まずシュムペーターまで戻って，イノベーションという概念を再考してみたい．それはまた，資本主義経済活動の再考でもある．そのうえで，米国におけるイノベーション・エンジンの変遷を通観する．最後に日本のイノベーション政策を，米国の場合と比較しながら，批判的にたどってみる．

2016年1月6日受付　2016年7月3日掲載決定
*技術ジャーナリスト，yosnishi@mwb.biglobe.ne.jp

私の問題意識の重点は，企業側，産業界側の変化にある．個々の企業や産業界の努力だけでは経済がたちいかなくなる．これを問題視した政府が，経済的価値の源泉をアカデミーに求めるようになる．「学術政策におけるイノベーションの拡大」の背景には，米国でも日本でも，この構造があったと私は認識している．

1. シュムペーターのイノベーション論――技術革新はイノベーションではない

1.1 「経済システムを時間的に変化させる力」の解明がシュムペーターの目的

後にイノベーションと呼ばれることになる概念について，シュムペーターが明示的な考察を展開した著書は『Theorie der wirtschaftlichen Entwicklung』（Schumpeter 1912）である．この本がイノベーションの，いわば原典と考えられる．初版刊行は1912年で，第2版が1926年に刊行されている．この第2版に基づき，邦訳が『経済発展の理論』のタイトルで1937年に出版された．さらに1977年に新訳が出て，岩波文庫に入っている．実は私は，ドイツ語の原著を読んでいない．私が本稿で参照し，引用するのは，もっぱら邦訳の岩波文庫版（シュムペーター 1977）である．

なお『経済発展の理論』には，イノベーションという用語は出てこない．イノベーションに当たる言葉は「新結合の遂行」（Durchsetzung neuer Kombinationen）である．けれども同書邦訳版に英文のまま掲載されている「日本語版への序文」（1937年6月記）には，英語のinnovationが使われている（Schumpeter 1937）．

この「日本語版への序文」でシュムペーターは，同書を書いた目的に触れている．「経済システムが自らを時間的に変化させる力はどのように生まれるか」，この問いに答を出すこと，これが同書を書いた目的だったという（Schumpeter 1937）．そしてこの「経済システムが自らを時間的に変化させる力」が，後にイノベーションと呼ばれることになる[1)]．

経済システムの時間的変化の最たるものが経済成長だろう．「経済システムが自らを時間的に変化させる力」，すなわちイノベーションは，経済を成長させる原動力である．

1.2 「イノベーション＝技術革新」ではない

「経済システムを時間的に変化させる力はどのように生まれるか」．この問いにシュムペーターは，こう答えを出す．すなわちその力は，「われわれの利用しうるいろいろな物や力の結合を変えること」（新結合の遂行）から生まれる（シュムペーター 1977, 99–100）．この「新結合の遂行」が，後にイノベーションと呼ばれることになる．

新結合遂行の例としてシュムペーターは五つを挙げる（シュムペーター 1977（上），183）．以下はその要約である．

（1） 新しい財貨（新製品など）の生産・販売
（2） 新製法の導入
（3） 新しい販路の開拓
（4） 原料あるいは半製品の新しい供給源の獲得
（5） 新しい組織の実現

シュムペーターは（2）の新製法の導入について，「科学的に新しい方法に基づく必要はない」とわざわざコメントを付ける．さらに，こうも書いている．「経済的に最適の結合と技術的に最も完全な結合とは必ずしも一致せず，きわめてしばしば相反するのであって，しかもその理由は無知や怠慢のためではなくて，正しく認識された条件に経済が適応するためである」（シュムペーター 1977（上），81）．

ここに見るように，シュムペーターの原義では，イノベーションと科学や技術との関係は薄い．ところがイノベーションを「技術革新」と思い込んでいる人が，日本では今なお少なくない．イノベーションに関する議論が混乱する大きな原因の一つが，これである．「イノベーション＝技術革新」という誤訳の起源は，1956年版の経済白書だという(後藤 2000, 22)．

あらためて確認しておこう．技術革新はイノベーションではない．研究成果もイノベーションではない．たとえば蒸気機関車の発明はイノベーションではない．蒸気機関車の発明を知って鉄道という社会システムを実現すること，これがイノベーションである．そのイノベーションを実現するうえで，蒸気機関車を自ら発明する必要はない．

1.3 イノベーションは経済システムを不均衡状態にする

「時間的に変化しない」経済システムは「均衡状態」にある．均衡状態は静止状態ではない．自然科学でいう平衡状態に似ていて，定常的循環はあり得る[2)]．けれども全体としての時間的変化はない．したがって均衡状態の経済システムに，経済成長はあり得ない．

成長の基礎である利潤(マルクス経済学用語では剰余価値)も存在しない．金儲けはできないということだ．また均衡状態には金利もない．金利は成長への期待の表れである．経済成長のないところに，成長への期待はあり得ず，金利はない．金儲けができず，成長への期待もないのでは，資本主義経済は成り立たない(水野 2014)．

シュムペーターの新結合，すなわちイノベーションは，「経済システムを時間的に変化させる力」である．ということはイノベーションは，「経済システムを不均衡状態にする力」でもある．「われわれが取り扱おうとしている変化は(中略)，その体系の均衡点を動かすものである」(シュムペーター 1977, 99)．

経済システムを不均衡にするということは，その経済システムが利潤を生み出せるようにすることでもある．均衡状態の経済システムには，利潤は存在しない．以下では，不均衡状態が利潤を生み出す仕組みを，岩井克人の議論(たとえば(岩井 1985))に従いながら整理する．利潤とイノベーションの関係は，資本主義経済活動におけるイノベーションの意義を，より直接的に明らかにするだろう．

2. 「価格差形成」と「媒介」――イノベーションに不可欠な二つの活動

2.1 「安く買って高く売る」活動だけが利潤を生む

「安く買って高く売る」．せんじつめれば，この活動だけが利潤を生む．「一方で相対的に安いものを買い，他方で相対的に高いものを売る――それが等価交換のもとで利潤を生み出す唯一の方法である」(岩井 1985, 50)．

そのためには「安く買えるところ」と「高く売れるところ」が必要だ．すなわち価格体系に差のある複数の共同体の存在が，利潤を生み出すための前提となる．別の言い方をすると，自分たちとは価格体系の異なる共同体，これを資本主義は必要とする．この共同体は，自分が属する共同体(＝中央)からみて，周辺(＝辺境＝フロンティア)である．

遠隔地交易は，利潤を生み出す仕組みの原型であり，資本主義の原型でもある(岩井 2015, 186–190)．利潤の源泉は，地理的に離れた二つの共同体の間の価格体系の差だ．「商品交換は，共同体が終わるところで，すなわち共同体が外部の共同体または外部の共同体のメンバーと接する点で始まる」(マルクス 2005, 134)．

交易が行われなければ，二つの共同体は独立していて，それぞれの経済システムは均衡状態にある．利潤は生じない．ここに貿易商がやってきて，一方の共同体で商品を安く仕入れ，他方の共同体でそれを高く売る．こうして貿易商は利益を得る（利潤の発生）．

ここで見たように，利潤の発生には二つの事象が必要だ．一つは，それぞれの共同体で，同じものの価格が違うことである（価格差の存在）．もう一つは，価格差のある二つの共同体の間を，貿易商が行き来することだ．この活動を「媒介」という（岩井 1985）．「価格差」と「媒介」，この二つがないと，利潤は生まれない．

貿易商による媒介は，二つの共同体の独立性を崩す．3者（二つの共同体と貿易商）から成る経済システムは，時間的に変化し始める．経済システムが不均衡になったのである．貿易商は媒介活動を通じて利潤を得る．媒介によって形成された不均衡状態が，利潤のもとである．

ところがこの不均衡状態は，実はじきになくなってしまう．遠隔地交易が儲かるとなれば，競争者が現れる．仕入れ価格は上がり，販売価格は下がるだろう．やがて価格体系は一つに収れんして差がなくなり，利潤を生まなくなる．均衡状態に落ち着いてしまうのだ．

二つの共同体の間を媒介する商業資本主義活動は，その活動自身が自らの存立基盤を切り崩していく（岩井 1985, 87）．これは実は，商業資本主義にかぎったことではない．

2.2　労働力の価格差を活用する産業資本主義

近代にはモノの価格差に加え，労働力の価格差の活用が始まった[3]．労働力の価格（賃金）は共同体によって違う．たとえば農業圏と工業圏，これが労働力の価格の違う二つの共同体の例だ．

産業革命期のヨーロッパでは，農業技術の進歩や耕地拡大の限界によって，農業圏は余剰労働力を抱えていた．この状況のときに工業を起こせば，工業圏は安い労働力を農業圏から調達できる．この安い労働力を活用して高く売れる工業製品を製造販売できれば，工業圏の資本家は，大きな利潤を得る．これが産業革命期に成立した資本主義で，産業資本主義と呼ばれる（岩井 1985）．

労働力の価格差は，地理的に離れた共同体にも見出される．労働力の安い地域を求めて生産地を移転する，この活動は今も珍しくない．そして安い労働力の得られるところが，周辺であり，辺境であり，フロンティアである．

労働力の価格差も，原理的には，やがて消滅する．競争者が現れ「賃金をはずむからウチで働かないか」と言えば，労働力価格は上昇する．「安くするからウチの製品を買って」と競争者は製品の値下げを始める．やがて利潤のなくなるところで均衡状態に達する．

どうするか．一つは，もっと労働力の安い，新たな地理的辺境を探すことである．

もう一つ，競争がなくなるよう画策するという手もある．たとえば政府に働きかけ，参入規制を設けてもらう．日本では今も大きな役割を果たしている．

さらにもう一つ，革新的な方策がある．イノベーションを起こすことである．

2.3　イノベーション――フロンティアを未来に求める

価格差が消滅して利潤が生まれなくなったら，経済システムの内部に価格差を意図的に創り出せばいい．そうすれば経済システムは再び不均衡になり，利潤を生み出すことが可能になる．この活動こそ，シュムペーターの定義するイノベーションである．

このときの利潤の源泉は，未来にありうべき共同体と現在の共同体の間の価格体系の差と解釈できる．この価格差を活用する資本主義を「ポスト産業資本主義」と呼ぶことがある（岩井 1985, 50）．フロンティア（辺境＝遠隔地）を，地理的にではなく，未来に求める．

未来の価格体系とは，つまるところ知識だ．他者より先に新知識を獲得し，その新知識に基づいて新製品や新サービスを市場に提供する．ここではじめてイノベーションが，科学技術や研究開発と関係してくる．

一つのイノベーションがもたらす価格差，すなわち未来と現在のあいだの価格差も，やがてなくなる．競争によって利潤は消滅する．しかし利潤の一部を研究開発などに投資し，新知識を獲得して，もっと先の未来の価格体系を先取りすれば，イノベーションによって次々に価格差をつくり続けることができる．すなわち資本主義の永続性が，過渡現象の連鎖として，動的に可能になる．「科学がもたらすフロンティアに終わりはない」という信念(Bush 1945)も，この構造の反映だろう．

価格差は，その源泉が何であれ，媒介して利潤を上げる活動そのものによってやがて消滅し，利潤もなくなる．「資本主義発展は資本主義社会の基礎を破壊する」のである．「マルクスのこの主張は真理たるを失わない」．シュムペーターはこう確信していた(シュムペーター 1995, 68)．そうなると「資本主義経済に永続性はあるのか」という問いが生ずる．

上に見た，継続的イノベーションがもたらす動的永続性が，この問いへのシュムペーターの答えと言えよう．「資本主義は，けっして静態的たりえないもの」(シュムペーター 1995, 129)であり，「いわば永久運動的に運動せざるを得ない，言葉の真の意味での『動態的』な経済機構にほかならない」(岩井 1985, 59)．

2.4　イノベーションを遂行するのは企業家

価格差の存在だけでは利潤は生じない．価格差のある二つの共同体の間を「媒介」する必要がある．貿易商の行き来が，「媒介」に当たる．

価格差の存在を知り，あるいは自ら価格差を創り出し，二つの共同体の間を媒介して利潤を生み出す活動，これがシュムペーターの言う新結合であり，イノベーションである．そしてイノベーションを実行する経済主体が「企業家」だ[4]．ただし価格差の発見(または形成)と媒介，この両方を同一人物が担う必要はない．

企業家のなすべきことを理解するために，紀伊国屋文左衛門の活動を紹介したい．商業資本主義(遠隔地交易)における活動ではあるが，紀伊国屋文左衛門の例は，企業家の成すべきことを鮮やかに示している．

紀伊國屋文左衛門は，紀州から江戸へみかんを運んで巨利を得た．そのとき産地・紀州と消費地・江戸では，みかんの値段に大差があった．紀州は風波に見舞われて航路が途絶え，みかんを運べなくなっていた．紀州ではみかんが余って値が下がる．江戸はみかんに飢え，値が上がる．これを知った文左衛門は嵐のなか，決死の覚悟でみかんを江戸に運ぶ．

地域的に離れた二つの共同体の間の「価格差を知る」という行為が一つある．それを知って，資金を調達し，商品を仕入れ，貿易船を仕立て，荒海に乗り出すという行為，これがもう一つある．これが「媒介」である．

イノベーションの場合も同じだ．未来の価格体系を他者より先に知る「知」が必要だ．しかしそれだけでは十分ではない．未来という名の遠隔地の価格体系を，現在価格で成立している市場に「媒介」しなければならない．たとえば新製品を未来の価格体系に基づいて安く実現し，それを現在の市場で高く売る．これを遂行する経済主体が「企業家」にほかならない．

イノベーションに不可欠な二つの活動，すなわち価格差形成と媒介，この二つのうちでは，企業家が担うべきは第一に媒介である．価格差は，他者が形成したものを活用することで，問題はない．しかし媒介は企業家が実行しなければならない．企業家entrepreneurは，言葉の原義からして「媒介する人」なのだ[4].

少し先走りして日本のイノベーション政策の特徴をみると，価格差形成のための新知識獲得にリソース投入が偏っていて，媒介の支援は手薄．これが私の印象だ．

3. 米国におけるイノベーション・エンジンの変遷

3.1 個人企業家から大企業の中央研究所へ

1912年発行の『経済発展の理論』では，新結合遂行における企業家の役割をシュムペーターは重視している．ところが1942年発行の『資本主義・社会主義・民主主義』（シュムペーター 1995）では，イノベーションにおける大企業の役割が大きくなるとした．

この説をとなえるようになったころには，シュムペーターはオーストリアから米国に移り住んでいる．シュムペーターがハーバード大学に着任したのは1932年である．それは米国における「中央研究所の時代」が始まった時期だ．

第1次世界大戦（1914～1917年）のころから米国で大企業体制が発展する（米倉 1999）．そして研究所を持つ企業が増える．エジソンのような個人発明家から大企業の中央研究所へ，米国企業の研究開発における主役が交代していく．

イノベーションに欠かせない二つの活動，すなわち価格差の形成と市場への媒介は，個人発明家の時代には分業だった．価格差の基となる新知識を個人発明家がつくり出し，特許などの知的財産とする．これを大企業が購入し，自社事業に媒介した．中央研究所の時代には，これが様変わりする．

1930年代にデュポン社の中央研究所が，大ヒット商品，ナイロンを生み出す．ナイロンの成功によって，企業研究所の公式ができ上がる．「世界に通用する基礎的な科学研究を行え．そうすれば重要な新製品を見出すことができ，商品化して大きな利益をあげられるだろう．なぜならその商品を完全に独占できるからである」（ハウンシェル 1998, 63–66）．

これが研究開発におけるリニア・モデル（図1）の原型である．リニア・モデルの意義の一つは，上記の公式の最後の部分「その商品を完全に独占できる」というところにある．

価格差形成と媒介，この両方を同一社内に垂直統合するのがリニア・モデルであり，そのための装置が中央研究所だった．価格差を形成するための新知識を中央研究所が生み出す．それを社内で製品開発し，生産して市場に媒介する．こうしてイノベーションの全過程が同一社内で完結する．リニア・モデルは自前主義である．

「中央研究所の時代」の勃興とリニア・モデルの形成を，米国に移り住んだシュムペーターは目の当たりにしたはずだ．「イノベーションにおいても大企業の役割が大きくなる」とシュムペーターはとなえるようになる．ただし「企業家から大企業へ」の動きを，肯定的にみていたわけではない．

「革新そのものが日常的業務になってきている．（中略）．経済進歩は，非人格化され自動化される傾きがある．官庁や委員会の仕事が個人の活動にとって代わらんとする傾向がある」（シュムペー

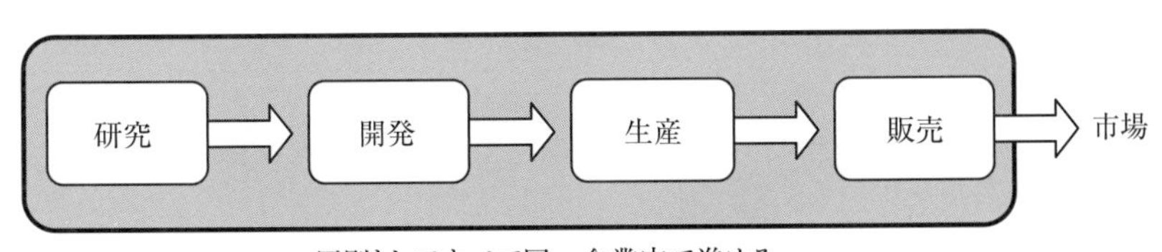

図1 リニア・モデル

ター 1995, 207-208)．つまりは大企業病である．企業家精神は衰え，やがて経済は停滞する．シュムペーターは資本主義の衰退を予想していた．

第 2 次世界大戦後の 1950 ～ 1960 年代が，米国産業界における中央研究所の黄金時代である．米国企業の競争力は当時，世界市場において圧倒的だった．研究の原資に不足はなく，株主が研究投資をとがめることも，当時はあまりなかった．米国の中央研究所は基礎研究に励み，ノーベル賞受賞者を続々輩出する．

3.2　中央研究所の時代の終焉

1960 年代の終わりごろから，世界市場での競争が米国企業にとってきびしくなる．中央研究所への投資は，企業の利益にも，市場シェアにもつながっていないのではないか．こういう疑問が，経営者や株主の間に広がる．

「中央研究所の時代の終焉」（ローゼンブルームほか 1998）を先導したのはマイクロプロセッサである．マイクロプロセッサの開発は 1960 年代末に進行する．マイクロプロセッサという巨大なイノベーション，これを生み出したのは，大企業の中央研究所ではない．日本のビジコン（電卓メーカー）と米国西海岸のインテル（半導体メーカー）の共同作業から，マイクロプロセッサは生まれた（西村 1998)．両社はいずれも，当時はベンチャー企業だ．

マイクロプロセッサは若者たちの企業家精神を強く刺激する．半導体メーカーの集中する米国西海岸，いわゆるシリコン・バレーが，若い企業家たちの活躍の場となっていく．

シリコン・バレーでは，中央研究所とは異なる研究開発モデルが成長する．大学，企業家精神あふれる若者たち，かれらをサポートするエンジェル（個人投資家）やベンチャー・キャピタリスト，これらが地域内に集積し，結びつく．

中央研究所の時代の主役は，米国東海岸に拠点をおく大企業だった．「東海岸から西海岸へ」，「大企業からベンチャーへ」，「中央研究所の時代から産学連携の時代へ」，これらは米国では連動している．

3.3　シュムペーター仮説とシュムペーター反革命

先に議論したように，米国に移ってからのシュムペーターは資本主義の発展に伴い，「イノベーションにおいても大企業の役割が大きくなる」とした．この考えを「シュムペーター仮説」と呼ぶ（後藤 2000, 25)．しかし 1970 年前後からシリコン・バレーで始まった動きは，シュムペーター仮説と逆向きだ．すなわち方向は「大企業から企業家へ」である．

同時期に英国のマーガレット・サッチャー首相（在位 1979 ～ 1990 年）が，同じく「大企業から企業家へ」の方向の政策を推進する．「ビクトリア時代に帰れ」と叫び，小企業の振興を主張した．このサッチャー政策は，ときに「シュムペーター反革命」と呼ばれる（森嶋 1988)．

資本主義の発展に伴いイノベーションの担い手が「企業家から大企業へ」移る．これがシュムペーター仮説だ．「大企業から中小ベンチャー企業へ」主役を戻そうとするサッチャー政策は，シュムペーター仮説に逆らい，時計の針を逆に回そうとする．だから「シュムペーター反革命」だというわけである（森嶋 1988)．

シリコン・バレーの動きやサッチャー政策はいずれも，方向は「大企業から企業家へ」である．「企業家から大企業へ」とするシュムペーター仮説とは逆向きだ．けれどもシュムペーターはもともと 1912 年の『経済発展の理論』では，イノベーションを担うのは企業家だとしていた．1980 年ごろから世界各地で盛んになった「大企業から企業家へ」の動きは，シュムペーターの原点への回帰である．それは資本主義の原型への回帰とも見られる(野口 2002)．

3.4　イノベーションを起こす場としての大学への期待が高まる

シリコン・バレーの大学は，早くから半導体の技術開発に携わる．やがてここにインターネットが加わる．比較的小規模の組織が得意技を持ち寄り，ネットワークを介して分業する．このほうが大企業の自前主義よりうまくいく．これが地域の共通認識として定着する．大学は，連携・協力のプラットフォームになっていく．

この流れのなかで米国では，企業家の母体として，大学の役割が大きくなる．今をときめくヤフー(Yahoo)，グーグル(Google)などの急成長企業が，大学発ベンチャーとして次々に登場する．新知識による価格差形成と市場への媒介の両方を，シリコン・バレーでは大学人が担うようになっていく．

以上のような時代変化を背景に，欧米では 1980 年代に，社会からの大学への期待が変わる．伝統的な教育と研究に加え，新産業や雇用の創出を，社会は大学に求めるようになった．この状況を「学術政策におけるイノベーションの拡大」の一例と見ることもできよう．

1980 年には米国でバイ・ドール法(Bayh-Dole Act)が成立する．この法律は，連邦政府資金による研究が生み出した知的財産を，その研究を実施した当の大学に帰属させることを可能にした．またその特許を，排他的(エクスクルーシブ)に，かつ有償で，大学が他者に実施させることも，バイ・ドール法は認めた．

大学の研究には公的資金が投入されている．研究成果は公開が原則だ．特許などの知的財産も，連邦政府の資金が投入されているときは，かつては誰でも無償で使えた．

しかし誰もが使える特許は，誰も使わない特許になりがちである．その特許を使ったとしても，自社の競争優位を生み出せないからだ．同じ特許を他社も使えるためである．

バイ・ドール法は，この状況を克服するために制定された．反対もあったという．公的資金による成果を，私企業が独占的に使用可能になるからである．「知的財産の休眠よりはまし．休眠特許は経済効果も雇用も生み出さない」．この意見が勝って可決にこぎつける(渡部ほか 2002, 90–92)．

3.5　1985 年から「東西冷戦の終わり」が始まる

1985 年に世界は激動を始めた．1985 年 3 月にミハイル・ゴルバチョフがソビエト連邦(ソ連)の共産党書記長となる．これが東西冷戦の「終わりの始まり」である．西側諸国は 1985 年に冷戦政策を見直す．この政策転換の日本への影響は大きい(後述)．

1987 年にはロナルド・レーガン米国大統領とゴルバチョフ書記長の直接会談が実現した．やがて東欧諸国はソ連から離脱し始める．1989 年にベルリンの壁が壊され，1990 年前後には共産圏は地滑り的に崩壊した．東西冷戦はこうして終焉する．

ほぼ同時期に，中国とインドが資本主義経済に本格参入する．東西冷戦が終わったことによって，東欧，中国，インドが実質的に資本主義経済圏となったのである．それは同時に，20 億人を超える低賃金労働者が資本主義経済圏内に出現したことを意味する．その低賃金労働者に，西側諸国の企業がアクセスできるようになった．これが「グローバル化」の内実である．

当然，世界の産業構造は変わり始める．たとえばハードウエア生産工場は，新たな低賃金地域に増えていく．日本を含む西側先進地域はハードウエア生産の適地ではなくなり，単純労働需要が激減した．これが先進地域の失業と賃金低下を誘引する．

さらにこれを受け，先進地域では大学進学率が上昇した．かつて大学進学率の低かった西欧で，特に急伸する．もともと進学率の高かった米国や日本でも，進学率がさらに上がった．

この現象は，先進地域の大学が失業対策事業となったことを意味する．学業期間を延長させる政策には費用がかかる．しかし「短期的にはかなりの若年層の失業が回避できるところから，この政策は経済的・政治的にも魅力的である」（ドュリュ＝ベラ 2007, 22）．大学は大衆化の大波に洗われ，社会的役割を変えていく．

3.6 分業構造の革新がグローバルに進展

東西冷戦終了後の経済地政学的変化は，分業構造をグローバルに革新する．分業構造の革新は，実はイノベーションである．新結合の一例として「原料あるいは半製品の供給源の獲得」をシュムペーターは挙げている（シュムペーター 1977（上），183）．たとえば自社内で設計・製造していた製品の製造業務を外部委託する．これはシュムペーターの原義に照らせば，イノベーションそのものである．

1980年代に勃興したパソコン産業は，コンピュータ業界を垂直統合型から水平分業型に変えた．それ以前の汎用大型コンピュータでは，部品から最終製品まで，ハードウエアからソフトウエアまで，それぞれのコンピュータ・メーカーが社内で内製していた．ところがパソコンの場合，マイクロプロセッサ，部品，本体ハードウエアの製造，OS（基本ソフトウエア），アプリケーション・ソフトウエアなどを，多数の企業が受け持って分業する．マイクロプロセッサとOSを米国企業がおさえ，部品や本体ハードウエアはアジア諸国が担うという国際分業でもある．

次いで盛んになったのは，設計と製造の分業である．たとえばiPhoneは，米国のアップル社が設計し，台湾の鴻海精密工業が多くを製造している．設計を担う会社は工場を持たず，ハードウエア製造に従事しない．

ハードウエアを受託製造する業態を，半導体ではシリコン・ファウンドリ，電子機器ではEMS（Electronics Manufacturing Service）と呼ぶ．1980年代後半以後，この業態が大発展した．EMS各社は工場を世界各地に展開する．工場立地の多くは，先に挙げた低賃金労働者の豊富なところだ．

シリコン・ファウンドリやEMSは，ベンチャー企業の製造インフラストラクチャとしても機能する．大学発ベンチャーなどを起こしやすくするのである．アイデアに優れたベンチャー企業が，自らのアイデアをハードウエアとして製造・販売したいと考えても，ハードウエア製造に必要な設備投資は大きい．製造装置の減価償却費も大きくなる．このときEMSなどが製造を受託してくれるなら，自ら設備投資する必要はなくなる．

時をほとんど同じくして普及し始めたインターネットも，分業を後押しした．分業では企業間の情報交換が増える．インターネットはこの情報交換の速度を上げ，コストを下げる．インターネットが使える環境なら，情報や知識の共有・交換に必要なコストが，社内と社外とで，ほとんど差がなくなってしまう．当然これは，分業に有利に働く．

4. イノベーションをめぐって日本の産学官は右往左往

4.1 中央研究所ブームと理工科ブーム

第2次世界大戦後しばらくは，技術導入が日本企業の最大の関心事だった．価格差形成と媒介というイノベーションの二つの活動のうち，価格差の基となる知的財産やノウハウを外国から購入する．これが技術導入である．市場への媒介は自社で行う．

1950年代半ばからから1970年代初頭まで，日本経済は高度成長する．この時期は米国における中央研究所の黄金時代だ．1960年代初頭の日本の産業界に中央研究所ブームが起こる．

日本経済の高度成長は基礎研究の成果ではない．技術導入による経済復興が先で，中央研究所ブームはその後である．研究をしたから豊かになったのではなく，豊かになったから研究にもお金を使えるようになったのだ．この順序を間違えてはいけない．

中央研究所ブームは理工科ブームと時期が重なっている．大学が供給する理工系卒エンジニアを企業は争って求める．しかし大学の研究には関心が薄かった．すでに触れたように，中央研究所の時代はリニア・モデルの時代であり，自前主義の時代である．

大企業は主だった大学の有力教授に，「奨学寄付金」を広く薄くばらまく．「ときどきは優秀な学生さんをウチの会社にくださいよ」，大学教授にこう頼むためのあいさつ代わり，これがこの時期の産学連携の実態だった．

4.2　超LSI技術研究組合・共同研究所が成功モデルに

1970年代後半から1980年代初頭，産学連携ではなく産官連携に，動きがあった．通商産業省(現経済産業省)のリーダーシップのもと，「超LSI技術研究組合」が1976年にスタートする．総予算は700億円．うち300億円が国の出資である．

超LSI技術研究組合の場合，組合独自の「超LSI共同研究所」が組織される．ここに集まった研究者は，互いに市場で競争している企業からやってきた．かれらが一緒に研究する．まさにオープン・イノベーションの場である．

1980年代前半，日本の半導体産業は躍進する．そのためもあって，超LSI共同研究所は，企業と政府が連携する研究プロジェクトの成功モデルとなる．米国のSEMATECH(SEmiconductor MAnufacturing TECHnology consortium)やヨーロッパのJESSI(Joint European Submicron Silicon Initiative)の創設に，超LSI共同研究所が影響している．

この超LSI共同研究所では，製品づくりの研究は行わなかった．同研究所の所長・垂井康夫に「基礎的共通的技術に集中しよう」との方針があったためだ(垂井 2000, 14–15)．

「基礎的共通的」は「precompetitive」の原型である．その影響は「モード2」にも及ぶ．「プリコンペティティブ・リサーチを共同で行うことは，モード2の知識生産の優れた例である」(ギボンスほか 1997, 211)．

4.3　バブルに浮かれて基礎研究シフト

すでに述べたように，米国では1980年ごろから，イノベーションの場としての大学への期待が高まる．大企業の自前主義(その象徴が中央研究所)ではイノベーションを担えなくなる．それが大学への期待を高め，米国社会は産学連携に傾斜していく．

一方同時期の日本産業は，テレビ，VTR，半導体などの輸出競争力が抜群で，世界中で貿易摩擦を起こしていた．そのせいもあり，「官」主導の産業政策に，海外からの批判が強まる．いわゆる「日本株式会社」批判である．欧米とは逆に，日本企業は自前主義を強める．大学への関心の高まる状況にはなかった．

こういう状況のもと，先に述べた東西冷戦の「終わり」が1985年に始まる．これが米国の対日政策を，長期的にも短期的にも大きく変える．

1950年代以来の米国の長期対日政策は，冷戦遂行のために日本の工業を支援・活用する方向を向いていた．冷戦が終わり，ソ連が脅威でなくなるのなら，その必要はない．日本の工業力を抑制した方が米国の国益にかなう．米国の長期政策は，こう変わった．そして短期政策も1985年に変わる．

1980年代前半，第1次レーガン政権(1981～1984)は「レーガノミックス」と呼ばれる経済政策を実施していた．減税による景気刺激，軍事支出の増加，「強いドル」維持のための高金利など――が，その内容である(伊丹ほか1995, 95)．その結果，米国の国内需要が伸びる．また「円安ドル高」を招く．1980年代前半の日本の電子産業の躍進は，この円安に支えられていた(図2)．

ところが1985年にレーガン政権は2期目(1985～1989年)となり，政策が変わる．東西冷戦の脅威が薄らいだからである．1985年9月に「プラザ合意」と呼ばれる「円高ドル安」政策が先進国間で決まる．1ドル240円から120円へ，3年ほどの間に円高が激しく進んだ(図2)．

以後，日本製品の輸出競争力は低下し，特に電子製品の輸出は激減する(図2)．輸出減退による不況を恐れた政府や日本銀行は，様々な景気刺激策を実施した．これが結果的にバブル景気をもたらす．土地価格と株価は異常に高騰した(図3)．当時の土地価格なら，日本を売れば米国が買えた．

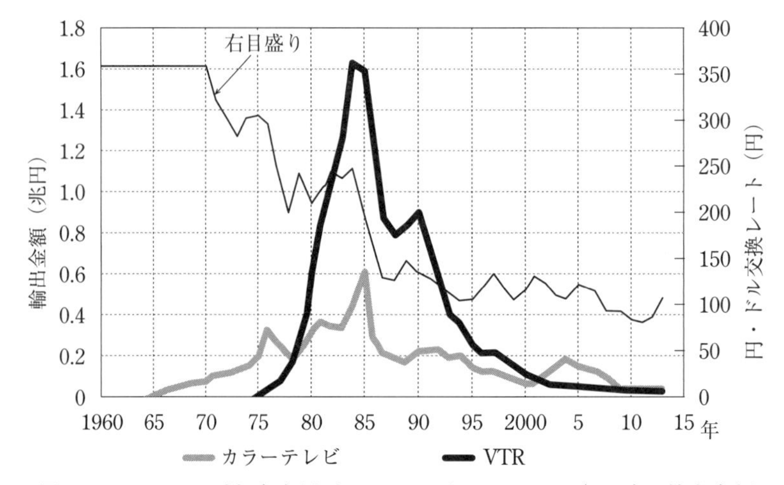

図2　カラーテレビと家庭用ビデオテープ・レコーダー(VTR)の輸出金額。円とドルの交換レートを併せて示す

資料：財務省貿易統計など

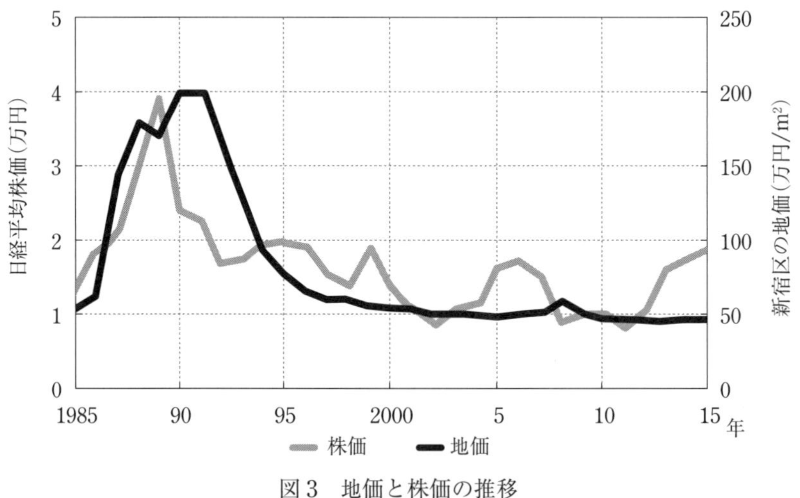

図3　地価と株価の推移

1980年代後半から1990年代初頭のバブル景気のとき，地価も株価も異常に高騰した。

資料：地価は国土交通省地価公示による。対象地は東京都新宿区大久保1-10-22。株価は日経平均。各年年末の大納会終値

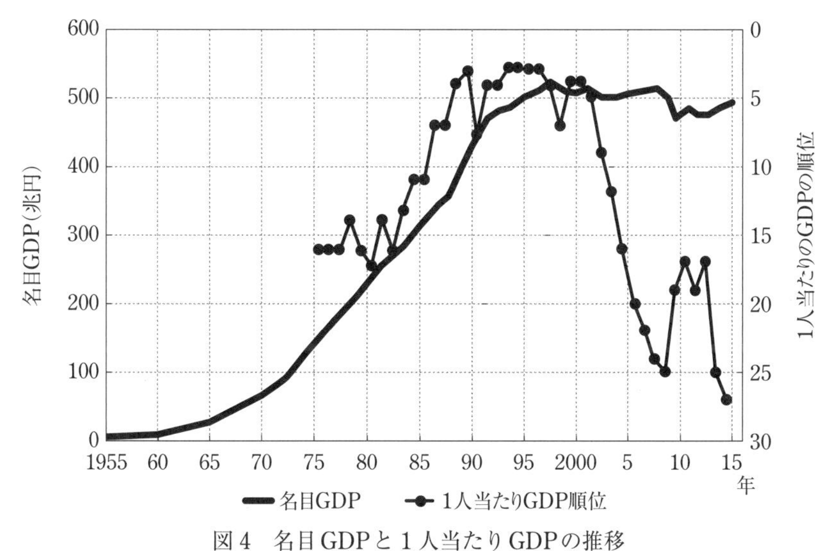

図4　名目GDPと1人当たりGDPの推移

資料：国民経済計算とIMF。名目GDPは円ベースだが，1人当たりGDP順位は為替レート換算のドル・ベースによる

バブル景気に浮かれた産業界は，1980年代末期から1990年代初頭にかけ，基礎研究投資を急増させる(いわゆる基礎研究シフト)．「キャッチアップは終わった，さあ，これからは基礎研究だ」．通産省(現経済産業省)でさえ，傘下の研究所に基礎研究成果を求める．「日本は欧米の基礎研究にただ乗りしている」という批判が当時は激しく，基礎研究の強化は，それに応えてのことでもあった．

皮肉にも同じ時期に，米国産業界は基礎研究や中央研究所の経済効果を疑い，研究開発投資の方向を事業密着型に変える．1980年代後半の日本の基礎研究シフト政策は，欧米とは逆方向を向いていた．

おごった産業界はうそぶいた．「大学頼むに足らず．ノーベル賞につながる基礎研究も企業が担う」．中央研究所の縮小に走る欧米企業は，このとき反面教師だった．「研究から手を抜くようになっては欧米の一流企業もおしまいだね．これからは日本の時代だよ」．

おごれる人も久しからず．バブル崩壊とともに，1990年代半ばには，基礎研究シフトは泡と消える．それどころか研究所そのものの縮小・再編に日本企業も励むに至る．再び欧米が教師となる．周回遅れを先頭と錯覚，そういうことだったようである．

バブル崩壊後20年以上にわたり，日本の名目GDPはほとんど伸びていない．同時期に他国は伸びているから，日本の1人当たりGDPのランキング順位は，3位をピークに20位以下まで下がった(図4)．

マクロ経済的には「GDP＝資本×労働力×生産性」である．経済低迷下では投入資本の増加は難しい．人口減少の続く日本で，労働力の投入増加は期待できない．残るは生産性の向上だけだ．イノベーションへの期待は高まらざるを得ない．「学術政策におけるイノベーションの拡大」の背景が，これである．

4.4　日本の電子産業は分業を嫌った

すでに述べたように，1980年代後半以後，電子産業では設計と製造のグローバルな分業が進展した．これもすでに指摘したように，分業構造の革新はイノベーションそのものである．ところがこの設計と製造の分業を，日本企業は忌避し続けた．それは，この業界における大きなイノベーションを，日本企業は嫌ったということである．結果的に，日本の電子産業は存在感を著しく小さくした(西村 2014)．

分業することがイノベーションなのではない．他社が分業しているときに，統合することで競争優位を生み出せば，統合がイノベーションだ．統合が普通のときに分業によって優位に立てるなら，分業がイノベーションである．

価格差形成と媒介，この二つがイノベーションには欠かせない．本稿で何度もこう指摘してきた．20世紀初頭の米国では，それぞれを個人発明家と企業が担って分業した．リニア・モデルでは，両者を同一企業が統合する．産学連携では，大学と企業とで分業する．

価格差形成と媒介の二つのうち，価格差形成のための新知識獲得に偏り，媒介を軽視している．これが日本のイノベーション政策の傾向だろう(後述)．また価格差形成と媒介を同一企業内に統合したがり，分業を嫌う．すなわち自前主義，これも根強い．

日本の産学官は，分業構造の革新をイノベーションと認識しているだろうか．

4.5　科学技術への公的資金投入は日本経済を活性化していない

バブル崩壊後の経済低迷が続くなか，1995年に科学技術基本法が制定された．この法律に基づき，科学技術基本計画が1996年にスタートする．

大学への関心も経済不況のなかで高まる．1998年にTLO(Technology Licensing Organaization)設立を促す法律をつくり，1999年には日本版バイドール法を制定する．仕上げは2004年の国立大学法人化だろう．

1996年の第1期科学技術基本計画以来20年，毎年4～5兆円の公的資金が科学技術分野に投入されてきた．累積すれば，そろそろ100兆円である．その目的のすべてが経済活性化ではない．しかし経済への波及効果も大いに期待されている．「総合科学技術会議」から「総合科学技術・イノベーション会議」への改名(2014年)は，その期待の反映だろう．

けれども科学技術への公的資金投入が，日本経済を活性化したという徴候は見出しがたい．科学技術基本計画が実施されてからの20年，すでに見たように日本経済は低迷を続ける．

1990年代の後半以後，半導体分野で数え切れないほどの共同研究プロジェクトが実施された(垂井，2008)．そこには公的資金が投入されている．しかし，その時期，日本の半導体産業は，ひたすら衰退する．電子産業全体もこの時期に，生産金額を半分以下に落とし，貿易収支は赤字に転落した(西村 2014)．

科学技術基本計画は5カ年計画である．5カ年計画は，かつてソ連をはじめとする社会主義圏で花盛りだった．その意味で，科学技術基本計画は社会主義的である．5カ年計画でイノベーションを次々に起こせるものなら，ソ連は崩壊しなかったのではないか．

20年継続して効果のない政策は見直すべきである．経済活性化を求めての科学技術への公的資金投入は，反省すべき時期に来ている．私はそう考える．

4.6　結びに代えて――イノベーション政策が科学技術に集中しすぎている

日本のイノベーション政策は，あまりに科学技術に集中している．これが私の印象である．もちろん経済的・社会的価値への関心がないわけではない．総合科学技術・イノベーション会議は「科学技術イノベーション」という奇妙な用語を，こう定義する．「科学的な発見や発明等による新たな知識を基にした知的・文化的な価値の創造と，それらの知識を発展させて経済的，社会的・公共的価値の創造に結び付ける革新」(たとえば総合科学技術・イノベーション会議 2015)．

けれども現実の政策は，定義前段の「科学的な発見や発明」にリソース投入が集中していて，後段の「経済的，社会的・公共的価値の創造に結びつける革新」への政策は目立たない．実際，科学技術基本計画に，現場の産業人は，ほとんど関心を持っていない．騒いでいるのは研究者ばかりだ．

イノベーション政策が科学研究に集中しているということは，政策が今なおリニア・モデルの影響下にあることを意味する．経済的価値の実現を目的としつつ，リニア・モデルにしたがって基礎研究強化をはかる，これはいくらなんでも，そろそろ終わりにしよう．

もっともリニア・モデルに呪縛されているのは，政策担当者だけではない．「目先の実用的研究だけではなく，基礎研究を長期的に振興しないと，将来の経済成長の種がなくなる」——科学記者・科学ジャーナリストの多くが，こう主張している．これはリニア・モデルである．この言説を私は信じない．

「貧しい国が，他の分野への予算投入をがまんし，乏しい財布のなかから科学の基礎研究に投資する．その成果によって豊かな国になる」．こういう事例が歴史上，一つでもあっただろうか．

「貧しいうちは外国の技術を導入する．ときには無断で真似をする．こうして豊かになってから，おもむろに基礎研究にも予算を回すようになる」．現実に存在するのは，すべてこのパターンだ．「衣食足りて礼節を知る．けだし基礎研究は，衣食ではなく礼節に属する」（西村 1991）．

学問的関心事からの研究を，遠い将来に実現するかも知れない経済的価値を言いわけにして正当化する，これはもうやめたほうがいい．学問研究には，そして知の創造には，産業経済に貢献しなくても価値がある．それはそれとして堂々と主張すべきだろう．

■注

1）経済システムの時間的変化の扱い方に，経済学には二つの流儀があるという（東畑 1977）．
　経済変化を，外部環境（与件＝環境条件）の変化への適応とみなす．これが一つの流儀である．人口，気候，戦争など，外部環境が変化すれば，それに適応しようとして経済も受動的に変化する．この流儀では，新技術の発明も外部環境変化の一つだ．
　もう一つの流儀では，経済システム内のアクターが，自らの意志的行為によって均衡を崩し，変化をもたらすと考える．シュムペーターは，この過程の理論モデルを構築しようとした（Schumpeter 1937）．すなわちシュムペーターは，「経済的範疇の胎内から生まれている動因によって経済自らが主導的に自らを変革していく」とする（東畑 1977）．

2）英語の equilibrium を自然科学分野では普通，「平衡」と訳す．けれども経済学では「均衡」と訳すことが多いようだ．

3）労働力価格差の活用は，労働力の商品化を意味する．前後して土地や貨幣も商品化された．しかし「労働，土地，貨幣を商品とするのは，まったくの擬制（fiction）」（ポラニー 2009, 125）であり，本来は商品化すべきものではなかったという批判がある（ポラニー 2009）（中谷 2008）．
　また労働力価格差を利潤獲得に活用するためには，安い労働力の存在が前提となる．それは貧富の差（格差）の存在が利潤獲得に不可欠ということと同義だ．この問題は，価格体系の異なる複数の共同体が必要という資本主義の原理に直結する．同時に「豊かな人がより豊かになるためには，貧しい人をより貧しくする必要がある」という極めて現代的問題にも結びつく（水野 2014）．とはいえ本稿は深入りする場ではない．

4）フランス語起源の entrepreneur の訳語として本稿は「企業家」をあてる．近年，一番使われているのは「起業家」かも知れない．「それでは本来の『アントルプルヌア』の意味を限定しすぎてしまう．企業内にいようと科学者であろうと新たな組み合わせを企てるすべての人々がアントルプルヌアであり，その意味で『企業家』という翻訳が正しいと思う」（米倉 1999, 8）という意見にしたがって，本書は「企業家」を用いる．清成忠男編訳『企業家とは何か』（清成 1998, ii - iii）でも，Unternehmer およびentrepreneurに「企業家」をあてている．なお『経済発展の理論』（シュムペーター 1977）では，「企業者」である．

フランス語entrepreneurのentreの原義は，英語のbetweenであり，preneurは英語のtakerに当たる．直訳すれば，entrepreneurとは「間をとる人」であり，まさに「媒介」する人である．

■文献

Bush, Vannneuver 1945: "Science—the Endless Frontier: A Report to the President on a Program for Postwar Scientific Research," United States Government Printing Office, July 1945.

ドュリュ＝ベラ，マリー 2007：林昌宏訳『フランスの学歴社会と格差社会』明石書店.

ギボンズ，マイケルほか編著 1997：小林信一監訳『現代社会と知の創造――モード論とは何か』丸善.

後藤晃 2000：『イノベーションと日本経済』岩波書店.

ハウンシェル，デイビッド．A. 1998：「企業における研究活動の発展史」リチャード・S・ローゼンブルームほか編（西村吉雄訳），『中央研究所の時代の終焉』日経BP社，23–113.

伊丹敬之・伊丹研究室 1995『日本の半導体産業　なぜ「三つの逆転」は起こったか』NTT出版.

岩井克人 1985：『ヴェニスの商人の資本論』筑摩書房.

岩井克人 2015：『経済学の宇宙』日本経済新聞出版社.

清成忠男 1998：「編訳者まえがき」ヨゼフ・A・シュムペーター（清成忠男編訳）『企業家とは何か』東洋経済新報社.

マルクス，カール 2005：『資本論 第1巻（上）』筑摩書房.

水野和夫 2014：『資本主義の終焉と歴史の危機』集英社.

森嶋通夫 1988：『サッチャー時代のイギリス』岩波書店.

中谷巌 2008：『資本主義はなぜ自壊したのか』集英社インターナショナル.

西村吉雄 1991：「情報化社会の基礎研究」『応用物理』60，308–309.

西村吉雄 1998：「発注者と受注者のやりとりが世界初のマイクロプロセッサを実現」『日経エレクトロニクス』（1998年2月9日号）213–221.

西村吉雄 2003：『産学連携』日経BP社.

西村吉雄 2014：『電子立国は，なぜ凋落したか』日経BP社.

野口悠紀雄 2002：「小組織経済，ITで有利に」『日本経済新聞』（2002年4月5日付）.

ポラニー，カール 2009：野口建彦ほか訳『（新訳）大転換』東洋経済新報社.

ローゼンブルーム，リチャード・S.ほか編 1998：西村吉雄訳『中央研究所の時代の終焉』日経BP社.

Schumpeter, Joseph A. 1912: *Theorie der wirtschaftlichen Entwicklung*, Leipzig: Duncker & Humbolt.

Schumpeter, Joseph A. 1937: "Preface to the Japanese Edition"（シュムペーター 1977）所収.

シュムペーター，ヨゼフ・A. 1977：塩野谷裕一ほか訳『経済発展の理論（上）（下）』岩波書店.

シュムペーター，ヨゼフ・A. 1995：中山伊知郎ほか訳『資本主義・社会主義・民主主義』（新装巻）東洋経済新報社.

総合科学技術・イノベーション会議 2015：総合科学技術・イノベーション会議　第15回基本計画専門調査会「科学技術基本計画について（答申案）」（2015年12月10日）.

垂井康夫 2000：『超LSIの挑戦』工業調査会.

垂井康夫編著 2008：『世界をリードする半導体共同研究プロジェクト』工業調査会.

東畑精一 1977：「訳者あとがき」，シュムペーター（下），1977，267–275.

米倉誠一郎 1999：『経営革命の構造』岩波書店.

渡部俊也，隅蔵康一 2002：『TLOとライセンス・アソシエイト』ビーケイシー.

Reconsidering Innovations

NISHIMURA Yoshio *

Abstract

The concept of innovation is reconsidered getting back to Schumpeter. This leads to a reconsideration of the mechanism of realising profit and economic growth in the capitalistic economy. For getting profit from innovations, both new knowledges and their commercializations are indispensable.

Until the early 20th century, American big firms often commercialized the knowledes invented by indivisuals. From 1930s to 1960s, both getting knowledges and commercialing them were realized in a same company. This was the age of central research laboratories. After 1970s, academic entrepreneurs have actively launched start-ups on the basis of university-generated knowledges. This is greatly contributing to the American economy.

From the end of the second world war to 1950s, sources of the Japanese economic growth was the import of foreign technologies. After 1960s, Japanese big firms adopted the system of central research laboratories. At the time of so-called the bubble economy (around 1990), Japanese industries were actively engaged with basic researches. Then after, however, Japanese companies have reduced R&D activities under the long-lasting decline of the economy. University-driven knowledeges and university-based entrepreneurs are now expected to contribute to Japanese economy. However, the resulting Japanese economy is not on the road of growth, mostly brcause Japanese innovation policies are too much research-oriented and socialistic.

Keywords: Innovation, Economic growth, Profit, Entrepreneur

Received: January 6, 2016; Accepted in final form: July 3, 2016
* Journalist in technology and industry; yosnishi@mwb.biglobe.ne.jp

モード論の再検討

勝屋　信昭*

要　旨

本稿は，日本のイノベーションとアカデミズムについて，モード論を軸に検討することを目的としている．モード論は，1994年に発表されて以来，多くの論文に引用され，現在でも科学の変容を考えるときの重要な視点を与えている．ザイマンを始めとする主なモード論批判は，モード2知識生産によるモード1科学の変容やモード1科学への弊害が主な論点で，モード2知識生産の中身に関する検討は殆どなされていない．

本稿ではモード2知識生産をポスト・ノーマル科学の枠組みで分析することで，モード2知識生産が成立するのに必要な条件を考える．さらに，イノベーションのために必要となるモード2知識生産の課題について考える．結論として日本のイノベーションとアカデミズムの課題に対して，モード論が現在でも有効なことを示す．

1. はじめに

イノベーションとアカデミズムいうテーマを考えるにあたり，科学，技術，社会の関係の変化について理解することは重要である．1980年代までは，これらの関係はリニア・モデルとして理解されていた．1990年代から，「科学」が大きく変容したという様々な主張がなされている．ラベッツ(Jerome Ravetz)とフントビッチ(Silvio Funtowicz)のポスト・ノーマル科学論，ギボンズ(Michael Gibbons)，ノボトニー(Helga Nowotny)らのモード論，エツコウィッツ(Henry Etzkowitz)らのトリプルヘリックス論，ザイマン(John Ziman)のポスト・アカデミック科学論などの科学変容論が発表された．これらは，それぞれ様々な角度から科学の変容を描いている．しかし，それから20年以上経過した現在でも，科学の変容について統一的な見解があるわけではない．例えば，*Science Transformed?* (Nordmann et al. 2011)という論文集では，科学の変容について多くの学者が論争を繰り広げている．

モード論は，従来のアカデミック科学をモデルにしたモード1知識生産に対して，新しい知識生産モード(モード2知識生産)が出現したという主張である．モード論に関する検討は現在でも行わ

2016年3月10日受付　2016年7月30日掲載決定
*東京工業大学社会理工学研究科博士課程，katsuya.n.aa@m.titech.ac.jp

れているので[1]，科学変容論の出発点としてモード論を検討する価値は現在でも十分あると思われる．もちろん，モード論については，様々な議論が行われているので，今更，検討しても得るものは少ないのではないかという反論もあるだろう．しかし，従来のモード論に関する批判論文を概観してみると，その検討方法や批判内容には偏りがあり，モード2知識生産そのものについての検討は殆どなされていない．今までの議論は，モード1科学がモード2知識生産へと変容していると言えるのか，もしくは，モード2知識生産がモード1科学に与える弊害は何か，といった問題意識で検討しているものが殆どである．

本稿は，日本のイノベーションとアカデミズムについて，モード論を軸に検討することを目的としている．本稿は，2章でモード論の概要をまず確認する．3章では，ザイマンのポスト・アカデミック科学論におけるモード論批判とそれへのモード論の応答を含め，モード論に関する主要な批判論文を分析し，これまでのモード論批判の限界を指摘する．4章ではモード論をもうひとつの科学変容論であるポスト・ノーマル科学論の枠組を使って分析し，モード2知識生産がコンサルタンシ科学またはポスト・ノーマル科学であるという解釈を示す[2]．5章ではイノベーションに必要なモード2知識生産に関する考察を4章の解釈に基づいて行う．6章では結論として日本におけるイノベーションとアカデミズムにとって，依然としてモード論の主張が有効なことを示す．

2. モード論の概要

モード論の文献は，*The New Production of Knowledge*(Gibbons et al. 1994; 1997)と*Re-Thinking Science*(Nowotny et al. 2001)である．前者は，モード2知識生産について，その出現と特徴について論じている．後者は，著者が前者の6名から3名に減っているが，前者に対する様々な批判に応答するために書かれた続編である．この2つの文献には何度も言及するので，英語の原著のタイトルから，前者を*NPK*，後者を*RTS*と記すことにする．*NPK*は邦訳もあり我が国では比較的よく知られているが，*RTS*はそれほどでもない．また，*RTS*が刊行された2001年以降に雑誌*Minerva, Prometheus*でモード論の特集が組まれたが，主張内容は変更がないので，モード論に関しては，この2文献の内容を検討すれば十分である[3]．以下，「モード論」と言う場合は，この2文献の内容をまとめて指している場合に使用する．検討を始めるにあたって，*NPK*と*RTS*の主な主張を確認する．

2.1 *NPK: The New Production of Knowledge*

モード2知識生産は，アプリケーションの文脈，トランスディシプリナリティ，異質性，再帰性と社会的説明責任，新しい品質管理の5つの属性を持つ知識生産形態である(Gibbons et al. 1994, 3)．モード1科学は，世間一般で科学として思われている知識生産のことであり，物理学，化学，工学，経済学のようなディシプリンのことである(Gibbons et al. 1994, 2)．モード2知識生産は，モード1科学とは異なる知識生産様式で，通常は科学とは呼ばれていない知識生産である(Gibbons et al. 1994, 3)．

モード2知識生産の5つの属性をまず確認する(表1参照)．モード2知識生産は特定のアプリケーションの文脈で発生した問題を対象にしている．この問題を，様々な専門家が協力してトランスディシプリナリに解決する．専門家は様々な異質な組織から参加する．また，モード2知識生産を行う主な組織は，企業研究所，企業本体，大学，シンクタンク，コンサルティング会社等である．生産される知識は，対象としている問題の解決策なので，その妥当性は解決策がうまくいくかどう

表1　モード1とモード2の対比

属性	モード1	モード2
問題設定	ディシプリンの文脈で問題が設定される	アプリケーションの文脈で問題が設定される
解決方法	ディシプリンの方法に従う	トランスディシプリナリな方法
参 加 者	ディシプリンの専門家	多様な人材，組織が参加
行動原理	自律的	社会的説明責任，再帰性
品質管理	ピア・レビュー	新しい品質管理方法

かで判断される．そのために，再帰的であり，社会的な説明責任が求められる．モード2知識生産の品質管理は，主にステークホルダーのレビューによってなされる(Gibbons et al. 1994, 3–8)．これらのモード2知識生産の5つの属性には一貫性がある(Gibbons et al. 1994, 8–11)．本稿はこの5属性を満たしているものをモード2知識生産と考え，一部の属性のみを有しているものはモード2知識生産とはみなさない立場を採用する．

モード2知識生産を理解する上で重要なのは，モード2知識生産が出現した時代背景である．モード2知識生産を社会に役立つ知識生産と理解すると，それは新しい知識生産ではなくモード1科学成立以前に存在していたことになる．しかし，このような理解は正しくない．モード2知識生産は，1990年代以降の企業環境の変化に直接的に関係している．企業間のグローバル競争のなかで，先進工業国の企業が比較優位を保つには知識を再配置する能力が必要になった(Gibbons et al. 1994, 114)．この能力こそがモード2知識生産である[4)]．モード2知識生産が可能になった主な要因としては，インターネット等の情報技術の進展，企業の官僚型組織からネットワーク型組織への移行，研究開発の自前型から協力型への移行がある(Gibbons et al. 1994, 117–8)．従って，戦後からある軍産学複合体や産学連携はモード2知識生産とは一概には言えないのである．

2.2　*RTS: Re-Thinking Science*

この書籍は，*NPK*に対する様々な批判に応答するために書かれ，*NPK*の最後の2章で扱った知識生産組織の議論と知識の品質管理の部分を補強している．*RTS*は，モード2知識生産の概念を明確化することよりも，社会と科学の契約についての考察にシフトしている．今までの科学と社会の社会契約は，「科学は「信頼できる」知識を生産し，その発見を社会にコミュニケートすることで提供することを期待されていた」と理解されてきた(Gibbons 1999, 11)．それに対して，新しい契約は「科学的知識は「社会的に頑強」であり，その生産が社会によって透明で参加的であることがわかることを保証しなければならない」とされる(Gibbons 1999, 11)．そして，科学を再考し，かつこの新しい社会契約を理解するためのフレームワークは，4つの相互に関連するプロセスによって形作られるとされる(Gibbons 1999, 15; Nowotny et al. 2001, 248)[5)]．このプロセスとは，共進化，文脈化，社会的に頑強な知識の生産，そして専門知識のナラティブの構成である．共進化は，モード2科学とモード2社会の共進化(co-evolution)のことである(Nowotny et al. 2001, ch. 1–3)．モード2社会は，ダニエル・ベルのポスト産業社会論やウルリッヒ・ベックのリスク社会論を参照しているが，国家，社会，経済，文化という近代における重要なカテゴリーが相互浸透して境界が曖昧になって「脱分化(de-differentiation)」している状態を指している，そして科学と社会も逸脱的になって共進化していると主張している．2番目の文脈化は，社会が科学に言い返す(speak back)ようになったことにより生じた(Nowotny et al. 2001, ch. 4–10)．社会が言い返すことで，科学を変容させるプロセスを文脈化と呼んでいる．3番目は「社会的に頑強な知識(socially robust knowledge)」で，この言葉はザイマンの「信頼できる知識(reliable knowledge)」に対して示された新しい概念であり(Nowotny et al. 2001, ch. 11-3)，「信頼できる知識」から「社会的に頑強な知識」への変化が現在起きていると主張されている．「社会的に頑強な知識」が生産される場が「アゴラ」である[6]．4番目のプロセスは，「専門知識のナラティブの構成」である(Nowotny et al. 2001, ch. 14)．専門家は，彼らの知識を広く本質的に異なる領域に拡張し，現在知っていることと，将来他の人々がしたいことを統合しようとしている．専門知識の総合的なナラティブは知識の断片化によって生じた複雑性と不確実性に対処するために構成されるものである(Nowotny et al. 2001, 247)．これら4つのプロセスが説明された後に，結論部分で，科学の輪郭を描くために，17の論点が提示されている(Nowotny et al. 2001, 249-62)．

3. モード論批判

2章でその概要を確認したモード論には，複数の研究者によって様々な批判がなされている．この章では，ヘッセルズとレンテのモード論批判(Hessels and van Lente, 2008)，ザイマンによるモード論批判とそれへの*RTS*の応答について検討し，モード論を批判するそれぞれの論点に問題があることを指摘する．

3.1 ヘッセルズとレンテによる批判

ヘッセルズとレンテ(2008)の主な内容は，モード論と他の科学変容論の比較と，モード論の主要な批判論文のレビューである．したがって，この論文を検討すれば，モード論批判のこれまでの概要を知ることができる．論文の前半では，目的指向化テーゼ[7]，戦略科学／研究，ポスト・ノーマル科学(PNS)論，イノベーション・システム論，アカデミックキャピタリズム，ポスト・アカデミック科学(PAS)論，トリプルヘリックスを取り上げ，モード論と比較検討している．モード論は，これらの中で一番多くの論点をカバーしている(Hessels and van Lente 2008, 748)．これらの科学論の大部分は，産学連携の増加とリサーチ・アジェンダの変化を指摘している(Hessels and van Lente 2008, 748)．PNS論は科学の規範を述べたものであり(Hessels and van Lente 2008, 744)，トリプルヘリックスは，大学，産業，政府三者間の相互作用の研究プログラムである(Hessels and van Lente 2008, 747)．この文献では，モード論と他の科学変容論の関係が全般的に検討されているが(Hessels and van Lente 2008, 742-8)，本稿では，PAS論との関係を3.2で，PNS論との関係を4章で詳細に検討する．

次に，ヘッセルズとレンテ(2008)はモード論批判論文についてレビューしている．*NPK*を引用している論文のうち，肯定的に引用しているケースがおおよそ80％程度で，残り20％はモード論を批判していると見積もっている(Hessels and van Lente 2008, 749)．そして，これらの批判論文の主なものを分析し，7個の反論に要約している(Hessels and van Lente 2008, 755-6)．この論文は，「モード2の属性の重要性が高まっているという実証的な証拠がない」と「概念に必要な一貫性が疑わしい．組織的な多様性や新しいタイプの品質管理を伴わないマルチディシプリナリなアプリケーション指向の研究が多くある」という主張を重要視している．彼らはこの2つの主張から，モード2知識生産の5属性に一貫性があるという主張に疑問を呈し，5属性は別のものとして調査するべきであると結論づけている．

筆者はこの結論は以下の理由から正しくないと主張する．ヘッセルズとレンテ(2008)が分析している実証研究は，モード1科学とモード2知識生産をそれぞれ理念型として考え，科学論文がこの中間にプロットされると仮定し，科学ジャーナルの統計的な分析からモード1科学からモード2知識生産への移行を実証できるという前提で行われている．しかし，科学者もしくは学会はモード2知識生産を「科学」であるとは認めていないので，科学ジャーナルを分析してもモード2への傾向を実証できない．アプリケーションの文脈や研究機関の多様化はモード1科学でも起こりえる現象であるが，再帰性や新しい品質管理は科学論文からは読み取れない属性である．モード1科学とモード2知識生産の間には，科学・非科学の境界が存在する．再帰性や新しい品質管理は明らかにモード1科学の科学論文では議論されない内容である．また，アカデミズムにおける科学技術予算が定常状態になり，社会に役立つ研究に重点的な予算が配分される傾向があるので，モード1科学でもアプリケーションの文脈を意識した研究が増えるように，いくつかのモード2知識生産の属性の増加傾向は存在するであろう．したがって，モード2知識生産の5属性が科学ジャーナルの統計分析から実証できないからといって，5属性の一貫性に大きな概念的な問題があると結論づけることはできない．モード1科学の定常状態における変化を科学ジャーナルの統計分析から行うことは，モード2知識生産とは独立したテーマである．

3.2 モード論とポスト・アカデミック科学論との関係

*NPK*とザイマンの主張は同様のものとして理解されている[8)]．例えば，科学の定常状態を描いた*Prometheus Bound*(Ziman 1994)は1995年に邦訳されたが，日本では*NPK*と同様の主張をしていると理解されている[9)]．また，ヘッセルズとレンテはポスト・アカデミック科学の概念とモード2知識生産のそれとはほぼ同一で矛盾しないと主張している(Hessels & van Lente 2008, 747)．しかし，実際は，ザイマンの主張とモード論との間に大きな違いがある．

まず，ザイマンの著作とモード論の関係を図1にまとめた．“Post-Academic Science” (Ziman 1996)は，*NPK*の主張を受けてモード2知識生産がモード1科学(すなわち，ザイマンの用語ではアカデミック科学)に与える影響を分析している．この分析をさらに詳細化して書かれたのが*Real Science*(Ziman 2000)である．その翌年2001年に*RTS*が書かれ，ザイマンによる批判への応答が展開されている．このザイマンとモード論学者の論争はモード論を検討するにあたり重要な示唆を与えている．論点は，モード2知識生産の解釈とモード2知識生産が科学の信頼性に与える影響である．

ザイマンの主張を図式化すると図2のようになる．アカデミック科学は主に大学で行われていた

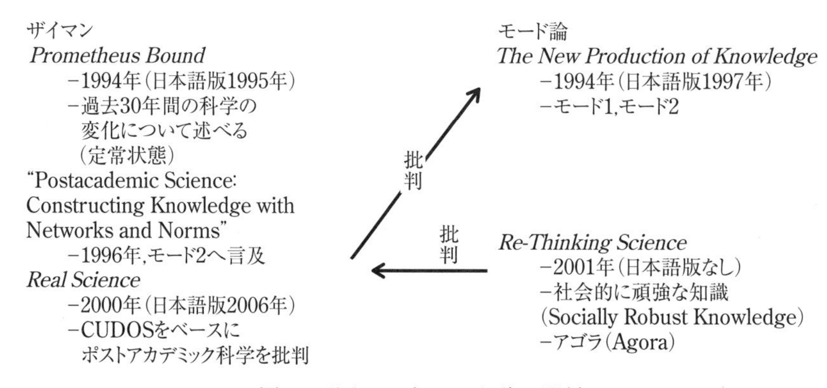

図1 ザイマンとモード論の関係

出典：筆者作成

科学であり，産業科学は主に企業で行われていた科学である．ザイマンは，アカデミック科学の規範をCUDOS[10]，産業科学の組織原理をPLACE[11]という言葉で表現している(Ziman 2000, 79)．第2次大戦後，一貫して増加していた科学技術への投資は，90年代には定常状態に入った．この状況の中で，科学技術投資への社会的説明責任が必要になり，研究状況の管理も行われるようになった．ザイマンはこの科学組織の変容を「官僚化(bureaucratization)」と表現し，この「官僚化」したアカデミック科学を「ポスト・アカデミック科学」と名付けている(Ziman 2000, 82)．一方，産業科学は官僚的な企業の中央研究所で行われていたが，企業環境の変化によりネットワーク型のポスト産業科学に変化した．ポスト産業科学は組織を超えたネットワークで実施され，結果は市場によって判断されるようになった．しかし，組織原理はPLACEである．ポスト産業科学のことをザイマンはモード2知識生産と理解している(Ziman 2000, 80)．ポスト産業科学において，企業は自前主義をやめて，様々な研究機関と連携して研究することを積極的に行なうようになった．また，インターネット等のICT技術の発展により，他の研究機関等との連携は容易になった．ザイマンは，ポスト・アカデミック科学が，ポスト産業科学と連携する比率が高まり，CUDOS規範のうちの公有主義や無私性が失われ，科学知識の信頼性が低下することを懸念している．

*RTS*において，ザイマンはモード2知識生産を応用科学と誤解していると批判している(Nowotny et al 2001, 4)．ギボンズらは，企業内で行われている通常の製品開発はモード2知識生産ではないと主張している(Gibbons et al. 1994, 4)．また，モード2知識生産の対象とする問題は産業界に関連するものに限定している訳ではない．次に，*RTS*は「モード2科学生産がアカデミーで多く行われるようになると，科学の信頼性が低下する」というザイマンの主張に反論している．*RTS*は，知識が文脈化する状況では，ディシプリンのレベルで信頼性が得られても不十分で，「社会的に頑強な知識」が必要だと主張している(Nowotny et al. 2001, ch. 11)．さらにザイマンが主張しているモード1科学の信頼性の源泉である認識論的コアは空っぽであると主張している(Nowotny et al. 2001, ch. 12)．

ポスト・アカデミック科学論とモード論の関係を図2に示している．アカデミック科学(モード1科学)とポスト産業科学(モード2知識生産)を対比しているのがモード論である．産業科学のモードがモード2なのかそれ以外のものであるのかはっきりしない．ポスト・アカデミック科学はモード1とモード2の混在した状況である．モード論は，大学はモード2知識生産に積極的に対応するべきという立場で，ザイマンはモード2知識生産の大学における拡大を懸念している．ザイマンの理解は，モード論者の本来の主張より一般的な理解として広まっている[12]．例えば，金森(2015)のモード論理解は，ザイマンの理解に近い．

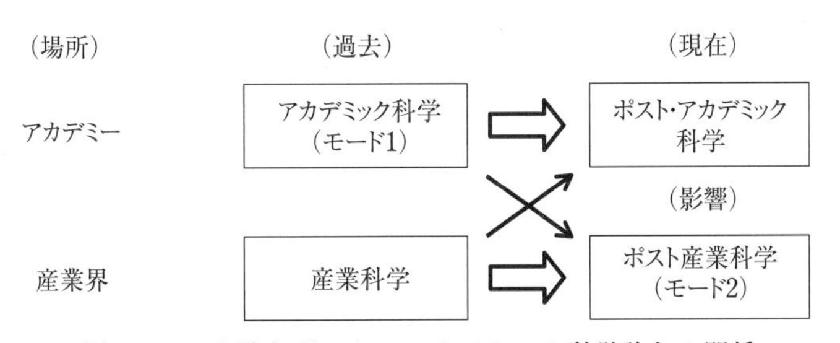

図2　モード論とポスト・アカデミック科学論との関係

出典：三宅(2004)のFig.2を基に筆者が作成

3.3　モード論批判のまとめ

この章では，モード論の解釈や批判をレビューしてきた．殆どの批判は，モード1科学の変容論としてモード論を解釈し，モード1科学がモード2知識生産へ変化している傾向を実証しようとしていた．そして，その実証がうまくいかないため，モード2知識生産の5属性の一貫性が批判されることになった．ただし，ザイマンの批判も基本的にはモード1科学の擁護であって，モード2知識生産そのものを批判的に検討している訳ではない．その結果，モード2知識生産という言葉は，完全にはまだ理解されていない現象の漠然とした記述(Nordmann et al. 2011, 7)に留まっている．4章では，ポスト・ノーマル科学論の枠組みを使ってモード2知識生産という現象を明確化する．

4.　モード2知識生産のポスト・ノーマル科学の枠組みを使った分析

3章では，モード論に関する先行研究の内容を分析し，モード2知識生産の検討が十分に行われていないことを指摘した．4章では，モード2知識生産を，ラベッツらのポスト・ノーマル科学(PNS)論の枠組みを使って検討を行う．PNS論は，新しい「科学」の提案である[13]．モード2知識生産は特定のアプリケーションの文脈における問題解決であり，ポスト・ノーマル科学は，対象とするシステムの不確実性が高く，決定における利害関係者が多い問題を解決する「科学」である．両者は問題解決を目指している点では共通しているが，どういう関係になっているのであろうか？

4.1　PNS論の紹介

ラベッツらは問題解決を行う「科学」をアプライド科学，プロフェッショナル・コンサルタンシ科学(以下，コンサルタンシ科学とする)，ポスト・ノーマル科学に分類し，対象となる問題の特徴と3種類の問題解決戦略により定義している．その関係をまとめたのが表2である．図3は問題解決戦略を示している(Funtowicz and Ravetz 1993, 750)．表2は，3種類の「科学」と知識生産のモードの関連を示しているが，この関連は2節以降で説明する．

アプライド科学は，ノーマル科学を使ったパズル解きによる問題解決である[14]．一般的な意味での「応用科学」における革新的な研究は，パズル解き以上のものを求められるが，ラベッツらの定義するアプライド科学には含まれない(Funtowicz and Ravetz 1993, 745)．アプライド科学は，外部機能としてのピアレビューによって品質が保証され，システムの不確実性も技術的なレベルである．コンサルタンシ科学は，クライアントのためにプロフェッショナルによって行われる仕事がモデルである．医者やエンジニアがその典型例である．コンサルタンシ科学にはコンサルタンシ戦略

表2　ポスト・ノーマル科学論とモード論の関係

問題解決科学分類	問題の特性		問題解決戦略	知識生産モード
	決定における利害関与	システムの不確実性		
アプライド科学	外部機能	技術的	アプライド科学戦略	モード1
コンサルタンシ科学	明確な目的	方法論的	アプライド科学戦略 コンサルタンシ戦略	モード2
ポスト・ノーマル科学	対立する目的	認識論的/倫理的	アプライド科学戦略 コンサルタンシ戦略 ポスト・ノーマル科学戦略	モード2

出典：Funtowicz and Ravetz 1993を参考に筆者作成

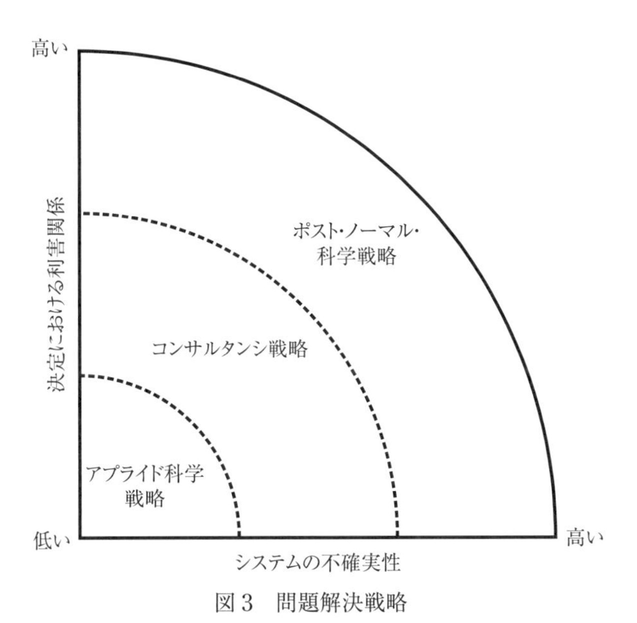

図3　問題解決戦略

出典：Funtowicz and Ravetz 1993, 745

とアプライド科学戦略がふくまれるが，このアプライド科学戦略は，コンサルタンシ科学に特化したものである．コンサルタンシ科学より利害関係者が多く，不確実性が高い問題を扱うのがポスト・ノーマル科学である．PNS論はワインバーグのトランス・サイエンス論(Weinberg, 1972)を意識している．ワインバーグが主張したトランス・サイエンスの問題はコンサルタンシ科学の範囲の問題であるとラベッツらは理解している(Funtowicz and Ravetz 1993, 749)．一方，PNS論は，コンサルタンシ科学では解決できないトランス・サイエンス問題が存在し，その解決のためにポスト・ノーマル科学が必要であるという立場である．ポスト・ノーマル科学は，コンサルタンシ科学のモデルの拡張である．コンサルタンシ科学は，科学者のみならず，クライアントが品質管理と意思決定に参加するが，ポスト・ノーマル科学では，品質管理と意思決定は，利害関係者，専門家，市民等からなる拡大ピアコミュニティ(Extended Peer Community)によって行なわれる(Funtowicz and Ravetz 1993, 752)．ポスト・ノーマル科学は拡大ピアコミュニティにおける意思決定プロセス等を扱うポスト・ノーマル科学戦略以外に，コンサルタンシ戦略とアプライド科学戦略を含んでいるので「科学」なのである(Funtowicz and Ravetz 1993, 750)．

4.2　モード２知識生産とPNS論の関係

モード２知識生産とPNS論の関係についてラベッツは以下のように述べている．

> ミッション指向の問題解決を強調している科学の新しい状態は，モード２という名前のもとで明らかにされた(Gibbons et al. 1994)．PNSのスキーマでは，これ[モード２;筆者による補足]は，プロフェッショナル・コンサルタンシとほぼ同じである，従来の個人のクライアントに奉仕するものよりも，むしろ産業におけるプロジェクトに関するものである．この研究［*NPK*；筆者による補足］は，私が別のところ(Ravetz 2006a)で「メガサイエンス」と呼んだ知識生産の新しい社会関係のもとで，可能な限りリサーチコミュニティを守ることを意図している(と私は信じている)．しかし，「モード２」は品質の議論，社会的批判の暗示と拡大ピアコミュニ

ティへの言及がない点で，PNSとは全く異なる．(Ravetz 2006b, 276–7)

ラベッツは，モード2知識生産はコンサルタンシ科学であると理解している．「メガサイエンス」は国や企業から巨額の資金を得て行うミッション指向のプロジェクト型科学研究で，モード2知識生産の典型である．*RTS*で提案されている「アゴラ」は拡大ピアコミュニティに対応し,「アゴラ」が「社会的に頑強な知識」の品質を保証すると考えるのであれば，モード2知識生産は，その問題の特徴によっては，ポスト・ノーマル科学と同等のものとも解釈できる15)．アプライド科学は，ノーマル科学による問題解決なので，モード1科学である．従って，モード2知識生産はコンサルタンシ科学もしくはポスト・ノーマル科学のいずれかで，それは，対象となる問題の特徴によって決まる．

4.3　コンサルタンシ科学としてのモード2知識生産

最初に，コンサルタンシ科学の一般的な特徴を考えるあたり，クライアントを持つ専門職業(プロフェッション)の特徴を検討する．プロフェッションは，体系的な理論を持つ，権威を持つ，社会的に認められた特権を持つ，倫理観を持つ，文化を持つ，社会にとって重要なサービスを行う，という6つの特徴を有している16)．プロフェッショナルの育成には体系的な理論の習得と同時に長期間の現場での訓練が必要とされる(Funtowicz and Ravetz 1992, 97)．プロフェッショナルは，クライアントの文脈を出来るだけ理解した上で，最適なサービスを提供する必要がある．医者であれば，患者の状況に応じた最適な治療を行って，結果を出すことが求められる．コンサルタンシ科学は，ノーマル科学では解決できない問題を，問題解決のための体系的な知識，ノウハウや経験に基づいて解決する．

コンサルタンシ科学は，医学を考えてみればわかるように昔からあるので，すべてがモード2知識生産ではない．コンサルタンシ科学は，モード2知識生産の5属性の中で，アプリケーションの文脈，再帰性と社会的説明責任，モード1とは異なる品質管理という3要件を満たしているが，トランスディシプリナリティと異質性をいつでも満たしている訳ではない．

経営コンサルティングは，コンサルタンシ科学としてのモード2知識生産の典型例である．経営コンサルティング会社は，クライアント企業が経営環境の変化に対応するための経営戦略を立案したり，企業の事業領域を見直したり，ビジネスプロセスを効率化したりすることを支援する．経営コンサルティングは，企業が置かれている業界の知識，企業の業務機能に関する専門知識，情報技術に関する専門知識等を使って戦略策定を行うので，トランスディシプリナリである．また，クライアント企業の専門家とプロジェクトチームを組んで仕事をするので異質性がある．したがって，経営コンサルティングはモード2知識生産である17)．

モード2知識生産の記述と経営コンサルティングの実態をここで比較するために，コンサルティング会社が行っていることを検討してみよう．コンサルティング会社は，方法論を有している(アクセンチュア 2013, 146–7)．コンサルタントは方法論に従って，課題を分析し，あるべき姿を定義し，その実現の計画を策定する18)．この方法論は，問題解決のプロジェクトの最中に作られるわけではなく，コンサルティング会社が開発し，コンサルタントたちは基礎的なノウハウとして社内教育等を通して共有している．*NPK*ではプロジェクト毎に方法論が作成されるように書かれているが，プロジェクト管理の観点から考えると望ましい状態ではない19)．また，*NPK*では，知識生産者がプロジェクトを渡り歩く，極めて流動的なキャリアのあり方を描いているが，コンサルティング会社では，コンサルタントのプロジェクトへの配属は，キャリアパスを考慮したうえで計画的に実施される．コンサルタント一人一人の専門性を高めるには，様々なプロジェクトで経験を積みながら，キャリアを積み重ねる必要がある．キャリアパスはコンサルタント自身が最終的に責任を持つが，人事部門が管理，支援を行う体制が整備されているし，メンター制度も導入されている．コンサルティング会社は，貴重な経営資源である人材の育成に真剣に取り組んでいる(アクセンチュア 2013, 168–9)．品質管理については，プロジェクトの内部でも行われるが，別の上級管理者によるピアレビューも行われ，会社として品質を保証する仕組みを構築している．これらの施策は，モード２知識生産をマネジメントする場合に重要な視点である．*NPK*では，モード２知識生産のマネジメントに関する検討が十分に行われていない．

モード２知識生産がコンサルタンシ科学である以上，モード２知識生産者はプロフェッショナルでなければならない．このことが意味することは，モード１科学者であることが，モード２知識生産者のプロフェッショナルの必要十分条件ではないと言うことである．

4.4　ポスト・ノーマル科学としてのモード２知識生産

ポスト・ノーマル科学は，ラベッツらが提案した新しい「科学」のあり方であって，コンサルタンシ科学のようにいままでに実績が多くあるものではない[20]．しかし，コンサルタンシ科学を拡張したものである以上，コンサルタンシ科学の特徴は引き継がれるべきで，ポスト・ノーマル科学のプロフェッショナルが必要であると思われる．

例えば，あるPNS的な問題を解決するために，その問題に関係する複数の分野の科学者と利害関係者としての市民が招集されたとする．果たして，このメンバーで課題を解決できるであろうか．通常のケースでは，会話すら成立しないのではないだろうか．ポスト・ノーマル科学を機能させるためには，そのためのプロフェッショナルが必要である．このプロフェッショナルは，科学者と市民からなるチームを率いて，問題解決案を作成する方法論を持っている必要がある．この方法論に求められるものは，プロジェクト管理，ファシリテーション等の様々な手法，テクニック，ノウハウ等であろう．そうすると，PNS論では，意思決定プロセスに市民参加させることが議論の中心であるが，それ以前にPNS科学のためのコンサルタンシ科学の確立が必要ということになる[21]．

5. イノベーションとモード２知識生産

イノベーションとアカデミズムをモード論で解釈すると，学術(モード１科学が中心)をイノベーションに結びつける部分がモード２知識生産であるということになる．これを「モード２イノベーション」と呼ぶことにする[22]．

歴史的に考えれば，科学技術イノベーションは19世紀の後半から盛んになるが，その主役は企業とその研究所であった．特に，20世紀の後半は大企業の研究所がイノベーションの主なプレイヤーであり，イノベーションはある程度計画的に社会に普及させることができた．大企業の研究所におけるイノベーションを支えたのが，ザイマンの言う産業科学である．そこでは，研究者が研究所内で産業科学を身につけて，新製品，新技術開発を行う仕組みが出来上がった．産業科学は，コンサルタンシ科学であり，主な担い手はエンジニアであった．しかし，1980年代以降，技術革新の速度が早まり，垂直統合型の大企業では変化に対応できなくなった．大企業は，自社のコアコンピタンスのある領域に資源を集中し，組織のフラット化が進んだ．研究所も官僚的な組織からフラットな組織に移行し，ザイマンのいうポスト産業科学が出現し，これが，モード２イノベーションを含むことになった．産業科学は，企業研究所というクローズな環境で行われていた．企業研究所以外に同様の研究を行っているのは同業他社の企業研究所しかなく，外部と協働して研究を進めることは難しかった．大学のマス化が進み，研究者が多く輩出され，産業の垣根が低くなると，オープン・イノベーションという手法が広まってきた．もちろん，すべてがオープンではなく，オープンとクローズを使い分けているが，自社の研究所で開発された技術だけで，製品開発を行う時代ではなくなった[23]．そのため，モード2イノベーションは，オープン・イノベーションを前提とすることになった．

モード2イノベーションを中心となって行う人材は，従来の産業科学のエンジニアでは不十分である．イノベーションのモデルは「リニア・モデル」から「連鎖モデル」に移行している(中島 2015, 57)．また，従来のテクノロジードリブンのイノベーションだけではなく，ユーザードリブンのイノベーションを行えることも必要になっている．例えば，デンマークは，ユーザードリブン・イノベーションを行うために，方法論の開発を支援し，人材育成を行っている(砂田　2013, 36)．このようなイノベーションを実現するための方法論，イノベーション人材に求められるスキルは変化しているので，従来の産業科学のエンジニアでは対応できない．モード2イノベーション人材に関しては，経営コンサルティング会社の事例が参考になる．経営コンサルティング会社は，新規事業計画の策定，実施を行っているので，方法論の面でも参考になる．また，経営コンサルティング会社で経験を積んだ後に，起業家になったり，ベンチャー企業で活躍したりしているケースは多く，このことは，キャリアパスや人材育成という面でも参考になることを意味している．

ナショナル・イノベーション・システムのレベルでのモード2イノベーションへの対応も不可欠である．米国では「スモールビジネスイノベーション開発法(Small Business Innovation Development Act of 1982, 以下SBIR)」を制定し[24]．イノベーションをベンチャー企業に委ね，科学技術予算の一部を，このベンチャーに投資するという仕組みでモード2イノベーションを行っている．研究者が自らベンチャー企業を設立し，イノベーションに挑戦している．製品開発をベンチャー企業に任せ，製品化に成功したベンチャーを買収することでオープン・イノベーションを行っている企業もある．シスコは，もともと研究者によるベンチャー企業であったが，現在ではベンチャー企業を買収することで新製品開発を行っている(チェスブロウ 2004, 3)．米国では大学，ベンチャー企業，大企業が連携しながら，モード2イノベーションを実践している．シリコンバレーのようなベンチャー企業の集積地は，多くの起業家を引き寄せ，ノウハウ・人材を蓄積し，イノベーションの拠点となっている．

モード2イノベーションで留意しなければならないことは，コンサルタンシ科学のみならず，ポスト・ノーマル科学が必要となるようイノベーションが増加していることである．現代のイノベーションの核となる科学技術は，ラベッツの定義したGRAINNであり，これは，社会へ大きなインパクトを与える[25]．ポスト・ノーマル科学を早急に確立しなければ，GRAINNによる社会への悪影響は避けられないであろう．

6. 結論

モード論について検討して得られた主な結論は以下の通りである．

1. モード論の研究は，モード1の変容に関する考察が主で，モード2知識生産そのものに関する検討はあまり行われて来なかった．
2. ザイマンのポスト産業科学は，モード2知識生産を含んでいる．
3. モード2知識生産は，ラベッツのPNS論の枠組みにおけるコンサルタンシ科学の一部もしくは，ポスト・ノーマル科学に相当する．
4. イノベーションのためのモード2知識生産(モード2イノベーション)は，コンサルタンシ科学であり，ユーザードリブン・イノベーションを行う方法論の整備や人材育成が必要である．
5. GRAINNに関連するイノベーションには，モード2イノベーションはポスト・ノーマル科学である必要があり，ポスト・ノーマル科学の確立が必要である．

1980年代後半から1990年代の前半にかけて，日本企業の脅威に対抗するために，欧米各国はイノベーション政策の強化を行った．米国やEUのイノベーション政策は，80年代日本のハイテク産業や自動車産業の成功への対策であった．日本は，反対に，基礎研究へのシフトを行い，モード2イノベーションへの対応は後手に回った．最近，発表された『イノベーション総合戦略2016』を見ても日本がこの20年間，モード論やイノベーション論で指摘されていたことに殆ど対応できていないことが読み取れる．大学改革は遅々として進まず，日本企業の大半はモード2イノベーションに対応できず，産学連携もすすんでいない[26]．このような状況を鑑みると，モード論は，現代の日本にとって依然として貴重な示唆を与えるものであり，再検討に値するものといえよう．

謝辞
本稿の作成にあたり，中島秀人氏(東京工業大学)，木原英逸氏(国士舘大学)から貴重なコメントをいただきました．御礼申し上げます．

■注

1) Hessels and van Lente(2010)によると*The New Production of Knowledge*の引用数は2010年6月時点で1,879回あった．金森(2015)でもモード論を科学変容の軸としている．
2) ラベッツのポスト・ノーマル科学論のフレームワークでは3種類の「科学」と問題解決戦略が定義されている．この区別をするために，「科学」としてのprofessional consultancyをコンサルタンシ科学とし，問題解決戦略はコンサルタンシ戦略とした．
3) *Minerva* 41(3), *Prometheus* 29(4)で特集が組まれている．
4) 知識の再配置が，モード2知識生産を必要とすることは4.3で説明する．
5) この解説は1999年の雑紙*Nature*に掲載された論文からの引用である．*RTS*では「新しい社会契約」という言葉は削除されている．
6)「アゴラ」は，専門家や利害関係者が集まって，知識生産を行う場所と定義されている．「アゴラ」は市場と政治の場の両方を含んでいる(Nowotony et al. 2003, 192)．
7) 松本(1998)では「Finalization Science」を「目的指向化」テーゼと訳しているのでここではこの訳語を採用する．
8) 80年代からのザイマンの科学論の概要については三宅(2004)に詳しい．
9) 例えば，*NPK*の邦訳版の11ページには，『縛られたプロメテウス』と*NPK*の主張には共通している点が多いという主旨の記述がある．
10) CUDOSはCommunalism(公有主義)，Universalism(普遍主義)，Disinterestedness(無私性)，Originality(独創性)とScepticism(懐疑主義)の頭文字で，アカデミズム科学の規範を意味している．
11) PLACEはProprietary(私有的)，Local(局所的)，Authoritarian(権威主義的)，Commissioned(請負的)とExpert Work(専門的な仕事)の頭文字で産業科学の特徴である．
12) ザイマンはポスト産業科学と以前の産業科学を区別して，ポスト産業科学をモード2知識生産と見なしているが，金森は，産業科学とポスト産業科学は区別していない．
13) PNSには，解決すべき課題がPNS的な状況にあることを意味している場合と，科学としてのPNSを意味している場合の2通りがある．現代ではポスト・ノーマル的課題が山積しているが，ポスト・ノーマル科学はそれを解決するほど実は成熟していない(塚原 2011a, 209).

14) ポスト・ノーマル科学は，クーンのノーマル科学を意識した言葉である.

15) ラベッツの主張する「社会的批判の暗示の欠如」はなにを具体的に意味しているのか不明であるが，アゴラで熟議が行われれば，知識に対する批判は当然行われると考える．*RTS*には，PNSやトランス・サイエンスに関する言及はない.

16) この定義は(伊勢田 2005, 50-3)による．最初の5つはグリーンウッドの定義で，6番目は伊勢田が追加したものである.

17) 経営コンサルティング会社の業務の標準化度合いは，会社によって様々である．アクセンチュアはグローバルでオペレーションを標準化している.

18) 企業における戦略策定の方法論の例としては，高田，岩澤(2014)がある.

19) あるアプリケーションの文脈の問題を解決するには新しい知見がその都度必要なことは否定しない．方法論は，最適解への最も効率的な方法を提示するが，実際に最適解を得られるかは，参加しているメンバーのスキルレベルによる.

20) オランダではPNSを実際に制度化している．塚原(2011b)にはPNSの動向に関する詳細な解説がある.

21) 不確実性を扱う方法論がラベッツらによって提案されているが，それはポスト・ノーマル科学の方法論の一部に過ぎない.

22) 正確に言えば，「イノベーションのためのモード2知識生産」というべきであるが，あまりにも長いので，モード2イノベーションと本稿では呼ぶ.

23) オープンのみでなく，クローズ・イノベーション戦略の重要性は，小川(2015)に詳しい.

24) 米国のSBIRに関しては，山口編(2015)の第2章に歴史的な解説がある．第4章では米国のSBIR制度と日本版SBIR制度の比較が行われている.

25) GRAINNとは，ゲノミクス，ロボット工学，人工知能，神経科学，ナノテクノロジーのこと(ラベッツ 2010, 16).

26)『科学技術イノベーション総合戦略 2016』では，大学改革，産学連携の強化が重点項目となっている．日本企業のオープン・イノベーションへの取り組み状況に関して，「産業界においては，オープン・イノベーションの阻害要因となっていた伝統的な自前主義等の企業風土見直しに係る意識改革，体制の見直しが不可欠である.」という記述が84頁にある.

■文献

アクセンチュア 2013：『KISEKI Accenture Japan 1962-2012』アクセンチュア.

チェスブロウ 2004：大前恵一朗訳『Open Innovation』産業能率大学出版部；Chesbrough H, *Open Innovation*, Harvard Business School Press, 2003.

エツコウィッツ, H. 2009：三藤利雄，堀内義秀，内田純一訳『トリプルヘリックス』芙蓉書房出版；Etzkowitz, H. *The Triple Helix: University-Industry-Government Innovation in Action*, Routledge 2008.

Funtowicz, S. and Ravetz, J. 1992: "The Emergence of Post-Normal Science," von Schomberg, R. (eds.), *Science, Politics, and Morality*, Kluwer, 85-123.

Funtowicz, S. and Ravetz, J. 1993: "Science for the Post-Normal Age," *Futures*, 25, 739-55.

Gibbons, M. 1999: "Science's new Social Contract with Society," *Nature*, Volume 402 Number 6761 supp., C81-C84.

Gibbons, M. 2000: "Mode 2 Society and the Emergence of Context-sensitive Science," *Science and Public Policy*, 27(3), 159-63.

Gibbons, M., et al. 1994: *The New Production of Knowledge: the Dynamics of Science and Research in Contemporary Societies*, Sage; 小林信一監訳『現代社会と知の創造：モード論とは何か』丸善ライブラリー，1997.

Gibbons, M., et al. 2011: "Introduction: Revisiting Mode 2 at Noors Slott," *Prometheus*, 29(4), 361-72.

Hessels, L. and van Lente, H. 2008: "Re-thinking new Knowledge Production: A literature review and a research agenda," *Research Policy*, 37(4), 740–60.
Hessels, L. and van Lente, H. 2010: "The mixed Blessing of Mode 2 Knowledge Production," *Science, Technology & Innovation Studies*, 6(1), 65–9.
伊勢田哲治 2005：「専門者の倫理と技術者」 新田孝彦，蔵田伸雄，石原孝二編『科学技術倫理を学ぶ人のために』世界思想社.
金森修 2015：『科学の危機』集英社.
松本三和夫 1998：『科学技術社会学の理論』木鐸社.
三宅苞 2004：「ザイマンのアカデミック科学モデル」『科学技術研究論文集』2，21–9.
内閣府 2016：『科学技術イノベーション総合戦略 2016』
中島秀人 2015：「歴史から見た 21 世紀の科学技術」『岩波講座現代 1』岩波書店.
Nordmann, A., Radder, H. and Schiemann, G. (eds.) 2011: *Science Transformed?: Debating Claims of an Epochal Break*, University of Pittsburgh Press.
Nowotny, H., Scott, P. and Gibbons, M. 2001: *Rethinking Science: Knowledge in an age of Uncertainty*, Polity.
Nowotny, H. Scott, P. and Gibbons, M. 2003: "Introduction: 'Mode 2' Revisited: The New Production of Knowledge," *Minerva*, 41(3), 179–94.
小川紘一 2015：『オープン＆クローズ戦略　増補改訂版』翔泳社.
Ravetz, J. 2006a: *A No-Nonsense Guide to Science*, New Internationalist Publishers; 御代川喜久夫訳 2010：『ラベッツ博士の科学論』こぶし書房.
Ravetz, J. 2006b: "Post-Normal Science and the Complexity of Transitions towards Sustainability," *Ecological Complexity*, 3(4), 275–84.
砂田薫 2013：「知識経済をリードする北欧のイノベーション戦略」国際大学GLOCOM『智場』117，27–40
高田貴久，岩澤智之 2014：『問題解決』英治出版.
塚原東吾 2011a「災害資本主義の発動」『現代思想』39(7)，202–11.
塚原東吾 2011b「ポスト・ノーマル・サイエンスによる「科学者の社会的責任」」『現代思想』39(10)，98–120.
Weinberg, A. 1972: "Science and Trans-science," *Minerva*, 10, 209–22.
山口栄一編 2015：『イノベーション政策の科学』東京大学出版会.
Ziman, J. 1994: *Prometheus Bound: Science in a Dynamic Steady State*, Cambridge University Press; 村上陽一郎，川崎勝，三宅苞訳 1995：『縛られたプロメテウス』シュプリンガー・フェアラーク東京.
Ziman, J. 1996: ""Post-Academic Science": Constructing Knowledge with Networks and Norms," *Science Studies*, 9(1), 67–80.
Ziman, J. 2000: *Real Science*, Cambridge University Press; 東辻千枝子訳 2006：『科学の真実』吉岡書店.

Re-Thinking Mode 2 Knowledge Production

KATSUYA Nobuaki *

Abstract

This paper offers a reflection on the Gibbons-Nowotony notion of 'Mode 2 knowledge production.' Firstly this paper reviews the criticisms against Mode 2 and points out that these criticisms mainly focus on the transformation of Mode 1 science rather than Mode 2 knowledge production. Secondly this paper analyzes Mode 2 knowledge production using the framework of Post-Normal Science and finds out that Mode 2 knowledge production is professional consultancy or post-normal science. Thirdly Mode 2 knowledge production for innovation has to establish new methodology for innovation. Finally I argue that *The New Production of Knowledge* is still worth reading in Japan for judging the situation of innovation system of Japan.

Keywords: Mode 2 knowledge production, Post-normal science, Post-academic science

Received: March 10, 2016; Accepted in final form: July 30, 2016
*Tokyo Institute of Technology; katsuya.n.aa@m.titech.ac.jp

文部科学省の本分，大学の本分

政策立案現場にある背景思想と一意見

宮野　公樹*

要　旨

国立大学改革実行プランや人文社会系学部の見直し要請等，大学の現状見直しに関する比較的強い提案が立て続けになされた．今，大学にとって大切なのはこれらの意見について個別的に反応することではなく大局的に考えることであろう．これらの改革要請提案はいかなる考え方がもたらした結果なのか．本稿では，そのような文科省がもつ今日的な社会観，研究観，大学観を捉えることをねらいとし，学術・科学技術に関わる文科省の最新政策の分析を試みる．特に，大学の研究現場に直接的に作用しうるという点で，国立大学改革実行プランのような提言資料ではなく，平成28年度に向けた文科省概算要求の科学技術系3局と高等局の政策提案資料を対象とした．これにより，政策立案に直接的に関わる課室長およびその補佐といった，政策立案現場の考え方に着目することができる．

1．問題の所在と目的

今，文部科学省(以下，文科省)と大学界の関係が極めて良好であるとする大学人は，あまり多くないだろう．2015年6月「国立大学に人文社会科学系学部の組織見直しを求める通知」を発端とした一連の騒動を象徴として，国歌斉唱や国旗掲揚の要請や，2014年「大学改革実行プラン」や「国立大学のミッション再定義」における大学の明確な区分割りや教授会についての言及など，いずれも文科省→大学という強い方向性を特徴とする関係性を見出すことができる．

このような事柄や政策に対して，学協会(各学会や，国立大学協会など)が公式に異議を唱える場合，声明文や提言などの形をとることが多い．このような意見申し立ては個別事例ごとになされるものであり，発する側と受ける側の対峙関係が明確なものの，即時対応的なやり取りに留まりがちである．人対人にせよ組織対組織にせよ，文科省と大学がより実のある関係を築くためには充実した対話や議論が不可欠であり，そのためには大局的な観点から文科省の背景思想について理解を深めておくことが肝要である．

そこで本稿では，文科省が大学に対してどのような考えを持っているのか，そして現代社会に対

2015年12月25日受付　2016年7月20日掲載決定
*京都大学学際融合教育研究推進センター，准教授，miyano.naoki.2n@kyoto-u.ac.jp

してどのような問題意識をもっているのかを探るため，大学，特に科学技術に関わる最近の個別政策の分析を試みる．

もちろん，多くの論者が指摘しているように，文科省の背景思想には市場原理主義や競争主義といった現代社会を覆っている考え方が横たわっている．例えば橘木(2015)は，日本の大学教育について，1990年代から始まった大学院重点化計画が教育大学と研究大学の明確な区別をもたらしたこと，またいわゆる「小泉・竹中ライン」の構造改革路線から現政権に至るまでネオリベラリズムの影響が教育行政にまで及び，目に見える成果や業績を強く求めるようになったことを指摘している．こう考えれば，本稿の課題を明らかにするためにはこうしたより広範な思想的変化をとらえることが必要であるという指摘もありえよう．すなわち，本稿で試みるような個別政策の分析をせずとも，文科大臣の発言や国立大学経営戦略等の審議会資料を調べればよいとも言える．しかし，そうした大局的視点からの文書ではみえてこない点も少なくはなく，また文科省が一枚岩でないことを考えれば，政策設計の最前線にいる課室長やその補佐らが素手でつくる政策文書の中にみられる思想/価値観を探ることも必要であろう．つまり，彼・彼女らが日常業務の肌感覚としてどのような社会観，研究観，大学観をもっているかが重要だと考える．それは，実際，彼・彼女らがつくる個別政策こそが教育研究の最前線にいる我々大学人が手にし，目にするものだからである．本稿の作業は，単なる新自由主義のような現代社会を覆っている思想的特徴を明らかにすることにとどまらず，政策側がもつ生々しい研究観，大学観，社会観が立ち現われるはずである．

筆者は，3年前までの10年以上の歳月を科学研究に従事し，後半の4年間を総長学事補佐として大学運営に関わりつつ，同時に文科省研究振興局にて学術調査官として様々な仕事をしてきた．現在は，学問論，大学論の分野における探求と実践的活動を行っているが，本稿ではこれらの経験も踏まえて文科省と大学のありかたを本来的な学問論，大学論の観点から問い直し，今日の文科省と大学の関係について本質的な問題を指摘したい[1)]．

2. 文科省概算要求における社会観，研究観，大学観

分析対象として，平成28年度に向けた文科省概算要求における科学技術系3局(科学技術・学術政策局，研究振興局，研究開発局)と高等教育局の提案文書を用いる(合計166ページ)．最新の現場感覚を把握すべく，概算要求という政策立案文書(以下，文書)を扱うこととした．概算要求は財務省向けに作られたものであり，文科省→大学という構図とは異なる意図をもつ．しかし，文科省が当事者である大学に対してではなく，第三者(むしろ上司的存在ともいえる)に説明する機会にこそ，文科省の現場がもつ社会観，研究観，大学観がにじみ出るであろう．

2.1 文科省の現場がもつ社会観

この文書中における今日の社会認識や現状認識に関して述べられた文章から文科省の現場がもつ社会観を抽出するとおおむね次の3つの特徴が認められる[2)]．①グローバリゼーションは脅威である，②トップレベルの維持が必要である，③問題・課題が山積みである．以下，それぞれについての解説と考察を行う．

社会観①：グローバリゼーションは脅威である

言わずもがな，文書の中では「グローバル化」，「グローバリゼーション」，「グローバル競争」という単語が多数用いられている(関連した記述は文書の中で59箇所存在する)．いずれの箇所においても「グローバル」は，我が国のプレゼンスの低下や競争力低下の文脈で語られており，端的に

いうとグローバル化は危機であって契機でないと見ているようである．

社会観②：トップレベルの維持が必要である

文書の中では「トップレベル」という言葉は，世界という単語とセットで使われることが多い．「トップレベルの○○を有する」という文章の背景には，主語が何であれ「現状においてトップレベルに在る」ことを前提としていることは明白である．この「トップレベルに在る」という上流意識，エリート意識ともいえる考えは，当然ながら序列や競争を前提としたような概念であることも確認しておきたい．

社会観③：問題・課題が山積である

文書の中では，「我が国はトップレベルではあるが危機が迫っている」，「危機回避または解決のためには，課題が山積している」といった文脈の言葉が多数ある．これは，しいていうなら「危機感煽動モデル」という説得技法を採用しているといえる．危機感煽動モデルでは，短期的な時間軸，または，期限の要素を加えることが有効である（小笹 2006）．昨今，文科省から打ち出される政策が近視眼的になっていることがしばしば指摘されるが（小堀 2014 等），その理由の一つはこの危機感煽動モデルを採用している点にあるだろう．そして，この危機感煽動モデルが有する喫緊性が，とにかく使えるものはなんでも使うべきという発想に接続し，後述の連携やネットワーク，マッチングという手法を安易に生み出す一要因になっている．

以上のように，文科省における現代社会の認識，すなわち社会観としては，我が国は未だトップレベルにはあるし，高いポテンシャルも持っている．ただ，グローバル化の進行において他国との関係性におけるその立ち位置は確固たるものではなくなりつつあるという危機感がある．このグローバリゼーションも含め，我が国が抱える様々な課題に早急に対処しなければいけない，というものである．

2.2　文科省の現場がもつ研究観，大学観

では，研究観，大学観についてはどうか．文書の中で研究や大学について記述した文章を抽出し，その文章のなかで特徴的な表現を抽出した結果として，①ニーズとシーズのマッチング，②課題解決，イノベーション，③優れた研究（者），強みを活かす，④連携・ネットワーク，⑤拠点化，⑥トップダウン，マネジメント強化，⑦社会全体での参加，の合計 7 種類に分類できる．なお，以下の引用文中の波下線は筆者による．

研究観・大学観①：ニーズとシーズのマッチング

これは例えば，文部科学省（2015a, 37）での「JST のネットワークを活用して集積した全国の膨大な大学等発シーズと，地域の企業ニーズとをマッチングプランナー（MP）が結びつけ，共同研究から事業化に係る展開を支援し，企業ニーズを解決することにより，ニッチではあるが付加価値・競争力のある地域科学技術イノベーション創出を目指す」という表現からもわかる．このように「研究」を「シーズ」として認識するのは，社会に求められることに応えることが大学の役目であるという考えによるものである．

研究観・大学観②：課題解決，イノベーション

これは例えば，「少子高齢化により，生産年齢人口が減少する中で，今後とも我が国の持続的発展のためには，イノベーションを担う理工系人材の育成が重要である」（文部科学省 2015b, 33）という記述に表れている．全般的に大学は社会に貢献可能な研究を行うべきであり，基礎研究から応用・事業化といった出口を見据えた研究に集中すべきである，という研究観，大学観が読み取れる．

研究観・大学観③：優れた研究（者），強みを活かす

この点は，文科省が持つ社会観の第二の点，すなわち「トップレベルの維持が必要である」と類似した内容になるが，社会観のみならず，研究観や大学観について述べた文章においても優位的立場を前提としていたり，優秀な人材や研究の存在を前提にしたりしている．「優れた○○」という言葉の背景には，当然ながら，比較したり競わせたりすることで優れたものが選出されるという競争原理の考えがあり，「強み」がないものは眼中にない，とも解釈できうる．

研究観・大学観④：連携・ネットワーク

例えば，文部科学省(2015b, 26)では，「我が国の高等教育の国際競争力の向上及びグローバル人材の育成を図るため，世界トップレベルの大学との交流・連携を実現，加速するための人事・教務システムの改革など国際化を徹底して進める大学や，学生のグローバル対応力育成のための体制強化を進める大学を支援」というように「連携」という言葉が使用されているが，そこで連携相手として想定されているのはあくまで「優れた機関」であり，それらと協力すればより優れたものになるという考えがあるのだろう．なお，産学連携もこの文脈で語られている．

研究観・大学観⑤：拠点化

文部科学省(2015a, 51)で，「個々の大学の枠を越えた研究機関・研究者が多数参画し，我が国の国際的な頭脳循環ハブとなる研究拠点として，研究力強化，グローバル化，イノベーション機能の強化に資する世界トップレベルの研究を推進する」とあるように，優れたものを集めればいっそう優れた結果を出すという考えがある．また，基礎から応用という研究開発のリニアモデルもまたこの拠点化の文脈に込められることが多い．さらには，拠点化という政策には，同時に「拠点選び」という競争があることも示唆している．

研究観・大学観⑥：トップダウン，マネジメント強化

早期対処が必要という考え，および適材適所が大事という考えから，管理志向の強い言葉が大学に対して使われている．この点は次の表現からもうかがえる．「トップダウンで定めた戦略目標・研究領域において，大学等の研究者から提案を募り，組織・分野の枠を超えた時限的な研究体制(バーチャル・ネットワーク型研究所)を構築して，イノベーション指向の戦略的な基礎研究を推進するとともに，有望な成果について研究を加速・深化する．」(文部科学省 2015a, 48)

研究観・大学観⑦：社会全体での参加

この点は，文部科学省(2015a, 71)で「自然科学に加え，人文・社会科学の知見を活用し，広く社会の関与者の参画を得た研究開発を実施するとともに，フューチャー・アース構想を推進することにより，社会の具体的問題を解決する」という表現に表れている．これは，科学(科学技術)と社会との関係性を問い直すといったいわゆる科学技術社会論，または，ステークホルダー・マネジメント(Project Management Institute 2013)の考え方であり，関係者との「関係」を踏まえてものごとを考えた方がよいという考えが研究や大学にも適用されている．

2.3 研究観，大学観の構造的特徴

研究観，大学観の特徴として示した上記7つの観点を整理すると，表1に示すように3組の対立関係が現れてくる．

まず，①と②の関係についていえば，市場や企業ニーズとシーズのマッチングの強調は，企業や市場における要求(欲求)をもとにして研究活動を展開しなさいということである．ところがその一方で，大学は，市場や企業ニーズに対応するだけでは十分に解決できないような社会的課題(文書中から判断すると，例えば，少子化・高齢化やエネルギー問題，医療問題など)に資することも重要とある．もちろん，産学連携によって最終的には課題解決を目指すというシナリオはよくあるが

表1　研究観，大学観を現す7つのキーワードの相互関係

①ニーズとシーズのマッチング	⟷	②課題解決，イノベーション
③優れた研究(者)，強みを活かす	⟷	(　空白　)
④連携，ネットワーク	⟷	⑤拠点化
⑥トップダウン，マネジメント強化	⟷	⑦社会全体での参加

ことだが，そもそも両者の目的は一般的には次元の違うものであろう[3)].

次に④と⑤の関係について，連携やネットワークという概念では，本来，その各構成要素の関係は主従(上下)ではなく対等(水平)に広がっているはずである．他方，「拠点化」は，集積，集中化することで性能を強化しようというものであり，連携やネットワークとは対極にある考え方といってもいい．もちろん特定の拠点をコアとして様々な機関と協力するといった連携の形もあり得るが，そのような多様性を認めていくと，その政策は簡潔明快さを欠き，曖昧で総花的になるだろう．

同様に，⑥の「トップダウン，マネジメント強化」は，広くステークホルダーの意見を踏まえるという⑦の「社会全体の参加」とは本来的には相容れないものだろう．

このように，相反する意向が同じ文科省の資料に記載されているということは，その思想の混乱を象徴している．混乱でなければ，とにかくよかれと思うことをなんでもやる，という思想かもしれない．あるいは対象とする研究領域ごとにそれぞれの最適なやり方があり，総合的に書かれることで混乱しているように見えるのかもしれない．いずれにせよ，この思想的混合はどこまで意識されてのことだろうか．なんでもやるということが戦略たるのは，なんでもやるのだという意思の下でこそ成り立つことであり，無思考的，無自覚的になんでも「やってしまっている」ということとは大きく異なる．

さらに着目したいのは，表1の2行目の項目③優れた研究(者)，強みを活かす，の対立項が見当たらないことである．おそらくは，この項目の対立項として弱者救済や弱点克服に関連したものが想定されるはずだが，少なくとも筆者の分析では，そうした観点はみられなかった．優れた研究や組織を伸ばすという文章が並ぶ背後には，優れていない研究や組織は政策の対象から除外するという暗黙の了解がある．他の項目とも併せて考えてみても，結局のところ，文科省の現場には前提としての競争原理が根付いており，優れたものが勝利し，勝利したものが優れたものという理解がある．加えて，競争において負けたものは劣っているのであり，それは支援，あるいは考慮にすら値しない，という考えが読み取れる．このような考えは，人の育成，我が国の文化，そして学問の精神という定量的評価が困難な事柄をあつかう文科省ならびに大学に安易に当てはめていいのかと疑問を感じざるを得ない．

3. まとめとしての問題提起

本稿では，平成28年度に向けた文科省概算要求における科学技術3局および高等局の資料において，文科省の現場がもつ社会観，そして研究観と大学観について分析を行い，それを特徴づけるいくつかの観点を選出した．その結果，それらの観点には対立関係があるなど数種類の意向が混在していることを指摘した．また政策立案担当者が課題の解決を念頭にして競争原理をベースにものごとに取り組む姿勢が浮かび上がってきた．

総括として，この概算要求の特徴を端的に表している一文を，概算要求資料冒頭に掲載されてい

る「科学技術タスクフォースとりまとめ」資料からとりあげたい．そこには，「激しいグローバル競争の下，危機感とスピード感をもって国内外の課題(ピンチ)を科学の力で未来の可能性(チャンス)に変える」(文部科学省 2015a, 2)とある．このように，科学技術推進の目的に「課題」を設定する点がまさに今日的な科学技術の姿である．だが，そもそも課題の解決は文科省業務の本分のだろうか．このことについて，文部科学省設置法第二節「文部科学省の任務，及び所掌事務」には次のように記されている．

> (任務)第三条　文部科学省は，教育の振興及び生涯学習の推進を中核とした豊かな人間性を備えた創造的な人材の育成，学術，スポーツ及び文化の振興並びに科学技術の総合的な振興を図るとともに，宗教に関する行政事務を適切に行うことを任務とする．

この条文はいかような観点からでも考察できようが，まずもって注目するなら，「人材の育成，学術，スポーツ，文化ならびに科学技術」を「振興」することは書いてあっても，その上位目的は記載されていないことが指摘されよう．つまり，何のために振興するかまでは述べられていないのである．

したがって，この条文を素直に理解するなら，現状のように文科省はそこまで課題解決を前面に出して仕事をする必要はないように思える．結局のところ，財務省や一般社会なるものに対しての理解を得るためには，法令にない「目的」の部分を適宜補うと都合がよく，現状ではそこに「社会的課題の解決」が見事きれいに収まっているということである．特に科学技術分野においては，こうした傾向は約20年前の1995年11月に施行された科学技術基本法からのものであり，今日まで一貫している．目指すべき社会像として明るい未来を指し示すのではなく，解決すべき問題を掲げ，それを課題として取り組むという姿勢に，今日までまったくぶれはみられない．

そして，目的として課題解決が掲げられれば，必然的に評価軸はその「問題の解決」となる．すなわち，「解決したかどうか」という判断基準が文科省および大学に導入されるのである．これは決して悪いことではない．目標が明確かつ実際的となり，財務省や一般社会への説明もいくぶん楽になったことだろう．しかし，ここに落とし穴があった．なぜなら，文科省や大学の主導ではこれらの問題解決は本質的に難しいからだ．

例えば，今回の概算要求資料では，「課題」として高々と掲げられているのは，環境問題，少子化・高齢化問題，医療問題，グローバル化に伴う競争力低下等の諸問題……，といったものである．これらは行政や研究機関はもとより，企業や企業団体，NPO，国家機関等の様々な組織体が協力してこそ解決しうる大きな課題であり，決して文科省や大学だけで担えるものではない．事実，大学では，課題の解決に必要な様々な経営活動，例えば，生産販売，サービス提供，外部委託，さらには投資，借金，貯蓄などはなかなか自由にできない状況にある．これでは実質的な課題の解決は困難と言わざるをえず，自身で掲げた「課題解決」はいつまでたっても未達成のままであろう．これに抗うべく国立大学が出資する形で会社を持つなどしているが，大きな可能性はありつつも，現状ではそれが充分に機能しているとはいい難い．

現状認識として課題を掲げるのはよい．しかし，文科省と大学が抱える問題の根本は，その課題に対する自身の姿勢や立場の認識欠如ではないだろうか．文科省および大学は何をもってして，どのように解決しようというのか．何ができて，何ができないのか．昨今の文科省からの(ならびに社会からの)大学に対する要請は，世界レベルの基礎研究をやり，応用研究もやり，産学連携もやり，ベンチャーを多く起業させ，海外の組織と連携して国際的な人材を育成するとともに，海外からの学生や研究者をもっともっと受け入れ，専門性と教養を兼ね備えた人材を排出せよという，「万能」をもとめられている．これが果たして「学問」を担う大学の本分に対して妥当であろうか．

そしてまた，このような要請に「であれば資金を増やせ」「であれば制度を整備しろ」「大学だって，自助努力(内部改革)はしている」と答える大学もまた大学である(科学新聞 2016 等)．「それはできるが，これは“学問”の仕事ではない」とは言えないのだろうか．そもそも，それが通る見識が社会から失われたことを自身の責任と感じ，本来的な大学の役割を問い直した結果として真なる大学改革，いうならば，現状の大学改革に反するような大学改革に着手することはできないのだろうか．

結局，今，文科省の役割とは何か，大学の役割とは何か，というシンプルな問いから逃げてきたツケが露見している．本来，その問いから始めなければ一歩も進まない命題にもかかわらず，である．その結果，今，文科省と大学は本来の土俵とちがうところで戦っているように思える．文科省の責任，大学の責任よりも，学問の責任の方が大きく重い．それは人間としての責任により近いからである．先の文科省の任務を規定する設置法の上位目的に，目に見える課題解決ではなく目に見えないもの，例えば人間精神の完成をなぜもってこられなかったのか．本当に大事なのは目に見えない方にあると学問は教えてくれるのに，学問を取り扱う二つの機関が逆に学問ができていない(ように見える)現状はいつまで続くのだろうか．

■注

1）なお，当然ながら今日において国公私立 775 校ある大学を一つの「大学」という言葉でくくることに意味は無い．本稿では，主に「自らを研究大学と名のる大学」を対象とする．また，筆者は 18，19 世紀頃のドイツ観念論哲学者ら，および，江戸時代後期における儒学者らの学問観，大学観に強く影響を受けていることを付記しておく．無謀にもその学問観，大学観を一言で説明しようとするなら，大学とは学問という精神修養的な営みをする場，としたい．また，本稿の限界は文科省の科学技術および高等教育に関わるすべての政策とそれらの歴史的経緯を踏まえていない点にある．それは政策現場にある今日的な感覚を分析することを主題としたためであるが，本稿の主張の妥当性は検証がいまだ不十分であることもご理解のうえ読み進めて頂きたい．

2）なお，本来はそれぞれの表現が使用された文章をすべて掲載して読者の理解を得るべきところであるが，紙面の都合上それらは省き，分析結果の提示のみにとどめたことをご了承頂きたい．

3）もちろん，社会的課題を企業ニーズに合致させたビジネスは存在し，近年増加傾向にある(例えば，ムハマド・ユヌス氏が提唱したグラミン銀行や，イヴォン・シュイナード氏によるペットボトルの再生事業など)．

■文献

橘木俊詔 2015：『経済学部タチバナキ教授が見たニッポンの大学教授と大学生』東洋経済新報社．

小笹芳央 2006：『モチベーション・リーダーシップ 組織を率いるための 30 の原則』PHPビジネス新書．

小堀桂一郎 2014：「「基礎学」軽視の趨勢を憂慮する」『産経新聞』2014 年 10 月 27 日．

文部科学省，科学技術・学術政策局，研究振興局，研究開発局 2015a：『平成 28 年度 科学技術関係概算要求の概要』，http://www.mext.go.jp/component/b_menu/other/__icsFiles/afieldfile/2015/08/27/1361292_1.pdf(2016 年 7 月 12 日閲覧)．

文部科学省，高等教育局 2015b：『高等教育局主要事項――平成 28 年度概算要求――』，http://www.mext.go.jp/component/b_menu/other/__icsFiles/afieldfile/2015/08/27/1361291_1.pdf(2016 年 7 月

12 日閲覧).
Project Management Institute 2013:『プロジェクトマネジメント知識体系ガイド(PMBOKガイド)』第5版, Project Management Institute.
科学新聞 2016:「「科学技術予算拡充」有識者 22 氏が首相に要請」『科学新聞』2016 年 4 月 29 日号.

Main Role of Universities and the Ministry of Education, Culture, Sports, Science and Technology: Background Ideas of the Policy Makers

MIYANO Naoki *

Abstract

Initiatives such as the plan to implement reforms at national universities and the requests to revise humanities and social sciences have led to the continued presentation of comparatively strong proposals to revise the current status of universities. What is important for universities at present is to have an overarching view rather than respond to these individual opinions. These proposals calling for reforms are possibly a result of various ways of thinking. This paper aims to capture such up-to-date research perspective of the Ministry of Education, Culture, Sports, Science and Technology, the universities' perspective and the society perspective by investigating the Ministry's latest policies concerning science and technology. In particular, we considered policy proposals for the 3 science and technology related bureaus and the higher education bureau in the Ministry's budget requests for FY2016 to look at aspects that can be directly deployed in university research facilities rather than materials that promote plans for reform at national universities. This allowed us to focus on the views of the policy makers such as the Directors of these bureaus and their advisors who have direct responsibility for policy proposals.

Keywords: MEXT, Budget requests, The universities perspective, Society perspective

Received: December 25, 2015; Accepted in final form: July 20, 2016
*Center for the Promotion of Interdisciplinary Education and Research; Associate Professor; miyano.naoki.2n@kyoto-u.ac.jp

科学技術イノベーションに対する研究者のセルフ・テクノロジーアセスメント

九州大学におけるSTSステートメントの試み

小林　俊哉*

要　旨

科学技術イノベーションは，新しい技術による新製品･新サービス･新工程を社会に提供することにより，環境，生活，文化，倫理に甚大な影響を及ぼす可能性がある．場合によっては深刻な負の影響を社会に与えることもありうる．そうした負の影響を事前に予測し対策を準備するツールとしてテクノロジーアセスメント(TA)がある．TAは既に1970年代から欧米諸国や我が国でも実践されてきた．九州大学では，大学院教育の中で，科学技術イノベーション創出の将来の担い手となる可能性のある大学院生を対象とした科学技術コミュニケーションを応用したセルフ・テクノロジーアセスメントの教育プログラムを2013年度から推進している．本稿では，その内容と教育効果についての評価を行った結果について紹介する．

1．はじめに

九州大学は，文部科学省「科学技術イノベーション政策における『政策のための科学』」の一環である「基盤的研究・人材育成拠点整備事業」(以下，SciREX事業と記述する)の採択を受け，平成25年度より科学的な根拠に基づいて政策立案のできる人材養成のための科学技術イノベーション政策専修コース(構想責任者：永田晃也教授 以下STI政策専修コースと記述する)を設置した．同コースのコア科目「科学技術社会論概説」では，受講する大学院生(社会人科目等履修生を含む)に「STSステートメント」を作成させ,福岡市内で広く市民を対象として開催するサイエンスカフェにおいてそれを社会に向けて公表することを義務付けている．この教育プログラムは将来研究者になる可能性のある大学院生に対して，自己の研究と社会との接点を意識させ，市民との科学技術コミュニケーションを通して研究内容が将来社会にもたらすインパクトを考量するセルフ・テクノロジーアセスメント(以下，セルフTAと略す)を行う機会を提供する狙いがある．TAは第三者機関が客観的な観点から実施するものであるが，新技術の研究者自身が主体的にTAに取り組むことが重要であると筆者は考える．新技術それ自体について最も知識を有する者は，当該新技術の研究者だからである．またTAに市民との双方向コミュニケーションを担保する参加型TAが1998年の若

2015年12月25日受付　2016年7月25日掲載決定
*九州大学 科学技術イノベーション政策教育研究センター，准教授，〒819-0395　福岡市西区元岡744，kobayashi@sti.kyushu-u.ac.jp

松征男教授(東京電機大学)によるコンセンサス会議以降，活発化している．本稿で紹介する教育実践は，参加型TAと研究者のセルフTAの結合を計った点に新規性があると考えている．

本稿では次世代の科学技術イノベーションの担い手育成の場である大学院教育で進めている「大学院生のセルフTA」の試行を九州大学での事例を基に紹介し，上記の狙いが実現できたか否かを検討する．

2. 日本の科学技術イノベーション政策とSciREX事業

本節では，まず我が国における科学技術イノベーション政策に関する筆者の理解を記述する．次に科学技術イノベーション政策におけるSciREX事業の位置付けを記述する．

2.1. 我が国における科学技術イノベーション政策の意味

2006年の第一次安倍内閣の成立以降，我が国では「科学技術イノベーション」創出が，日本経済の活性化と産業競争力の強化のための最も緊急度の高い政策として位置付けられている．そのことは2001年1月に発足した，我が国の「科学技術政策の司令塔」と位置付けられる総合科学技術会議が2014年5月19日に「総合科学技術・イノベーション会議」と改称されたことにも表れている．政府は第4期科学技術基本計画(2011年8月閣議決定)の中で「科学技術イノベーション」を，「科学的な発見や発明等による新たな知識を基にした知的・文化的価値の創造と，それらの知識を発展させて経済的，社会的・公共的価値の創造に結びつける革新」と定義している(文部科学省 2011, 7)．この記述からも明らかなように，「科学技術イノベーション」は，バブル崩壊後の長期の経済停滞の中で，我が国経済の活性化の原動力と産業競争力の源泉として期待されたのである．このように科学技術イノベーション創出は優先度の高い国家政策として位置付けられ，第4期基本計画遂行中の2011年から2015年までの5年間に総額25兆円の政府研究開発投資が進められている．

しかし科学技術イノベーションは，新技術による新製品・新サービス・新工程を広く社会に提供すると共に，社会経済，文化をも塗り替えていく影響力を持つ．イノベーション論の創始者であるシュンペーターがイノベーションを「創造的破壊」と呼んだようにその影響力は大きい．それは新たな環境問題や社会的・文化的摩擦を生み出す契機ともなりうる．そうした科学技術イノベーションの負の側面にも科学技術政策当局者，研究者等関係者は注意を払っていく必要があるのではないだろうか．このことが「1. はじめに」に記した「研究者(科学技術政策当局者も含む)のセルフTA」が必要であると筆者が考える所以である．

2.2. 科学技術イノベーション政策におけるSciREX事業の位置付け

2011年，当時の民主党政権下で文部科学省を所管とする前記のSciREX事業がスタートした．SciREX事業は，文部科学省科学技術・学術政策局政策科学推進室によれば次のようなものであるという．

> 科学技術と社会との関係が深化する中，科学技術イノベーション政策を『社会及び公共のための政策』の一環として，国民の幅広い参画を得つつ，理解と信頼を得ながら進めていくことが必要となる．このためには，科学技術イノベーションが社会にもたらす効果や影響を可視化するなど，客観的な根拠に基づき政策の企画立案及び推進等を行い，政策形成プロセスをより合理的なものにするとともに，国民に対してより一層の説明責任を果たしていくことが必要とな

ります．このような背景を踏まえ，文部科学省では，経済・社会の状況を多面的な視点から分析・把握したうえで，課題対応等に向けた有効な政策を立案する『客観的根拠に基づく政策形成』の実現に向け，科学技術イノベーション政策における『政策のための科学』のための体制・基盤の整備を行うとともに，研究の推進及び人材の育成を一体的に行う事業を，平成23年度より実施しております[1)]．

科学的な根拠に基づく科学技術政策の策定という命題は，米国ブッシュ政権の大統領サイエンスアドバイザーであった故ジョン・マーバーガー(John Murberger)博士による科学政策のための科学(Science of Science Policy)の提唱に由来するものであるが，我が国では2009年11月に実施された行政刷新会議の「事業仕分け」においてスーパーコンピュータ開発プロジェクト等の科学技術予算が批判にさらされたことに対して，行政サイドからの反省に基づいて策定されたものと言える．

3. SciREX事業の教育プログラムと科学技術社会論

本節では，SciREX事業の教育プログラムにおいて科学技術社会論(STS)が，どのような理解の下で位置付けられているかを紹介する．

3.1. SciREX事業教育プログラムの目指すもの

2012年5月15日に文部科学省で開催された「科学技術イノベーション政策のための科学」推進委員会・基盤的研究・人材育成拠点整備のための分科会ではSciREX事業について7点の目的及び目標が示された．その中の4点目と5点目に次の記述がなされた[2)]．

4点目：「科学技術イノベーション政策」の実施や社会実装にあたっては，研究者や政策決定者はもとより，国民やメディアを含めたステークホルダーの合意形成を進めるとともに，科学者，技術者，政策決定者等の行動倫理や規範を確立すること．

5点目：事業の推進を通じて得られた成果については，社会の共有財産として蓄積するとともに，国民が政策形成へ参加するための基盤として十分に活用されるよう，積極的な情報提供に努めること．

以上の2箇所が，STSとの関連を記述した個所であると筆者は考える．この記述からも明らかなようにSciREX事業におけるSTS理解とは，①科学技術イノベーション政策における社会的な合意形成，②科学技術関係者の研究倫理の醸成，③国民への情報提供を主眼とする科学技術理解増進の3点に要約できると思われる．さてSTSの観点からは，このような理解で十分であると言えるだろうか．これらは「科学技術イノベーション政策の円滑な推進」が主眼となっており，筆者には国民は政策推進者からの情報の一方的な受け手としての位置付けが強いように見える．STSの観点から筆者は国民との双方向コミュニケーションの観点が明示的に記述されるべきであると考える．

本稿の「1. はじめに」に記した通り，九州大学は平成25年度よりSTI政策専修コースを設置した．本コースは，科学技術イノベーション政策に関する基礎理論や，実践的な政策分析手法等を習得するための「コア科目群」，東アジアのイノベーション・システム，環境・エネルギー政策，地域サステナビリティなど，九大の置かれた地理的特色(東アジアに近い日本本土西端に位置する)にフォーカスした「固有科目群」によって構成されている．各科目は，大学院基幹教育科目(展開科目)として九大の全大学院生(修士・博士課程)が履修できる．また「科目等履修生」として社会人も受講することを可能とした．4科目以上8単位以上履修した学生には「STI政策専修コース」修了認定証を授与するものとした.

3.2. STI政策専修コース・コア科目としての「科学技術社会論概説」

STI政策専修コースのコア科目の1科目として,「科学技術社会論概説」が設けられた. 本科目の教育目標として科学技術の発展が, これまでの人類史の中で社会に及ぼしてきた影響を正負の両局面について把握し, 未来へ向けた科学技術と社会の新しい関係構築のために個人個人が何をなすべきか, 受講者が主体的に考える資質と能力を育成することとした. 受講者個別の目標として, 1)科学技術と社会の相互関係の理解を深める, 2)STI政策に関する社会的合意形成の政策手法の基礎知識を得る, 3)受講者が個別に「STSステートメント」を作成し発表できるようにするという3点を設定した. 講義内容として, 科学技術社会論の各テーマに沿った講義を受け, 講師や他の受講者とのディスカッション, 受講者による「STSステートメント」の作成と発表を実施した. 開講初年度の平成25年度には, 社会人6名, 現役大学院生3名の計9名が受講した. なお平成25年度と26年度の第1回講義では, 開講記念特別セミナーとして小林傳司大阪大学教授による「STSとは何か」という基調講演が行われた(平成27年度は平川秀幸大阪大学教授に講演頂いた). 科学技術社会論という学問分野自体が幅広いテーマを含むため, 講義も多様な分野の専門家を招聘したオムニバス形式で実施している.

4. STSステートメントと研究者のセルフTA

本節では将来研究者になる可能性を持つ九州大学の大学院生のセルフTAのツールとしてのSTSステートメントの詳細を紹介する.

4.1. STSステートメントとは何か

「STSステートメント」とは, 科学技術の発展が, これまでの人類史の中で社会に及ぼしてきた影響を正負の両局面について把握し, 未来へ向けた科学技術と社会の新しい関係構築のために個人個人がすべきことを明記した宣言(ステートメント)である. 受講者には, 先ず自分の研究テーマの概要の記述, 次に, その研究テーマの成果が将来社会に及ぼす影響を予測し, 次の①から④の軸に沿って記述する. ①広く製品やサービスとして社会に普及した場合に何が起こるか, ②環境に及ぼす影響として予測できること, ③文化や社会に及ぼす影響として予測できること, ④①～③を考察して, 問題が発生しそうな場合に, 自分はどう行動するかを記述する. 以上を宣言(ステートメント)としてまとめ, 広く社会に公表し市民の批判を仰ぐ. これがSTSステートメントの概要である. この要領で作成したSTSステートメントは, 福岡市内の公共の場でサイエンスカフェを開催し, その場で作成者である受講者自らが市民に公表し, 市民からの質問・コメントに応え双方向のコミュニケーションを実施することとした. 初年度の平成25年度は, 2014年3月15日に福岡の主要ターミナル駅であるJR博多駅構内で, 2年度目の平成26年度は2015年6月6日に福岡市内最大の繁華街天神地区電気ビル共創館3階のBIZCOLI交流ラウンジで開催した(次頁の写真参照).

写真左　JR博多駅構内における第1回STSステートメント・サイエンスカフェ(2014年3月15日)
写真右　福岡市天神地区における第2回STSステートメント・サイエンスカフェ(2015年6月6日)

4.2. STSステートメントの目的　――研究者のセルフTAのツールとして

本取り組みの目的は2つある．1点目は受講者である大学院生自身の研究内容の将来の社会への正と負の影響を把握し，負の影響が生じそうな場合は，その対策案を将来の研究者である大学院生自身に考えさせることである．2点目は，その検討内容をSTSステートメントとして広く市民に公表し，市民と課題を共有し，市民の率直な批判を仰ぐことにある．将来の研究者としての大学院生にとってはセルフ・テクノロジーアセスメント(TA)の意味を有する．このセルフTAは，大学院生の研究内容が，将来において社会でイノベーションを引き起こした場合に起こりうる環境や社会・文化にもたらす負のインパクトを予防・軽減する可能性を提供するものである．本稿では，次節にてこの試みの有効性を検討し，その結果を紹介する．

5. 市民の科学技術理解と大学院生のセルフTAは実現できたか

本取り組みの目的の2点目は受講者の研究テーマの正負の両局面の検討内容をSTSステートメントとして広く市民に公表し，市民と課題を共有し，市民の率直な批判を仰ぐことにあった．この狙いが有効に機能するためには，STSステートメントの内容がサイエンスカフェの場において適切に市民に理解されなければならない．これが出来なければSTSステートメントの狙いは達成されないことになる．そこで前記の第2回STSステートメント・サイエンスカフェ(2015年6月6日開催)において参加者に質問票調査を実施し，実際に参加した市民が発表内容について理解できたか否かの評価を行った．その結果を以下に紹介する．

5.1. STSステートメント・サイエンスカフェにおける市民の科学技術理解実現の可否

STSステートメント・サイエンスカフェは，誰でも参加自由とし，20名を定員として先着順締め切りとした．当日は福岡市民と九大関係者合計20名が参加した．冒頭に筆者が趣旨説明を行い，続いて受講者4名(2名理系，2名文系)がSTSステートメントを発表した．それぞれの発表について，市民あるいは専門家の視点から，課題の捉え方や政策的な考察に関する意見，具体的な取り組み内容を問う質問などがあり，活発なディスカッションとなった．

参加者を対象とした質問票調査では，4件のSTSステートメントそれぞれについて，「たいへん分かりやすい」,「分かりやすい」,「少し分かりにくかった」,「分かりにくかった」の4段階のリッカートスケールから一択とした．今回の質問票調査には，20人中14人の参加者から回答を頂くことができた．その結果を以下の図に示す．一見して明らかなように，「たいへん分かりやすい」，「分かりやすい」を合算すると41件で全数52件中の78.8%を占める．このことからSTSステートメントをサイエンスカフェという公開の場で市民に対して公表することによる研究内容の公衆理解は，ある程度定達成されたと考えられる．

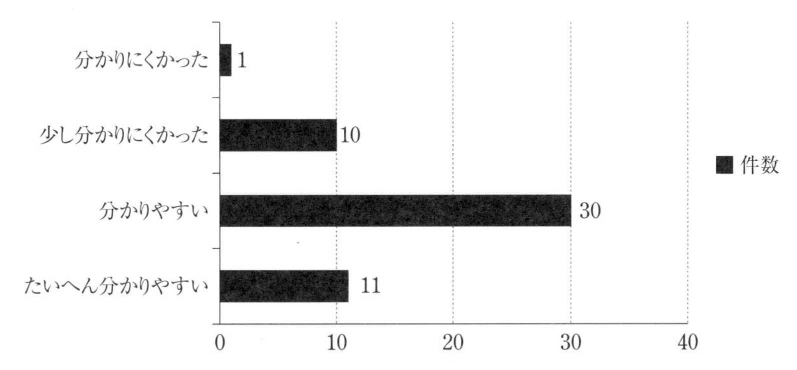

図　STSステートメント・サイエンスカフェ参加者の発表内容への理解度
※上記は回答者14人が4件の発表其々について評価を行った結果の累計を示す．

5.2.　セルフTAは実現できたか——STSステートメントの発表を行った大学院生の意識

1点目の狙いは，各大学院生の研究内容が，将来において社会でイノベーションを引き起こした場合の結果に対するセルフTAの機会を提供するものである．第2回STSステートメント・サイエンスカフェにおいて，STSステートメントの発表を行った大学院生が，実際にどのようなセルフTAを実現できたか，大学院生4名の発表者への質問票調査(前記のサイエンスカフェ参加者への質問票調査と同時に実施した)により明らかにする．この質問票調査では12件の設問を設定した[3]．

そのうちセルフTAに関係すると想定される，「c. 改めて自分の研究テーマの社会的な意義は何だろうと考えた」，「e.『社会の中の科学』という観点を強く意識した」，「f. 自分の研究内容を誠実に参加者に伝えなくてはならないと感じた」の3つの設問を設定した．各設問については，「当てはまる」から「当てはまらない」までの5から1までの5段階のリッカートスケールを設定し，回答者にはいずれかの番号を一択して頂いた．

「c. 改めて自分の研究テーマの社会的な意義は何だろうと考えた」については，4名の発表者は全員が4を選択した．4は「当てはまる」と「どちらともいえない」の中間である．この設問がセルフTAの意識の有無を示す指標になると思われるが，全員がセルフTAを考え始める出発点に達したと言えよう．次に「e.『社会の中の科学』という観点を強く意識した」の設問であるが，これは4名中2名が「当てはまる」の5を選択し，4は2名であった．発表者の半数が確実にSTSの観点から自己の研究テーマを意識するようになったことを示している．最後に「f. 自分の研究内容を誠実に参加者に伝えなくてはならないと感じた」については4名全員が5すなわち「当てはまる」を選択した．発表者全員が社会へ向けた研究倫理を強く意識したことを示すものと言えるだろう．

以上の結果から，STSステートメントの市民への発表は，将来の研究者となる可能性が高い大学院生に対し，自己の研究テーマと社会との接点と研究倫理を意識させ，セルフTAへ向けた機会を提供したと言えるだろう．しかしながら，今回の調査対象者数は，わずか4名に過ぎず，社会調査の母数としては少ない．したがって今回の調査結果のみで有効性について結論を出すことは時期尚早である．本教育実践は今後も継続的に実施する予定なので，併せて調査を継続し，母数を確保し調査の信頼性を高めていく所存である．

6. 考察と今後の展望

九州大学STI政策専修コースの科学技術社会論概説では，将来の研究者となる可能性のある大学院生にSTSステートメントを通じて，自己の研究テーマのセルフTAの機会と市民との双方向コミュニケーションの機会を設けた．この取り組みによって九州大学のSciREX事業の中に科学技術イノベーションへの研究者のセルフTAの経路を組み込むことができたと考える．TA自体は通常，かつての米国連邦議会技術評価局(OTA)のような第三者機関が客観的な観点から実施するものであるが，新技術の研究者自身にも主体的にTAに意識を向け取り組んで頂くことは重要であると筆者は考える．新技術それ自体について最も知識を有する者は，当該新技術の研究者をおいて他にはいないからである．セルフTAによって，研究者が「社会の中の科学」や研究倫理に意識を向けうることも今回の取り組みで明らかに出来たと考える．またTAに市民との双方向コミュニケーションを担保する取り組みは，参加型TAの名称で，1998年のコンセンサス会議の試行以降，遺伝子組換え農作物等のコンセンサス会議開催など活発化している．筆者らの教育実践は，参加型TAと研究者のセルフTAの結合を計った点に新規性があると考えている．

以上の取り組みは，九州大学における大学院教育へのSTS教育の導入実践として，今後も継続的に実施する予定である．

■注

1）文部科学省 科学技術・学術政策局 政策科学推進室「『政策のための科学』とは？」 http://www.jst.go.jp/crds/scirex/about/index.html(2016年6月28日閲覧)

2）科学技術イノベーション政策のための科学推進委員会 基盤的研究・人材育成拠点整備のための分科会 2012：「基盤的研究・人材育成拠点における各拠点の役割と拠点間連携の仕組み2012(案)」(配布資料2012年5月15日), http://scirex.grips.ac.jp/committee/download/minutes10/120712_03.pdf(2016年6月28日閲覧)

3）12件の設問は以下の通り．

a. 自分の発表は分かりやすく参加者に伝えられたと思う
b. 専門的な内容を市民に伝えることは難しいと感じた
c. 改めて自分の研究テーマの社会的な意義は何だろうと考えた
d. 科学技術への関心がより深まったと感じた
e.「社会の中の科学」という観点を強く意識した
f. 自分の研究内容を誠実に参加者に伝えなくてはならないと感じた
g. 積極的に自分の研究内容を市民に伝えていきたいと思った
h. どうすれば分かりやすく研究内容を説明すればよいか良く考えたい
i. 科学技術コミュニケーションは大事だと思った
j. 研究倫理は非常に大事なことだと感じた
k. 科学技術社会論(STS)への興味がより強くなった
l. 自分の研究分野以外の科学分野へも目を向けていきたい

■文献

Kobayashi, Toshiya 2015: "Where scientific research is a matter of public discourse," *Nikkei Asian Review*, (1 December 2015), http://asia.nikkei.com/Tech-Science/Science/Where-scientific-research-is-a-matter-of-public-discourse?page=1（2016年6月28日閲覧）
小林俊哉 2015：「STSステートメント公表による科学技術の公衆理解増進の実態――九州大学大学院における事例」『科学技術社会論学会 第14回年次研究大会予稿集』，38-9.
小林俊哉 2014：「大学院教育における『STSステートメント』の作成と発表の試み――九州大学における教育実践」『科学技術社会論学会 第13回年次研究大会予稿集』，12-13.
文部科学省 2011：「第4期科学技術基本計画」

Researcher's Self-Technology Assessment Regarding Science and Technology Innovation: Attempt of STS Statement by Kyushu University

KOBAYASHI Toshiya*

Abstract

Science and technical innovation could possibly have a profound impact on the environment, life, culture and ethics through providing new products, new services and new processes to society with new technology. In certain cases, it may even have serious negative effects on society. Technological Assessment (TA) is a tool for predicting such negative effects beforehand. TA is a tool for preparing countermeasures.

At Kyushu University, a self-technology assessment educational program utilizing science technology communication intended for graduate students that are likely to become future leaders of creating science and technology innovation within graduate students, has been promoted since 2013. In this paper, we will introduce the contents and the results of the evaluation of its educational effects.

Keywords: Self-technology assessment, STS statement, Science and technology communication

Received: December 25, 2015; Accepted in final form: July 25, 2016
*Associate Professor; Center for Science, Technology and Innovation Policy Studies, Kyushu University; kobayashi@sti.kyushu-u.ac.jp

小特集=中山茂追悼

（中山茂（科学史）のホームページより＝ご遺族提供）

※『中山茂著作集』（全 15 巻）の刊行が始まりました（編集工房球刊，各巻 12,000 円＋税）．

①日本の科学技術と社会の歴史―1　明治～敗戦
②日本の科学技術と社会の歴史―2　1945～1969 年
③日本の科学技術と社会の歴史―3　1970～2011 年［既刊］
④転換期の科学観
⑤科学と社会の現代史［既刊］
⑥市民のための科学論
⑦大学と科学
⑧アメリカ社会と大学
⑨評伝・人物論―1　市井・民間学者
⑩評伝・人物論―2　国際人
⑪天の科学史・占星術―1
⑫天の科学史・占星術―2
⑬近世日本の科学思想
⑭パラダイムと科学革命［既刊］
⑮科学未来学（パラダイムの展開・応用）

中山茂における科学史研究の方法論的特質

後藤　邦夫*

要　旨

中山茂氏（以後敬称を略す）は，日本を含む東アジアの科学史研究で多くの国際的水準の業績をあげた科学史家である．その活動は，高等教育論や科学技術社会論等におよぶ．そのように多様な成果を可能にした中山の活動を彼の科学史研究の形成とその環境にさかのぼって考察する．中山は，天文学から科学史に転じ，ハーバードでトマス・クーンに学び，続いてケンブリッジでジョセフ・ニーダムに学んだ．以後の多彩な研究活動によって，東アジア科学史とくに中国科学史研究に基づき，ウイッグ史観の克服という20世紀後半の科学史研究の重要な課題の達成に貢献した．また，クーンが提起したパラダイムの概念を可能な限り広く解釈して科学技術の多様な分野の歴史研究に貢献し，多くの研究者を集めた共同研究「科学と社会フォーラム」を成功させた．その成果は，官，産，学，民の4セクターに基づく科学技術の社会史的分析『通史・日本の科学技術』に結実した．

1.　はじめに

中山茂氏（以後敬称を略す）は，日本を含む東アジアの科学史研究で多くの国際的水準の業績をあげた科学史家である．その活動は，高等教育論や科学技術社会論におよび，誠実で開放的な人柄もあって多様な人々を集めた共同研究「科学と社会フォーラム」を成功させた．また，「科学技術社会論」という本学会の活動分野に関して，欧米における立ち上がりにいち早く注目し紹介につとめた．1991年秋，MITが組織しボストン近郊のホテルで開かれたSociety for Social Studies of Science–4Sの年会に中山，栗原，後藤の3名で出席したことが思い出される．筆者はその機会に4Sに入会し，この分野への関与を深めたのであった．

本報告では，そのような活動を可能にした中山の科学史研究の特質を形成過程にさかのぼって考察する．それにより，中山の方法における卓越した側面が科学技術社会論を含む多面的な活動を促進したことを示すとともに，残された課題をも示す．

筆者は，中山と同様，第二次大戦直後の1950年代に，天文学と物理学と分野は異なっていたが，

2015年8月30日受付　2016年4月16日掲載決定
*NPO法人学術研究ネット，k-goto@andrew.ac.jp

自然科学の特定の領域の研究者を志向しながら科学史に転じた世代に属する．しかし，その契機は大きく異なり，同じ科学史の中でもかなり異なる道を歩んで来た．にもかかわらず，『通史・日本の科学技術』に関連したプロジェクトでは密接に協力し，個人的にも直接意見を交わす機会が多かった．それを可能にしたのは，中山の人徳とともに独特の歴史観であった．

本題に入る前に，科学史を含む歴史研究における基本的視点に触れておきたい．

「歴史」というジャンルの文筆活動は紀元前にさかのぼる．しかし，近代的学問としての歴史研究が西欧の学問文化のなかで確立したのは19世紀であるとされている．すなわち，ランケ（Leopold von Ranke）によるベルリン大学歴史学ゼミナールの開講（1833）と学術誌『Historische Zeitshrift』の刊行（1847）が重要なメルクマールである．以来，歴史研究の必要条件とされたのが「資料」と「歴史観」となり，「史料学」「史料批判」「解釈」「記述」という歴史研究の方法が確立する．ランケは，「資料なくして歴史なし」と喝破するとともに，近代国民国家形成への過程こそが歴史研究に値するという歴史観を「インド，中国には年代記はあっても歴史はない」と表現した．そのような歴史観は，歴史学ゼミナール開講の直前の1831年に現職のまま死去したベルリン大学学長ヘーゲルHegelの晩年の歴史哲学の構想とも合致する．もちろん，今日では，そのような西欧中心の歴史観は過去のものであり，さらに，年月を経て政治史（とくに法制史）中心の歴史学は，経済史，地方史，社会史，民衆史と領域を広げ，資料の範囲も「モノ資料」や「オーラル資料」などに拡大してゆく．それにもかかわらず，「資料」と「歴史観」の重要性は揺らぐことはない．

問題は科学史における「歴史観」である．そこでは「ウイッグ史観」あるいは「啓蒙主義的史観」が自然かつ強固である．ウイッグ史観とは「プロテスタント，進歩主義者，19世紀英国のジェントルマンの視点の歴史観」としてバタフィールド（Herbert Butterfield）が規定したものであるが，総じて現代の視点に基づいて過去を構成する歴史観であるといえる[1)]．近代科学が西欧文化の所産であることは否定できず，さらに，科学においては「現在」の到達点こそが「真理」に最も近接しており，過去はそこに至る試行錯誤の過程であり，過去の科学はいわば「不完全な科学」であるとするのは，大多数の科学者にとって自然で強固な信念であり，世間一般にとっても理解しやすい．まさしく，現在の視点によって過去を評価するウイッグ史観である．このような歴史観は，近代国民国家を人類史の到達点とするヘーゲル－ランケ的歴史観とも対応している．しかし，このようなウイッグ史観では科学史はすべて偉人伝か成功物語となる可能性がある．それでは，歴史学として浅薄なだけでなく「歴史による現実の批判」という歴史研究の最大の使命のひとつを科学史が果たすことは不可能である．

歴史学一般においては，早くからロマン派歴史学やアナール派史学があり，後にはポストモダン史学が現れた．科学史においても西欧中世を重視するデュエム（Pierre Duhem）以来の研究があり，20世紀後半にはニーダム（Joseph Needham）の労作に代表される東方の科学史に関する認識が深まった．しかし，科学者の大多数が支持するウイッグ史観は根強いものがあり，20世紀後半の科学史研究における最大の課題は，ある意味で「自然な」この種の歴史観からの脱却を探る試みであったといっても過言ではない．

中山は，資料については厳格な姿勢を保った上で，政治的にリベラルな立場を保持しながら，歴史観において最も自由な立場を採ろうとした．すなわち，伝統的中国を中心とする東アジア科学技術史研究とクーン（Thomas Kuhn）が唱導したパラダイム論に導かれて文化多元主義とパラダイム論を組合せた独自の科学史観を主張し，ウイッグ史観を克服するひとつの道筋を提示した．最晩年の2010年に清華大学でひらかれたシンポジウムの講演ではその立場が以下のように端的に主張されている．

「それぞれの科学者グループは，それぞれにグループを束ねるパラダイムを持っている．小さなグループでも小さなパラダイムを持つ．それは，多様な文化にアイデンティティを認めるユネスコの文化多様性のイデオロギーと照応する．したがって，我々は自身のパラダイムから出発しうるのであり，それが多様なパラダイムの存在を許容することになる．」[2)]

以下では，そこに至る過程を探ることによって，中山の科学史研究の現代的意義を示そう．

2. 中山における科学史観の形成(1)天文学との出会いと別離

中山は東京大学で天文学を専攻した．そして，天文学研究から離れて編集者の道を選び，さらに科学史を新たな専攻とした．その契機は，中山自身が語るように，畑中武夫教授から課せられた卒業研究のテーマであった太陽光のスペクトル(表面の高温ガスの効果)の量子力学的計算(高温ガス状態の元素のエネルギー準位の計算)との取組みの経験であった．その過程で，アメリカで同様のテーマに関してコンピュータを使う計算が進行していることを知り，空しさを感じたことが「天文学離れ」の端緒であったという．

しかし，1950年代初頭の同じ頃，天文学の主流は天体力学と考えていた筆者は，名古屋大学で畑中教授の集中講義を聴講する機会があり，天文学の分野に核物理学や量子力学が進出した事実に感銘を受けていた．敗戦後の早い時期(1949)に乗鞍のコロナ観測所が建設され，1950年から，それまで皆既日食時の短時間しか観測できなかった太陽表面の高温気体に関するデータが得られつつあった．とくに，ある波長の光が，常温ならば禁止則の対象となる高温ガス状態の鉄のエネルギー準位間の電子の遷移で説明されていたのが印象的であった．「天体核現象」をテーマとする研究会が基礎物理学研究所で開かれ，素粒子分野からの参入も始まっていた．

この問題を巡って筆者は中山と議論する機会があった．1990年代末の夏の一夜，ニーダム研究所でのことであった．テーマは，数値計算の意味，きわめて厄介な道具であった初期のコンピュータの話から量子力学の理解に及んだが，議論は噛み合わず，すれ違いに終った．中山は，筆者の最大の関心事であった理論それ自体の構造，形式，解釈などには興味がなく，計算の手法としての側面にのみ関心を寄せていた．中山の立場は決して珍しいものではなく，むしろ日本において急速で広範な量子力学受容を可能にした要因となっていた(もちろん例外はあった)．逆に，原理的な問題に対するこだわりが強く，量子力学がデカルト的な「明晰にして判明」という思考基準を満たさないという理由で受容が遅れたのはフランスである．物質波の構想によって量子力学の形成に貢献したド・ブロイ(Louis de Broglie)が主導するスクールは1950年代に至っても「古典的解釈」に固執していた．この点はアインシュタイン(Albert Einstein)も同様であり，論争は様相を変えつつ現在も続いている．

中山(および多くの日本の研究者)の立場は，伝統的中国の数理科学の立場とも重なる．歴史家の間では，ほぼ同時期に成立したとされる「九章算術」と「原論」の対比として知られている．あえて単純化するならば,前者が具体的な問題に対する計算による解決の手法の集まりであるのに対し,後者は幾つかの公準から論理的に導かれる命題の集まりである．

中山が得意とした伝統的天文学でも対比は明らかである．西欧のアストロノミー(天文学と訳される)が，天体運行の規則性(およびその背景にある「神の摂理」)の解明を目標としたのに対し，中国の「天文」は天界における異常現象の発見と皇帝への報告が任務であった．天の異常は地上における異変の予兆であり，一刻も早く皇帝に報告して対策を講じる必要があったからである．ここで西欧のアストロノミーに相当するのは天文ではなく「暦」である[3)]．

後に中山は計算機科学が東アジア文化圏の漢字文化や科学の伝統と整合的であると主張した[4]．確かに，Leibnizが18世紀にイェズス会士によって中国からもたらされた「陰陽」の影響のもとで「二進法」を導入し，それが計算機科学の中核となったことは事実である．計算機科学自体，対象となる事象に応じた多様な計算の手法を与えるという意味では「九章算術」に通じている．しかし，会場における筆者のコメントは計算機科学の基礎であるブール束やアルゴリズムの基礎は西欧的な数理論理学であるというものであった．

なお，科学者コミュニティの形成というパラダイム概念と密接に関連したテーマにおいて古代天文学は特別な地位を占めている．この点には後節で改めてふれたい．

3. 中山における科学史観の形成(2)ハーバードとケンブリッジ

中山は，敗戦直後の日本の科学史コミュニティとの接触が希薄なまま，早期にハーバードに留学した．戦時下の1941年に発足した日本科学史学会は，弾圧されたリベラル派やマルクス主義者に学問的活動の場を与えた．その結果として，敗戦直後の日本の科学史コミュニティにはマルクス主義の影響が強かった．そのマルクス主義は，戦時下で「科学的合理主義」を代行した啓蒙主義的解釈によるものでウイッグ史観そのものである．しかし，1950年代にはバタフィールドの著書(Butterfield 1949)などを通じてウイッグ史観批判が紹介されていた．さらに，スターリンの死(1953)とスターリン批判(1956)後のマルクス研究の多様化があった．

ハーバードにおけるクーンとの出会いについては中山自身が多くを語っている．当時クーンは，学長コナント(James Conant)が開いたHarvard Case Historyのプログラムに参加し，その成果の一つとしてコペルニクスに関する論考(Kuhn 1957)をまとめるとともに，物理学から転じた科学史家として，サートンが開いた人文主義的なハーバードの科学史の伝統とは異なる道を模索していた(Kuhn 2000)．同様の経歴をたどった中山とは理解し合えるところがあったと思われ，後に『科学革命の構造』で展開される様々なテーマが論じられたと推測される．晩年の中山と筆者のメールによる意見交換のなかで，話題が「産業革命」に及んだことがある．中山が問題にしたのは「産業革命」という概念は，その用語がトインビー(Arnold Toynbee)の啓蒙的講演に登場したという出自から見ても厳密な学問的概念とはいえないのではないか，ということであった．それに対し，筆者は多面的な考察を緻密に行った1907年刊行のマントゥー(Paul Manteour)の書物の重要性を強調した．中山は，クーンとともに同書の英訳を読んだことを読了後のクーンの感想とともに思い出して応答した．クーンは「革命」という用語の使用について慎重であるべきことを注意し，やがて周知のように歴史上の概念から離れたSynchronicな「革命」の概念に到達したのだという．

しかし，クーンはバークレイに移り，中山はケンブリッジのニーダムのもとに赴く．

生化学者であったニーダムは，3人の中国人留学生との交流や第二次大戦中の重慶駐在で中国の学問的伝統に関心を深めた．その結果が有名なニーダムパズルである．よく知られた4大発明(紙，印刷術，火薬，羅針盤)を含む多くの技術上の知見が中国から西方社会に伝えられ，「中国の科学技術は13世紀に西欧の16世紀の水準に達していた．それにもかかわらず，「何故にルネッサンスと近代科学は西欧に興ったか」という疑問，すなわちニーダムパズルに到達する[5]．それを解くことを志向して，1954年の第1巻以来今日まで刊行が続く『古代中国の科学と文明』と取り組む[6]．中山は，この大プロジェクトの初期における数少ない協力者の一人となった．ここで重要なポイントは以下の2点である．

第一に，中国の伝統的科学技術における知見の集積は，西欧近代科学におけるそれとは異なる体系のもとでの「別個の科学」であって「不完全な科学」ではない．この認識は，過去の科学が「発展途上の不完全な科学」ではなく「別個のパラダイムに基づく科学」であるという『科学革命の構造』におけるクーンの科学史観と整合する．

第二に，扱われるのは西欧的な伝統における「科学」だけでなく「科学，技術，医療」の総体である．伝統的中国におけるこのような一体性は，科学と技術を峻別し，さらに医療・医学をも別個の分野とする西欧の伝統に基づく常識とは異なる(現在でもこれらの区分にこだわる科学者は少なくない)．しかし，現代の社会ではむしろそれらを一体として捉えるのが常態化しつつある．その意味では西欧を含む現代の世界と伝統的中国とのある種の共通性をうかがわせる．すなわち，いずれも，最大のステークホルダーが強大な国家官僚制であり，しかも，目的が「よき統治のため」の課題の解決であることである[7]．日本における「科学技術」も，1940–41年の「総力戦体制」の最中に当時の技術官僚が提唱したものである．また，現時点における日本の科学技術政策においても，医療を含む科学技術全体が対象となっている．

ニーダムは，「良き統治」の主体が，「天命」を受けた皇帝をいただく完備した官僚制であり，西欧に見られた「超越的なもの」＝「神」を欠いており，「神の摂理」の完徹が「自然法」や「自然法則」に到達した西欧における知の体系に相当するものを作り出し得なかったことをツィルゼルの論文を引用して指摘する(「超越的存在」は神の存在証明を否定したカントにおいても強調されている)[8]．中山はその考えを必ずしも受容しなかったが，中国科学が実用主義に傾いていたことを認めていた．

4. 帰国後の活躍とパラダイム論の帰趨

中山は，1960年代初頭に帰国し，藪内清に代表される科学史の京都学派とも交流を深め，日本と東アジアの天文学史に関する業績を重ねた．すなわち，江戸末期から明治時代にいたる日本の科学史，とくに中国起源の暦法の改革から西欧天文学の導入に至る経過に関する研究で成果を上げた．また，日本科学史学会の大事業であった『日本科学技術史大系』全25巻(1964–1970)に参加し，『科学革命の構造』(Kuhn 1970)を翻訳，紹介する．この訳書が広範な領域における「パラダイム」の流布をもたらしたことは周知である．しかし，その後におけるクーンと中山のパラダイム概念の分岐が重要である．

クーンのパラダイムは，現場の研究者にとっては，ある意味で理解しやすいものであった．現在進行中の科学研究の成果は，科学者による共通のルールに従って遂行され，査読を経て公刊される．それらは全て科学として正当なものである(クーンのいうノーマル・サイエンス)．やがて，ノーマル・サイエンスが危機を迎え，多様な試行がなされるようになる．しかし，そのすべてが生き残るわけではない．その中で，生き残ったものが新たなノーマル・サイエンスを構成する．そして，生き残らなかったものもパラダイムが異なるだけで，立派な科学である．それは「過去の科学」についても該当する．したがって科学の歴史的発展はあるパラダイムのもとで形成された「科学」から別個のパラダイムによる「科学」への転移として理解され，パラダイムの転換が「革命」と称される．筆者は，素粒子の標準理論の形成過程を周縁から眺め，そのことを実感した[9]．

パラダイム概念の基盤となったのは共同研究やピアレヴューを通じて形成される「科学者共同体」であり，その多数の承認を安定的に得ることによってあるパラダイムは確定する．このプロセスは社会学研究者にとっての格好のテーマであり，多方面に支持者が拡大した．

他方，科学者共同体における合意形成と科学的命題の正当性の関係については疑問が残り，科学哲学者の追求は厳しいものがあった．その批判を意識して，クーンは自説の認識論的根拠を求める思索を深め1980年代に言語論的転回を遂げることになる．例えば，1980年代の2回目の来日の際，クーンが行った講演のテーマは，“Scientific Revolution and Lexical Change”であった．ここでパラダイムに代って用いられているLexical Systemは，まさにウイーン学派の論理実証主義の中心人物のひとり，カルナップ(Rudolf Carnap)の言語的枠組(Linguistic Framework)に対応する(Carnap 1937)．折からピッツバーグのアーカイブズに残された文書記録に基づく研究によって『科学革命の構造』の刊行に際してのカルナップの評価の意味が解明されることになった[10]．さらに，カルナップやライヘンバッハ(Hans Reichenbach)など，ベルリンの経験哲学協会を出自とするウイーン学派の一部のメンバーの概念形成における新カント派の影響の解明が進んだ[11]．そして，クーン自身が「カルナップを読んでいれば『構造』を書かなかっただろう」と語るに至った[12]．この点に関する評価は，既存の思想潮流に収まることを評価する見方からポストモダンに突き抜けなかったことを惜しむ声まで様々である(1960年代から70年代にかけて盛り上がった学生反乱の時代にはラディカル派の科学批判者がクーンを引用し，影響は初期のSTSに及んだ)．

パラダイム概念の基盤とも言える科学者共同体それ自体の歴史性については，クーンも中山も明示的には語っていない．事実として，科学者共同体の存在が確認されるのは，まさしく17–18世紀の西欧においてである．すなわち，ロンドン王立学会やフランス科学アカデミーの基盤となった学者集団のあいだの書簡による学術情報の交換や討論が端緒であった．ある例外的分野を除いて，古代ギリシャには師弟関係はあっても平等な立場の研究者の共同体はなかった．中世ヨーロッパの学術を担った修道院や教団もそうである．唯一例外であったのは長期にわたる観測データの継承や相互比較が必要であった天文学分野である．これらの事実を明示的に論じたのもツィルゼルである[13]．中山がパラダイム概念を受容するにあたって，天文学分野において東西に離れた地域で形成され，時代ごとに異なる多くのパラダイムが認められるという特徴が影響を与えた可能性がある．

哲学的思考から距離を置いていた中山にとっては「曖昧さ」はむしろ強みであり，多くのパラダイムの並立を許容する独自のパラダイム解釈に到達する．すなわち，様々なコミュニティが存在し，それぞれが構成するパラダイムに基づく多様な「科学」が存在しうるという構想に到達するのである．その構想を端的に表現したのが，序論の末尾に引用した2010年の報告であった．

新旧パラダイムの交代による「革命」を通じた科学の変貌を主張したクーンの構想に対して，新分野における「パラダイムの並立」の存在と意義を強調したのは，エッジ(Edge)とマルケィ(Mulkay)による電波天文学の興隆期のケンブリッジ・グループとマンチェスター＝ジョドレルバンク・グループの研究であった(Edge and Mulkey 1976)．しかし中山の構想は，はるかに多様で柔軟であった．最も重要な点は，アカデミアの世界にほぼ限定されていた「科学者コミュニティ」を産業界や官僚機構の内部の科学者・技術者のグループや市民社会の中で活動する人々にまで拡大したことである．そのことは，国家官僚システムに属する機関や企業内研究機関で活動する科学者，技術者の激増という現実がもたらす現代的課題を表面化させることであった．既に前節で注意したように，伝統的中国の科学技術医療の性格に関する洞察が影響していたと思われる．

中山は，さらに踏み込んで，それぞれの共同体(あるいは体制)のもとで形成される科学技術の性格の相違に注目しようとした．すなわち，科学者共同体に立脚したクーンの意味の科学を「アカデミック科学」，国家官僚主導の戦略に基づく巨大科学などを「国家科学」，産業界における研究開発などと連携した科学を「産業化科学」，市民社会における市民の活動に基づく科学を「サービス科学」とした．この4者のうち，アカデミック科学，国家科学，産業化科学は，既に他の論者によって言及されていた[14]．しかし，「サービス科学」は中山の独創である．ただ，その意味するところについて詳細に詰めようとすると，議論は必ずしも収束しない．中山は，医療保健に関する科学を念頭に置いていたようであるが，他方，国家，アカデミア，産業界における研究者が，それぞれ科学技術の研究から利益を得ているのに対し，市民が科学研究における非受益者であることを強調していた．幾分かの曖昧さはあったとはいえ，この分類はのちの『通史』プロジェクトにおける「官」「産」「学」「民」の4セクターに基づく構成として有効性を発揮することになる．

5.『通史』の成功と中山の方法の特質：結び

晩年の中山は『通史・日本の科学技術』（以後『通史』と略称）に努力を傾注した（中山ほか 1995–1998）．もともと，日本科学史学会が湯浅光朝のイニシアティブで編集刊行した『日本科学技術史大系』（以後『体系』と略称）の戦後版を目指し，20巻に及ぶシリーズが企画され，1980年代初頭にトヨタ財団の助成を受けて研究会「科学と社会フォーラム」を繰り返した．しかし，この準備過程における試行錯誤を通じて，分野ごとの研究史はそれぞれの学会が学会誌のレビューアーティクルなどでそれなりに取り組んでいる現状を考慮し，むしろ社会史を中心とする「通史」を描くことが必要であるという方向になってゆく．たしかに，『大系』は各分野の研究の進展に関する資料とそれらに関する解題が中心であり，社会史としての側面は希薄であった．それを補うべく，その間に収集された資料を活用して『科学の社会史』（1974）を書いたのが広重である．

そのような方針を採用した結果として，『通史』は多数の研究者を集めることに成功した．それは歴史記述であるとともに現代日本の科学技術を対象とする広義の「科学技術社会論」でもあったと言えよう．そこで，「官」「産」「学」「民」の4セクターのフレームが機能した根拠は以下の通りである．

『通史』は，まさしく副題通り「戦後日本の科学技術の社会史」であった．社会を前面に出す以上，多様な社会のあり方を規定し，それぞれに即したテーマを当てはめる必要がある．伝統的な社会科学の立場で考えると，企業の活動に基盤を置く資本主義社会があり，上部構造としての国家，市民社会，共同体を配置するということになるが，現実との対応においてそれぞれに多くの論点を抱えており，議論が容易に収束しない可能性がある[15]．それに対し，「官」「産」「学」「民」という，曖昧さを残すフレームが，かえって複雑な現実を切り取るための手段として機能した．そして，これまで科学史や科学社会学と無縁であった多数の研究者が参加する結果を生んだ．

さらに，社会史的研究の対象自体が，戦後日本の科学・技術・社会をシームレスなものとして扱ったことが重要である．すなわち，「科学技術」という表現が一貫して使われており，そのなかに医学，医療が含まれていることは自明であった．「科学技術」は，その出自からして国家政策と強く結びついており，「産」「「学」もその中に巻き込まれ，歴史が政策史中心になる可能性がある．「民」の強調はカウンターバランスの意味でも重要であった．この点は日本の科学技術社会論のあり方にも関わる問題である[16]．

結論として，これまでの記述を以下のように要約する．

中山は非ウイッグ的な科学史観を，ロマン派ともポストモダンとも異なる視点，すなわち，東アジア科学史のモデルによって提示した．それによって，西欧科学を相対化することにかなりの程度成功し，国際的に高い評価を受けた．しかし，それによって，西欧科学（特に数理科学と物理科学）につきまとう形而上的＝哲学的課題から距離を置かざるを得なかった．東アジアに関しても，ニーダムは朱子に代表される新儒学を評価した上で西欧における超越的思考と神の役割を重視した[17]．しかし，中山は，それとは異なる道を採り，あるがままの科学，技術，医療の全てをカバーした具体的な研究の総体としての中国的科学を評価した.

中山は，さらに，クーンが提起したパラダイム概念を最大限広く解釈することによって，複雑な現代社会における科学技術を把握する道筋を開いた．しかし，この場合も，社会・文化と科学の内容との関連を探る認識論的課題からは距離を置き，時にみずからをニヒリストと呼び，相対主義者と呼ばれることを躊躇しなかった.

しかし，多くの問題が残されている．一つは中山が半ば意識的に回避した認識論的問題であり，いまひとつは，「官」「産」「学」「民」の4セクターのフレームと19世紀以降の社会理論において重ねられてきた市場，国家，市民社会，共同体の変貌とそれらが抱懐している現代的課題との関連を解明し，実践的課題に結びつけることである．これらは，歴史研究というよりもSTS研究であるかもしれない．それには容易ならざる努力が必要となるであろう.

■注

1）ウイッグ史観という表現は，バタフィールドHerbert Butterfieldの著書(Butterfield 1965)を通して広がった．同書では，16世紀英国史を題材に，「プロテスタント，進歩主義者，19世紀英国のジェントルマンの視点の歴史観」と規定されて批判されている．19世紀英国の二大政党Tory(保守党)とWhig(自由党)の対立構造に引きつけた造語である．初版は1931年に発表され，「中世暗黒時代」という通説を厳しく批判している(直後の1933年の「奇跡の年」に中世の再評価を定着させた3冊の書物がドイツとフランスで刊行されアナール学派の活動が注目されることになる)．1938年にOsirisに掲載された有名な論文で17世紀の近代科学を「プロテスタント科学」としたマートン・テーゼとは真反対の構想ともいえる．バタフィールドは別の著書の随所で，ウイッグ史観という表現は使っていないが，17世紀科学革命に対する古代中世の学術の影響を強調している(Butterfield 1949)．しかし，同じくケンブリッジを拠点とする歴史家でありながら，ニーダムとバタフィールドの関係は疎遠であったという(ニーダム研究所長の職をニーダムから引き継いだホー・ペンヨークからの筆者の聴き取り)．なお，中山は対話の中で，「勝てば官軍史観」と表現した.

2）2010年5月，ボストン大学の科学哲学教授としてBoston Colloquium in the Philosophy of Scienceを主催してきたコーエンRobert Cohen教授が引退し，蔵書を清華大学に寄付した機会に，同大学で記念シンポジウムが行われた．この文章はシンポジウムにおける中山の報告の抄録を訳したもの．原文は以下の通り.

Each scientific group has their own paradigm, something common to bind up a group. It is a small paradigm to be applied in a small scientific group. Then it fits to the UNESCO ideology of cultural diversity, which admits of the identity of cultural diversity. Then, we can start out with finding of our own paradigm, and allow us to recognize the existence of multiplicity paradigms. (Nakayama 2010)

3）この対比は中山によってしばしば強調されている．コンパクトな表現は，『日本思想体系・下』に寄せた中山の解説に見られる．中山茂「中国系天文暦学と渋川春海」(広瀬，中山，大塚 1971)497–511

4）1999年夏，シンガポールで開かれた「第9回東アジア科学技術医学史会議」における中山のプレナリー・レクチャー.

5）西欧の13世紀は，宋の時代(979–1279)の後半の南宋の盛期にあたる．この時代を中国のルネッサンス，あるいは近代の始まりとする歴史観は，内藤湖南が唱え，宮崎市定を含む京都学派に継承されている．18世紀イングランドのダービー一族に帰せられている製鉄における石炭の利用もすでに行われていた．また，この時期に興った朱子学の体系が東アジアの儒教圏の正統イデオロギーとなったことも注目される.

6）この間の事情を簡潔に述べたのが，ツィルゼルの論文集(Zilsel 2000)の冒頭(xi-xiv)のニーダムの序文である．ニーダムは，1944年に自死した生前のツィルゼルとは面識がなく，ウィーンの論理実証主義の一角を占める彼の批判的マルクス主義に関する知識もほとんどないと断った上で，ニーダムパズルとの取り組みにおいて，西欧における自然法則概念の形成に関するツィルゼルの研究(Zilsel 1942)などから多大の示唆を得たことを感謝している．

7）筆者がこの認識を得たのは，1972年秋に広島大学で開かれた日本物理学会の物理学史分科会における山田慶児の招待講演であった．山田は文化大革命下における中国科学のみならず，伝統的中国科学に関するニーダムや藪内清の研究に言及し，その中で，国家官僚制の役割を重視した藪内－京都学派の主張を展開した．山田が実例としてあげたのは宋代の解剖書である．中国の人体解剖の始原とされる書物(書名は失念した)が公正な裁判のための法医学の書であり，人体に対する飽くなき好奇心の発露であった西欧ルネッサンスにおけるダ・ヴィンチやヴェザリウスの業績とは対照的であるという．広重徹も加わった講演のあとの懇談では，現代の国家主導の巨大科学と古代中国科学との類似などを巡って議論は尽きなかった(広重は「科学の制度化」に関する思考を重ねつつあった)．

8）とくに主著(Needham 1954-　)の第2巻18章でツィルゼル(Zilsel 1942)を引用しつつ詳細に論じている．邦訳(「中国の科学と文明」思索社)では第2巻第18章「中国と西洋における人間の法と自然法則」(571-642頁)．

9）1950年代後半から，加速器の新設や宇宙線研究の進歩(とくにエマルジョンによる粒子飛跡の確認と解析)によって新粒子の発見が相次ぎ，1940年代末に一応の完成を見ていた場の量子論に基づく解明が競って始められた.場の量子論自体の根本的な変革を展望した湯川(非局所場理論)やハイゼンベルグ(非線形統一場)の構想がある一方，現象間の相互関係の明示によって整合的な説明を与える分散理論が多数の支持を集めるなど，多様な試みが並立していた．それらの中から生き残ったのが，ゲルマン･西島･中野ルールによる観測事実の整理と，それを説明することを目的とした坂田モデルであり，そこから導かれた対称性にリードされたクォークモデルであった．今では疑う者はいないクォークの存在を巡って当初は様々な議論が交わされながら次第に定着していった．枠組みとしての場の量子論自体は生き残った．

10）『科学革命の構造』がノイラートOtto Neurathの発意による『統一科学エンチクロペディー』の一部として企画されたことはよく知られている．ノイラートはすでに死去していたため，当時の実質的編集責任者カルナップが査読し,高い評価を与えていた．アーカイブズに残されたカルナップのメモは,クーンの科学史観と自身の科学観の一致を明言していた．(Reisch 1991)ほか多くの研究がある．

11）とくに，カントの認識論の中心概念であるカテゴリーに関して，普遍的カテゴリーと構成的カテゴリーの区別が提起され，後者の意義が強調されたことが注目される．

とくに，(Reichenbach 1920)46-47．クーン自身の言及は(Kuhn 2000)264ページ．クーンは構成的カテゴリーをMovable Categoryと表現している．

12）カルナップの到達点と同じではないと断りながら，この言葉を語っている(Kuhn 2000)305-306．そこでクーンが評価している論文がクーンとカルナップを比較した(Izuik and Grunberg 1995)である．

13）ツィルゼルは，自死後に刊行された，おそらく彼の最後となった論文で，14-16世紀にアカデミーの活動に先行して広がっていた職人層のギルド的連帯の動向を強調していた．彼らの間で技能の伝承や相互交流のための文書が作成されて流通していた事実を述べている．(Zilzel 1945)

14）プライスDe Solla Priceの『ビッグサイエンス，スモールサイエンス』，広重の「制度化された科学」，ラヴェッツの産業化科学など．

15）例えば，「市民社会」はカント＝ハバーマスにおいては「公共圏」と同義であり，ヘーゲル＝マルクスでは,「欲望の体系」すなわち資本主義社会そのものである.国家の公共性についても様々な立場がある．

16）中山は『通史』第1巻の冒頭の序論で「官」「産」「学」「民」の4セクターモデル採用について論じた際，特に1節を設けて民セクター重視の意義を論じている．(中山ほか1995-98)第1巻1-16ページ．

17）西欧の東洋史研究者の間では，朱子は「アジアのトマス・アキナス」と呼ばれることがある．仏教と道教に伏在する有機体論的自然観と儒教の論理の統合を志向したことが，キリスト教の教義をアリストテレスの体系に統合しようとしたアキナスの努力に対応するからであるという．朱子学の重要な概念である「理」と「気」は古典西欧の「形相」と「質料」に対応させられる．ニーダムは，アルストテレス＝アキナスでは「質料なき形相」(神)が存在したのに対し，「気のない理」を認めなかった朱子学の近代性と限界を指摘する(Needham 1954: Chapter 16)．なお，我々が使用する日本語の学術語における朱子の影響は明らかである(空気，電気，磁気，……，物理学，心理学，生理学，地理学，……など).

■文献

Butterfield, Herbert 1949: *The Origins of Modern Science,* G. Bell and Sons.
Butterfield, Herbert 1965: *The Whig Interpretation of History,* WW. Norton & Co.
Carnap, Rudolf, 1937: *Logical Syntax of Language*, Routledge and kegan Paul.
広瀬秀雄，中山茂，大塚敬節，1971:『近世科学思想下』(家永三郎ほか編『日本思想体系』63，岩波書店.
Izik, G and Grunberg, T, 1995: “Carnap and Kuhn: Arch Enemies or Closed Allies”, *British Journal for the Philosophy of Science* 46: 285–307.
Kuhn, Thomas, 1957: *Copernic Revolution*, Harvard UP.
Kuhn, Thomas, 1970: *The Structure of Scientific Revolution* Second edition, Chicago UP.
Kuhn, Thomas, 2000: *Road since Structure*, Chicago UP.
Nakayama, Sigeru, 2010: A new way to look at the history of science? From Simplicity to Multiplicity, Robert Cohen Symposium at Tsinghua University.
中山茂，後藤邦夫，吉岡斉編，1995–1998:『通史・日本の科学技術 I－V』学陽書房.
Needham, Joseph, 1954–, *Science and Civilization in Ancient China*, vol. 1 –, Cambridge UP.
Reichenbach, Hans, 1920: *Relativitätstheorie und Erkenntnis a priori*, Jurius Springer.
Zilsel, Edegar, 1942: “The Genesis of Concept of the Physical Law”, *The Philosophical Review*, 51, 3: 245–79.
Zilsel, Edegar, 1945: “The Genesis of the Concept of Scientific Progress”, *The Journal of the History of Ideas*, 6: 325–49.
Zilsel, Edegar, 2000: *The Social Origins of Modern Science*, BSPS vol. 2000, Kluwer Academic Press.

Methodology of Professor Nakayama's Studies in History of Science

GOTO Kunio *

Abstract

Shigeru Nakayama had achieved many world-class academic works in history of East Asian, and Japanese, science and technology. Further, his studies had covered history of higher education, science and technology studies, and many related topics. This article deals with the essential features of his works in a retrospective discussion of buildings of his academic career.

Nakayama, who learnt astronomy as an under-graduate student of Tokyo University, had turned to a historian. He was taught by Thomas Kuhn at Harvard, then, went to Cambridge, and investigated history of science of Ancient China at Joseph Needham's laboratory. Hereafter, through his extensive academic works he had contributed to one of the most important subjects of the historiography of science in the later half of the Twentieth Century: overcome the Whig interpretation of history, depending upon his studies of non-Western history of science. He also had taken the concept of Kuhn's paradigm in the widest sense. In doing so, he could extend his historical studies to many areas. One of the most successful results was "the Science and Society Forum," which had assembled many excellent scholars to publish monumental works, "the Social History of Science and Technology in Contemporary Japan." Adopted framework was his 4-sectors model of science and technology, based on government, business, academia and people.

Keywords: Shigeru Nakayama, History of science, Science and technology studies, History of East Asian science, Paradigm

Received: August 30, 2015; Accepted in final form: April 16, 2016
* GK-net NPO; k-goto@andrew.ac.jp

中山茂の高等教育論をめぐって

塚原　修一*

要　旨

中山茂は，科学史家として高等教育論に関心をもちつづけた人であった．中山が大学に注目した理由は2つある．ひとつは科学の住処としての大学への関心であり，大学史によって，科学史研究を科学思想史から科学の社会史へ展開しようとした．もうひとつは，留学したアメリカの大学院におけるきびしい教育訓練と競争主義の体験である．中山の高等教育論の枠組みは，トーマス・クーンのパラダイム論にもとづく学問の制度化過程論であり，科学技術と社会のあいだに大学という中間構造をおくものであった．代表的な成果として，「近代科学の大学に対するインパクト」，『帝国大学の誕生』，『アメリカ大学への旅』，「大学闘争と大学改革」，「虚学と実学のあいだ」，「ポスト冷戦期の大学と科学技術」を紹介した．中山の当初のねらいのうち，大学史による科学史の書きなおしはおおむね成功し，大学論については，大学紛争，大学改革，教育と試験などが論じられた．

中山茂先生（以下では敬称略）は，科学史家として高等教育論に関心をもちつづけた人であった[1)]．そのことを数量からみると，和文著作のうち81件が高等教育論に分類された．これは著作を著作集の各巻に割り振るために整理した結果で，高等教育にかかわる著作を網羅するものではないが，目安とはなろう．刊行の時期は，1960年代が1件，70年代が21件，80年代が20件，90年代が28件，2000年以降が11件である．著作の全体にしめる割合は大きくないが，1970年代から最近まで執筆がつづいた領域といえる[2)]．内容は大学史と大学論が中心であるが，本稿の表題はいくらか広く高等教育論とした．

1．高等教育論への途

高等教育論への途を中山の経歴からみれば次のようになる．1951年に東京大学理学部天文学科を卒業．出版社勤務をへて，1955年にハーバード大学の科学史・学術史（History of Science and Learning）大学院課程に留学．1960年に学位を取得，東京大学教養学部の専任講師となる．科学史

2015年9月13日受付　2016年4月16日掲載決定
*関西国際大学教育学部，客員教授，〒142-0063 東京都品川区荏原3-8-17-801（自宅）

家である中山が大学に注目した主な理由は，科学の住処としての大学への関心と，アメリカの大学院における強烈な体験であろう．

前者は，科学史の主流であった科学思想史(内部史)に対して，科学の社会史(外部史)による新たな展開をはかるもくろみで，その糸口として当時は世界的に未開拓であった大学史が措定された．中山はこの構想を若いころの野心と表現している(中山 1978a, 183)．それをはぐくんだ経緯については，思想形成期に敗戦を迎えた世代として唯物史観による科学史の洗礼を受けたが，生産様式と科学を直接に対応させるこの接近法は粗雑で不毛なものであり，科学と社会的基盤の結びつけを現実的に捉えたかったとしている(中山 2013b, 9-10, 335)．

後者のアメリカ体験とは，学位論文に着手するまでの，授業から一般試験にいたるきびしい教育訓練と競争主義である．各授業には大量の読書，何回かの小論文，中間と期末の大試験があり，満額の奨学金を得るには上位 20％のAの成績が求められた．英語による学習にはアメリカ人の5倍の時間がかかり，最初の学期は，言語の不利益を克服して好成績をあげ，退学の危機を回避することに精力をついやした．留学の時点で中山はこうしたアメリカの教育方式を知らず[3)]，帰国後はアメリカでの体験を日本に伝えようとしつづけた(中山 2013a, 100, 102, 182)．

留学先の名称にある学術史とは科学の制度史をさすと思われたが，現実の教育課程では大学史であり，授業の内容も期待はずれであった．しかし，トーマス・クーン(Thomas Kuhn)の最初の学生となってパラダイム論に接する機会をえた．のちにクーンは他大学に転出して指導教員と大学院生という関係はとぎれたが，個人的な関係はつづいた．その助言にそって，自分の素養が生かせる主題で学位論文をすみやかにまとめることとし，東洋天文学史によって博士号を取得した(中山 2013a, 119-20)．

帰国後は日本科学史学会などを舞台に科学史家としての活動を開始した．大学史は，当時の日本には学会がなく，研究者を探索して広島大学教育学部の横尾壮英助教授を知るにいたった．1966年には横尾らと大学史研究会を設立して大学史研究セミナーという研究集会を開催し，1969年には機関誌である『大学史研究通信』の刊行を開始した(中山 1971, 203-4; 中山 2013a, 229-32)．

藤垣(2005, 239-53)は，科学技術社会論の研究史を概括して1960 ～ 70年代を「科学の知への批判的見直しの萌芽期」とよび，こうした問題意識が社会構成主義の洗礼を受けたのち，[90年代に]現代の科学論として展開されたとする．中山の学位論文である東洋天文学史を内部史とみれば，外部史に着手したのは帰国後であり，藤垣のいう萌芽期にはじまって「現代の科学論」の時代まで継続された．科学技術社会論の主な関心は，科学技術と社会の界面に生じる諸問題にある．中山の枠組みは科学技術と社会のあいだに大学という中間構造をおくものであり，その成果も，科学技術と大学，大学と社会の2つにわかれる．前者が大学史を糸口とした科学の社会史である．後者は大学をめぐる議論(大学論)の形をとるものが多く，アメリカの大学院における教育方式のほか，大学紛争，大学改革，教育と試験などが扱われた．主要な成果を以下に紹介する．

2. 歴史としての学問

『歴史としての学問』(中山 1974b)は，のちに『パラダイムと科学革命の歴史』(中山 2013b)として再刊された．内容はクーンのパラダイム論に立脚した西洋と東洋の比較学問史であり，高等教育論にとどまるものではない．そのなかで，学問の制度化過程の模式図(第2章，中山 2013b, 53)と学問の移植(第6章，中山 2013b, 287)が，科学の社会史のいわば理論編にあたる．その概要は以下のようである．

古代における西洋と東洋の学問は表面的には似ているが，前者には論争的性格が，後者には記録的性格があった(第1章)．さまざまな学派のなかから,西洋ではアリストテレスの学統が,東洋では孔子を始祖とする儒教が支持集団に選択されて定着した．彼らは教祖の教え(パラダイム)を整備し，経典化して教育を可能とし，恒久化を求めて職業集団となった(第2章)．学問が制度化・体制化される段階には，東西の伝統が影響をおよぼした．中国では紙と印刷の発明および官吏登用試験によって，学問はさかんになったが内容が固定化した．西洋ではイスラムの影響を受けるとともに，口頭の対話・討論によって論理的思考が発展した(第3章)．東西の学問に当初は大きな落差はなかったが，アリストテレスの学統にかわって17世紀に近代科学が誕生すると，東西の落差は決定的となった(第4章)．19世紀には大学が学問研究の中心となり，近代工学教育が発展して科学は専門職業となった(第5章)．近代科学が日本など非西洋国に移植されるさい，制度が先につくられることがあった(第6章)．

3. 近代科学の大学に対するインパクト

『大学論集』に連載された3つの論文(中山 1973; 1974a; 1975)をさす．科学の社会史や社会構成論では，社会から科学への影響が主な関心対象となるが，表題の因果関係はその逆である．上述した学問の制度化過程の模式図をふまえて，近代科学の導入が大学におよぼした影響について欧州3か国が比較される．それぞれの主題は,第1編がイギリスのケンブリッジ大学の改革に対するニュートン(1643–1727年)の影響，第2編がフランスに新設されたエコール・ポリテクニク(1794年)と近代工学の成立，第3編がドイツにおけるベルリン大学の創設(1810年)である．各論文の概要は以下のようである．

［第1編］17世紀末に書かれたとされるニュートンの大学改革案は，ケンブリッジ大学ではあまり実現しなかったが，数学の重視として影響が残された．中世以来の討論による口頭試験にかわって18世紀に筆記試験が欧州に導入されると，最初は官吏登用試験として，ついで大学内部において，個人の能力を測定しやすい数学の試験が学生を競争に駆りたてる道具につかわれた．1824年には有名なケンブリッジ数学トライポス試験が誕生した．ケンブリッジ大学の数理物理学者は，数学的手腕によって与えられた難問を解決することには優れていたが，アインシュタイン，プランクといった革命的な物理像をもったドイツの物理学者には及ばない二流のものにとどまった．

［第2編］エコール・ポリテクニクの教育内容のうち，ラグランジュとコーシーの解析学はニュートンの直系にあたり，モンジュとポンセレが確立した近代工学では製図がパラダイムの役割をはたした．教育課程の特色は，数理的な機械学，物理学，化学のように方法で分類され，研究との関係が深い新しい専門分野を基礎学として先に学び，砲兵術，土木術，建築術など対象で分類され，実地との関係が深い旧い専門分野を応用学として後に学ぶことにある．19世紀には，各地の大学に科学が進出して学部学科組織が再編成された．ところが実際には，天文学，植物学のような対象指向の旧分野と方法指向の新分野の勢力均衡を反映した混合体がつくられた．エコール・ポリテクニクの合理的な教育課程は歴史的な記念碑であり，今日からみても意味がある．

［第3編］大学教育を劇場型，実験工房型，自動車学校型にわければ，創設時のベルリン大学は劇場型である．ドイツ観念論の圧倒的な影響力のもとで，劇場型の大学における科学のあ

り方のひとつが自然哲学であった．フンボルトの新人文主義と包摂的な自然哲学に対応して，創設時の科学の教員は地質学や博物学から多く登用され，ニュートン的な科学技術は重視されなかった．創設時のベルリン大学は近代科学の振興に貢献していないが，学問研究の論理によって大学が構成されるという原則を打ち立てたことが，のちに近代科学の発展に貢献した．近代科学の大学への影響として，医学部の科学化は解剖学の導入からはじまった．1835年にはギーセン大学に学生実験室がつくられ，実験工房型という近代科学の新しい教授方式が成立した．自動車学校型の工業技術教育は，学問の自由というドイツ大学の理念とは両立しがたく，大学から切りはなされた．

4. 帝国大学の誕生

『帝国大学の誕生』（中山 1978a）の主題は学問の移植であり，明治期の日本における近代科学の導入が事例とされた．この書について自伝（中山 2013a, 318）では，明治の前半に工部卿の伊藤博文は近代国家のハードウェアとして理工系をつくり，後半では同じ伊藤が，それを管理するソフトウェアとして議会に対抗する法科官僚をつくろうとしたと述べ，文科系の教育学者が眼を避けたがる前者の意義を強調したかったとしている．帝国大学は，工学を学部の規模で大学に設置した世界で最初期の事例であるが，前身である東京大学の工学系は弱体であり，伊藤が充実させた工部大学校を合併することではじめて実現できたといえよう．その概要は以下のようである．

明治政府は大学制度のモデルを外国に求め，ドイツから「諸学校の法」をとろうとしたが，神学や修辞学は根づかず，ドイツ大学における学問の自由や，大学間の競争の仕組みは導入されなかった．明治10（1887）年頃までの日本の科学界は，近代的社会基盤の整備を推進する現業官庁の時代であった．しかし，明治中期には，国家を設計する工科系路線から，ある程度できあがった国家を管理する法科系路線に政府の発想がかわった．帝国大学はこれを象徴するもので，文部省の東京大学に，現業官庁が設立した工部大学校や司法省法学校を合併して1886（明治19）年に設立された．その目的は官庁エリートの養成にあり，拡大強化された法科による官庁エリートの独占がはじまった．帝国大学の法科出身者は民間や政界にも進出し，明治30（1897）年代には出世コースとして世に知られた．帝国大学には，研究者養成のためにアメリカを模した大学院がおかれたが機能しなかった．1893（明治26）年には講座制が導入され，教授に特定の専攻分野を担当させて研究教育の責任体制を明確にし，見返りとして本俸のほかに講座俸を給した．これは専門的な研究を奨励する制度であったが，学問分類の保守化を招き，のちに新興学問の導入を遅らせる要因となった．研究と教育の乖離を解決する方法として，大正期には大学附置研究所が置かれた．

帝国大学は立身出世の象徴であり，明治期にはその実質があった．教育制度が複線型であった戦前には，高等師範学校，専門学校，陸海軍の学校もあり，それらの出身者が支配する職業もあった．のちに東京以外の帝国大学が生まれ，それらは並び立つ存在となった．戦後は教育制度が単線型となり，大学は序列化して東京大学が受験体制の頂点にたった．官庁エリートを頂点とする階層的社会は過去のものであり，その虚像に多くの若者が今日も支配されているのは奇妙でむなしいことである．

5. アメリカ大学への旅

『アメリカ大学への旅』(中山 1988)は，のちに『大学とアメリカ社会』(中山 1994)として改訂版が刊行された．前半はアメリカ大学史の通史で，後半は小事典のように項目別に構成され，いずれも出版時には和書として新規性があった[4]．この書について中山は，科学史家として大学の研究機能に目がいきがちなので，教育機能にも注意を払ったつもりであるが，お里はあらそえない．もっとも，大学がいちばん研究機能を発揮している国はアメリカなので，この特徴はまんざら的外れではないとしている(中山 1988, 229)．通史の概要は以下のようである．

イギリスからアメリカに渡った清教徒は，聖職者の養成を目的としてハーバード大学(1636年)などの宗派立の大学を創設した．これらはのちに富裕層の子弟にリベラル・アーツを教育する教養大学となった．1862年には大学に土地を付与するモリル法が成立し，開拓移民の子弟に農学や工学などの実学を教育する州立大学が全米に普及した．19世紀の後半には，ドイツ留学による研究者養成にかわって，博士号を授与する大学院が設置された．第一次大戦によってドイツ大学は衰退し，アメリカの科学が台頭した．アメリカ大学の研究活動は，戦間期には民間財団の資金によって，第二次大戦中は戦時科学動員として実施され，戦後の1957年以降はソ連との宇宙開発競争によって推進された．第二次大戦後には大学が拡大して多様化した．まず，復員軍人が政府の負担によって大学に進学した．1960年代以降は万人を対象とした二年制のコミュニティ・カレッジが普及した．1960年代には，学生の権利要求運動，ベトナム反戦運動などを契機に大学紛争が全米に広がった．そのなかで「対抗文化」が主張され，科学の価値を相対化する視点を与えた．連邦政府は1968年から研究予算を大幅に削減しはじめ，大学は財政難に直面した．アメリカの18-24歳人口は1980年を頂点として減少に転じ，大学は社会人学生や留学生を招き入れるようになった．

6. 大学闘争と大学改革

上記のうち，本学会の関心対象のひとつは対抗文化であろう．高等教育論にとどまる話題ではないが，アメリカを中心に学部学生に広まり，影響力をもった．『科学と社会の現代史』の第5章「大学闘争と大学改革」(中山 1981b)では日本の事例がとりあげられたが[5]，日米ともに科学技術が問いなおされている．その概要は以下のようである．

かつての大学は科学と社会の接点であった．しかし，科学の高度化・専門分化と大学の大衆化によって，大学は研究と教育，科学と社会に引きさかれて接点の機能を失う危機にあり，これをついて学生反乱がおこった．学生運動は古くからあり，その目標は時点によって異なるが，大学の制度改革という内向的要求と，社会政治体制の変革を求める外向的志向に分かれることで共通している．日本における大学近代化の要求は戦後民主主義の時代に出されていた．教室の民主化は物理学科では進んでいたが，遅れていた医学部などでは1968～69年の闘争において火をふいた．この闘争の特色は，学問自体の意味が問いなおされたことにある．科学技術が体制の道具と化し，科学技術者は支配抑圧機構の末端につながると批判された．学生が提起した内向的要求に対して大学改革案が数多く作成されたが，紛争の終結とともに放棄された．体制側の対応策のひとつは筑波大学などの新構想大学であるが，大学闘争が提起した問に答えるものではない．大学の大衆化に対してOECDは「教育のための研究」を打ち出した．そこに含まれた学生の発想による研究の実施は，個人の業績をあげるためのアカデミズム科学ではなく，社会へのサービスを目的とするサービス科学である．

7. 虚学と実学のあいだ

「虚学と実学のあいだ」(中山 1983)は，『実学のすすめ：《失業社会》にそなえて』の第1章で全体の序論にあたる．麻生誠の「はじめに」によれば，日本の学問は高学歴社会のなかで形式化・虚学化しているが，このことは大学と産業社会の双方にとって危機である．新技術を基盤とした来たるべき失業社会において，自己実現の武器となる実学を構想しなければならないという(ii頁)．その概要は以下のようである．

洋の東西を問わず，虚学と実学は異なった階級によって担われ，虚学の担い手が実学の担い手を支配してきた．虚学には3種類がある．第1は試験勉強という公的虚学である．実学は資格試験によって到達度が確認され，虚学は競争試験によって能力が比較される．実社会の経験のない学生には現実感が欠けていて，学校で実学を学ぶことには限界がある．そこに虚の動機づけを与えるものが学校の競争試験であり，実学が公的虚学に転じて，その結果が一生を左右する．第2は教養としての私的虚学である．人生を豊かにする消費財としての学問教養は，実用の学から遠いという意味で虚学である．旧制高校では，競争試験から解放された学生が，学校の教科とは無関係に教養主義的な学生文化をつくった．新制大学には一般教育が導入されたが，私的虚学である教養を上から教え込めるかどうかには疑問がある．第3は基礎科目という名の虚学である．基礎科目のなかには，すでに風化して実から遠ざかっていながら，実学の基礎として教えられているものがある．最近の装置はブラック・ボックス化して，基礎的な原理を知らなくても操作できる．このことも基礎科目の虚学性を強めている．

実学とは，職業生活に関係する学問ともいえる．しかし，技術の寿命が短くなり，技術がブラック・ボックス化して，実学技術者の仕事は減る傾向にある．先進国では職業人口が第三次産業に移行しているが，マイクロエレクトロニクスの発展によって，そこでも仕事が減る可能性がある．失業を救済する方向のひとつは伝統的な労働観にもとづいた労働時間の短縮で，もうひとつは労働と余暇を峻別しない生き方の選択である．このまま資本の論理で事態が進行すると，世界の労働はロボットとマイコンに代替される．すると，失業した人々を無為徒食させないために，意味と充実感のある良い仕事を新しくつくる学問が必要となる．実学か虚学かはともかく，そうした仕事創造学こそを文化といいたい．

8. ポスト冷戦期の大学と科学技術

「ポスト冷戦期の大学と科学技術」(中山 2003)では，1990年代以降の日本の高等教育改革が科学技術の日米競争によって推進されたとする．この因果関係が立証されたわけではないが，大学人の内発性が改革の成否を左右するとの論旨はうなずける．さまざまな改革案の吟味に中山ならではの視点が感じられるので，以下の概要はやや長めにまとめた．

1980年代に日本は，市場向けの科学技術において世界に冠たるハイテク国となった．しかし，1990年前後に冷戦構造が崩壊して，各国が軍事優先から市場向けへと科学技術の路線を転換すると，アメリカとの競争が激化して情報技術や生物工学において日本は競争力を失った．日本の産業は生産技術の革新にたけていたが，アメリカは大学の研究とベンチャー企業が結びついて製品の革新で差をつけた．この危機に対応するため，日本政府はアメリカ・モデルにそって大学院の拡大と重点化をすすめた．アメリカの大学院の軍隊式教育は日本でも導入できようが，世界から才能を吸収することは言語の障壁もあって難しかろう．さらに，科学界に競争的刺激を導入するために大学教員の任期制が提言された．これまでの国内の経験によれば，「研究の論理」が優先しないと任期制は機能しない．法制化された任期制は「組合の論理」による抵抗に直面して研究の活性化にはつながらない．また，大学の研究成果を民間で産業化するために，大学の技術移転機関に補助金が支出された．アメリカでも特許収入の平均は1件あたり数百万から数千万円であり，大学の本業から逸脱しないことが肝心である．

1999年頃からは法人化の議論が国立大学を揺るがした．明治以来，日本の国立大学は官僚制度の一部とされ，行政機関と同じ規則が押しつけられた．大学における研究は大学人の内発性にもとづくもので，大学の貴重な資源が内発性にあるとの認識から大学改革は出発するべきである．国立大学の法人化が，行政よりも研究や教育の論理にそった，根本的で内発的な大学改革に進展することをねがう．日本のような飽和期の社会ではリサイクルや地球環境の保全が科学技術政策の重要課題となるが，大学がNGOやNPOのような行動をとることで貢献が期待される．日本で教養というと旧制高校の人生論的探求が原型とされがちであるが，大学進学後に1年程度の社会体験を義務づけてはどうか．学生をしかるべき野外調査や実験研究に参加させれば環境思想を培養できる．1970年前後の大学紛争のときには大学にも少数の改革者がいた．この世代は紛争が退潮する過程で絶望し，改革にシニカルになっていて期待できない．若い世代の新鮮な改革意欲に期待したい．

9. 到達点と展開

9.1 科学技術と大学

中山の高等教育論の枠組みは，本学会からみれば科学技術と社会のあいだに大学という中間構造を介在させるもので，科学技術と大学，大学と社会という2群の成果が生み出された．前者については，17～19世紀の欧州と明治期(19世紀末)の日本などを事例に，大学史をふまえた科学の社会史が展開された．

第1に，18世紀以降，近代科学の支持集団は形成されたが，当初は大学に参入できず，新旧分野の勢力均衡のもとでしだいに大学に進出した．その例外は革命政権下のフランスであり，近代工学の合理的な教育課程が実現した．もうひとつは新興のアメリカと日本で，世界で最初期の事例として学部規模で工学と農学が導入された．近代科学の大学への影響として，実験工房型という近代科学の新しい教授方式がドイツで成立すると，世界に普及して大学教育の姿を変容させた．これは大学制度に適応した科学の進化でもあり，大学内部で実施できる実験科学は躍進し，観測や野外調査に依拠する科学の地位は低下した．近代科学は，伝統的な医学部にも科学化をうながした．

第2に，学問の移植については，明治期の日本を事例として非西洋国への近代科学の移植が論じられた．明治政府には先見性があり，国家を設計する工科系路線から，国家を管理する法科系路線への転換が早期に推進された．しかし，帝国大学は官僚制度の一部とされ，学問研究の論理によって大学が構成されるという原則を打ち立てることには成功しなかった．欧米に留学してそれに気づいた先駆者たちは，西洋の方式を日本で実現しようとして苦闘することになった(潮木 1984; 中山 1989; 菊池 1999)．

第3に，近代科学の内部における後継者養成制度の移植があり，ドイツ留学にかわるものとしてアメリカに大学院が設置された．そのさい，きびしい教育訓練と競争主義が導入されたが，これは自由なドイツ大学のものではない．エコール・ポリテクニクの軍隊式教育がアメリカの士官学校であるウェスト・ポイントに輸出され，さらに州立大学に移植されたのではないかと中山は述べている．これについては，英語の論文まで書いて通説の訂正を求めたが，いまだに反論がないという(中山 2013a, 102)．

9.2　大学と社会

こちらは主に大学論として展開されたが，次のようにまとめられよう．

第1に，学問や教育のあり方はエリートの選抜方式に影響されるが，そのなかには科学に不都合なものがあった．中国では官吏登用試験によって学問はさかんになったが，内容が固定化して近代科学を生み出すことはなく，その導入も遅れた．イギリスでは個人の能力を測定しやすい数学の試験が選抜に導入され，数学的な手腕にすぐれた物理学者を生み出したが，革命的な物理像をもったドイツの物理学者には及ばなかった．日本では帝国大学がエリート官僚を養成する場として設立され，専門的な研究の推進がはかられたが，官僚組織の一部とされたために科学研究の創造性を阻害することがあった．

第2に，学校では，職業に関係する学問(実学)と関係しない学問(虚学)が教授される．しかし，実社会の経験がない学生に実学を教育することの限界や，実学を学習した人材の供給過剰にともない，学生に虚の動機づけを与える競争試験が登場して，能力を比較しやすい虚学が試験科目となることがある．こうした議論は教育経済学にもあり，生産性を高める実学の修得と虚学による選抜が対比されるが，実学が虚学に転じるさまざまな契機を示したことに中山の独自性があろう．

第3は，大学の先進性ないし内発性である．若者が学生として集まる大学は，新しい思想のゆりかごとなる可能性がある．そのひとつが1970年前後の大学紛争(闘争)にともなう対抗文化である．日米ともに，対抗文化は学生運動によって大学内に支持集団を広げ，その後の世代の考え方に根を下ろし，反科学，科学批判など科学の価値を相対化する視点を与えた．大学の自主改革は歴史的にみて困難をきわめるが，外部からの改革には危うさがともなう．内発性は大学の貴重な資源である．

第4に，技術革新によって実学の領域が縮小し，ロボットやマイコンに代替されて世界の労働が不要になる可能性が論じられた．そのような時代には失業からの救済と，仕事にかわる活動の創造が求められるが，後者には大学が貢献する余地がある．マイクロエレクトロニック革命の影響に関する欧州の議論は中山(1981c)にも紹介された．吉岡・名和(2015)によれば，技術革新と失業の関係についての論調は国によって異なる．今日，人工知能は第3次ブームにあり，電子計算機の性能が人類の知能をこえるとの予測(シンギュラリティ, 2045年問題)や人工知能による人類滅亡(バラット 2015)が論じられている[6]．労働不要論，人類滅亡論ともに穏やかではないが，中山の先見性がうかがわれる．

9.3　その後の展開

大学史をふまえた科学の社会史は，科学技術と社会のあいだに介在する中間構造が大学のみであった時代に対応している．中間構造が多様化・複雑化した今日までの変化を見すえて，のちに以下の展開がなされた．

第1に，『パラダイムと科学革命の歴史』には「補章」（中山 2013b, 341–63）がおかれ，原本の刊行から約40年間の総括がなされた．補章において中山はみずからを「クーン以上のクーン主義者」と規定し，クーンにかわって科学者集団の構造分析をすすめて，その意図を『野口英世』（中山 1978b）に盛り込んだという（中山 2013a, 346–8）．これはパラダイムをめぐる科学者の行動に注目するもので，大学史から科学史への回帰にあたる．

第2は現代史への進出である．今日の科学にはアカデミズム科学，産業化科学，サービス科学があるが（中山 1981a, 2），大学史の主な対象はアカデミズム科学であるため，産業化科学とサービス科学の分析が別途に求められる．実際，戦後の日本を対象とした科学技術の社会史（中山 ほか 1995; 1999）には，政府，産業界，大学，市民からなる4セクター・モデルが採用され，それらの力関係によって科学技術の姿が決まるとされた．

第3は基本的モデルの改訂である．上述の中山（2013b, 11）には，学問的伝統のモデルとして同心円状の図が画かれている．中心部から，学説，思想，体制史，社会史とあり，大学史は体制史に含まれる．一方，補章にはその改訂版があり，中心部から，パラダイム，通常科学，ポスト通常科学，社会・経済とされた（中山 2013b, 347）．体制とはパラダイムの支持集団が恒久化を求めて職業集団となる場であるが，その目的は世代をこえて通常科学を推進する条件の確保にある．これに対して改訂版では，パラダイムの有効範囲が通常科学として示された．ポスト通常科学とは，科学者集団によっては解決できず，社会の諸権力や官産学民のすべての集団が参画する領域であって，科学技術社会論の対象である（中山 2013b, 356）．すなわち，図の構成要素が通常科学への投入要因から産出に変更され，科学技術と社会・経済の関係が開かれたものとされた．今日の状況に対応したものといえよう．

■注

1）筆者は，本誌のほかに『大学史研究』から追悼原稿を依頼され，中山の著作集にも解説を執筆する．著作集の解説はともかく，学術雑誌の追悼原稿はひとつにしぼるべきであろうが，今回は熟慮のすえ特別に双方ともお引き受けした．そのため，本稿の内容のうち，「高等教育論への途」と主要著作の概要は，論考によって取捨選択と加除がなされているが，本質的には3つの論考に共通である．

2）筆者が中山の面識を得たのは1975年のことで，1980年代以降は中山を代表者とする研究活動に参加していた．それ以前のことは自伝（中山 2013a）などによった．

3）今野の自伝的な小説のなかで，主人公は1968年にスタンフォード大学に留学する．この人物はアメリカの大学院の教育方式を知らず，博士論文の作成にただちに着手したいと研究科に申し出て，指導教授が決まるのは必修の8科目を履修して，博士資格試験に合格してからであると説明されている（今野 2014a, 3, 37–8）．筆者はこれを事実にもとづく記述とみるが，中山より10年以上もあとの，東京大学の（科学史より国際性がありそうな）工学部の出身で，戦後に長期アメリカ研修を経験した指導教官のもとで修士を取得した人物にしてこうであった．アメリカの大学院教育が日本に知られるのは遅かったようである．今野（2014b, 46）によれば，みずからが経験した東京大学の大学院で，学部なみにきちんとした講義が行われたのは1科目だけだった．

4）ルドルフ（2003）はアメリカ大学の通史の翻訳であり，中山（1988）の前半部分はこれに15年ほど先行する．後半部分にもっとも近いものはロジャース（1958）であろう．

5）大学紛争，大学闘争の語は原文にそって用いた．中山（1981b, 84）には，体制変革を志向して闘った側の視点からは「大学闘争」とよび，それに対抗する体制・大学当局側の視点からは「大学紛争」とよぶとの注記がある．

6）手近なものとして，松尾豊ほか 2016：「特集　人工知能は仕事を奪うのか」『中央公論』4 月号，43-89，広口正之 2014：「シンギュラリティとは～ 2045 年問題」『JNSA Press』37，2-5，土居丈朗 2016：「人工知能ブームの背景は」『日本経済新聞』3 月 27 日朝刊，21，新井紀子 2016:「AIで変わる大学教育」『日本経済新聞』3 月 30 日朝刊，33.

■文献

バラット，J. 2015：水谷淳訳『人工知能：人類最悪にして最後の発明』ダイヤモンド社；Barrat, J. *Our Final Invention: Artificial Intelligence and the End of the Human Era*, Thomas Dunne Books, 2013.

藤垣裕子編 2005：『科学技術社会論の技法』東京大学出版会．

菊池城司 1999：『近代日本における「フンボルトの理念」：福田徳三とその時代』高等教育研究叢書 53，広島大学大学教育研究センター．

今野浩 2014a：『ヒラノ教授の線形計画法物語』岩波書店．

今野浩 2014b：『工学部ヒラノ教授の青春：試練と再生と父をめぐる物語』青土社．

中山茂 1971：「大学史：科学史の背景としての」『科学史研究』10(4)，202-7.

中山茂 1973:「近代科学の大学に対するインパクト（Ⅰ）」『大学論集』広島大学大学教育研究センター，1，32-6.

中山茂 1974a：「近代科学の大学に対するインパクト（Ⅱ）：エコール・ポリテクニクと近代工学の成立」『大学論集』広島大学大学教育研究センター，2，68-76.

中山茂 1974b：『歴史としての学問』中央公論社．

中山茂 1975：「近代科学の大学に対するインパクト（Ⅲ）：ベルリン大学創設をめぐって」『大学論集』広島大学大学教育研究センター，3，74-83.

中山茂 1978a：『帝国大学の誕生：国際比較の中での東大』中央公論社．

中山茂 1978b：『野口英世』朝日新聞社．

中山茂 1981a：「近代大学史研究の視点」『研究ノート 大学と社会』東北大学教育学部附属大学教育開放センター，13，1-17.

中山茂 1981b：「大学闘争と大学改革」，『科学と社会の現代史』83-106，岩波書店．

中山茂 1981c：「「新技術」のインパクト」，『科学と社会の現代史』212-26，岩波書店．

中山茂 1983：「虚学と実学のあいだ」，中山茂，後藤邦夫，倉内史郎，麻生誠，岩内亮一，天野正子，新井郁男『実学のすすめ：《失業社会》にそなえて』有斐閣，1-34.

中山茂 1988：『アメリカ大学への旅：その歴史と現状』リクルート出版．

中山茂 1989：『一戸直蔵：野におりた志の人』リブロポート．

中山茂 1994：『大学とアメリカ社会：日本人の視点から』朝日新聞社．

中山茂 2003：「ポスト冷戦期の大学と科学技術」『高等教育研究』6，149-70.

中山茂 2013a：『一科学史家の自伝』作品社．

中山茂 2013b：『パラダイムと科学革命の歴史』講談社．

中山茂，後藤邦夫，吉岡斉編 1995：『［通史］日本の科学技術』全 5 巻，学陽書房．

中山茂，後藤邦夫，吉岡斉編 1999：『［通史］日本の科学技術 国際期』全 3 巻，学陽書房．

ロジャース，F. M. 1958：斉藤正二訳『大学教育の理念：アメリカの高等教育概観』緑地社；Rogers, F. M. *Higher Education in the United States: A Summary View*, Harvard University Press, 1952.

ルドルフ，F. 2003：阿部美哉，阿部温子訳『アメリカ大学史』玉川大学出版部；Rudolph, F. *The American College and University: A History*, University of Georgia Press, 1962.

潮木守一 1984：『京都帝国大学の挑戦：帝国大学史のひとこま』名古屋大学出版会．

吉岡斉，名和小太郎 2015：「自動機械：インフラの人工知能化」，『技術システムの神話と現実：原子力から情報技術まで』148-67，みすず書房．

On the Higher Education Research Attained by Shigeru Nakayama

TSUKAHARA Shuichi *

Abstract

Shigeru Nakayama was the person who continued to have an interest in higher education research as a historian of science. There were two reasons why he focused on a university. One was the attention to a university as a habitat of science. He tried to develop the history of science from the history of scientific theory to the social history of science, by the historical studies of higher education as a clue. Another was his experience of severe educational training and competitive principle in the American graduate school. His framework of research was the institutionalization process of science, based on the paradigm theory by Thomas Kuhn, in which Nakayama put the university as an intermediate structure between science and society. As his major outcomes, following books and papers were overviewed: The Impact of Modern Science upon Universities, *Birth of the Imperial University in Japan, University and American Society,* Struggle and Reform in University, Between Positivism and Non-positivism Learnings, and University Science and Technology Reforms since 1990. He succeeded generally in establishing the social history of science in Japan, and for the university studies, discussed hot topics such as campus dispute, university reform, and education and testing.

Keywords: Shigeru Nakayama, Higher education research, Social history of science, Historical studies of higher education

Received: September 13, 2015; Accepted in final form: April 16, 2016
*Visiting Professor; Kansai University of International Studies; 3-8-17-801 Ebara Shinagawa Tokyo 142-0063 (home)

科学技術立国史観と中山茂

吉岡　斉*

要　旨

中山茂（1928～2014）は日本における最も創造的な科学技術史研究者のひとりであった．この小論では中山が，いわゆる科学技術立国史観について，どのように考えていたかを解明する．

中山は，科学技術立国論（テクノナショナリズム）に対しては，科学者・技術者や科学技術政策関係者による我田引水のための幼稚な議論だとして厳しく批判した．その批判は日本人の科学・技術関係者のみに向けられたものではなかった．とくに1980年代のレーガン政権下におけるアメリカの政府関係者たちの言説に対して，中山は晩年に至るまで繰り返し批判した．

それでも中山は1960年代より科学技術水準の国際比較，とりわけ日米比較に強い関心を抱き続けた．それは1980年代後半から晩年までの中山の中心的研究テーマであった現代日本の科学技術の社会史においても垣間見られる．その意味で中山は，科学技術力競争史観から自由ではなかった．

1．この小論の狙いと構成

この小論では，中山茂（1928～2014）が成し遂げた広範囲にわたる仕事のうち，戦後日本の科学技術の社会史に関する研究プロジェクトにフォーカスを合わせ，その起源から次世代への継承までの経緯を整理する．またその研究において中山が，いわゆる科学技術立国史観について，どのように考えていたかを考えてみる．

ここで科学技術立国史観とは，国家発展の基盤が科学技術活動の規模と水準にあるという大前提に立って，科学技術の発展過程を国家発展のそれと一体のものとして描くことをよしとする歴史観を指す．国家発展の内容については時代とともに変化するが，明治時代から第2次世界大戦の敗戦までの日本では，富国強兵というキーワードが時代精神をあらわしていた．戦後は日米同盟のもとで，日本は強大な軍事的パワーを周辺諸国さらにはアジア太平洋全域に向けて誇示しつつも，日本固有の軍事力は他の主要国と比べて弱体であり続けてきた．そうした体制のなかで科学技術は主として経済発展の基盤と考えられてきた．

2015年11月5日受付　2016年4月16日掲載決定
*九州大学大学院比較社会文化研究院，教授，yoshioka@scs.kyushu-u.ac.jp

中山は政府や科学者が唱える科学技術立国論に対しては，日本人によるものと外国人によるものとを問わず，一貫して冷淡であり続けた．とくに1980年代の「日米技術摩擦」（日本の経済的脅威が最先端技術にまで及んでいると考えられた時代の日米経済摩擦）がピークに達した時代の，アメリカ政府関係者のテクノナショナリスト的言動には心底辟易したようで，晩年まで機会あるごとに話題にしていた．そのようなエピソードは歴史としては十数行で処理すればよいと筆者は思ったが，中山にとってはそのために1章を費やすに値するほど重大事だったようだ．このように中山は科学技術立国論を嫌悪していたが，にもかかわらず後述するように発想の根底には，科学技術立国史観が根深く存在していたように思われる．

2. 歴史的視点からの現代科学技術批判へ

中山茂が，戦後日本の科学技術の社会史について，本格的に取り組もうと考え始めたのは，1980年代初頭のことと思われる．中山の研究関心は幅広かったが，その重点は時代と共に推移してきた．新進気鋭の研究者の時代には，東洋天文学史が研究関心の中核にあった．博士論文もこのテーマに関するものである．日本に帰国されてからは近世・近代日本科学史，大学史などにも本格的に取り組むようになった．1971年にトーマス・クーンの『科学革命の構造』（みすず書房）を翻訳・出版してからは，パラダイム概念を駆使した学問史・学問論を展開するようになった．この学問史・学問論の世界で，中山は日本を代表する科学史家としての名声を，学者仲間の間だけでなく一般社会においても確立したと言ってよい．

この領域における代表作は『歴史としての学問』（中央公論社，1974年）である．この本は2013年に『パラダイムと科学革命の歴史』と改題され，ちくま学術文庫として出版された．もちろん編集工房球による中山茂著作集第14巻『パラダイムと科学革命』（編集工房球，2015年）にも収録されている．この本は，出版社からの依頼によるものではなく，中山自身が原稿を書いてから幾つかの出版社に打診し，ようやく実現した本だという．自分で書いて出版社に持ち込む本の方が，依頼されて書く本よりも気合の入る作品になると，中山は述懐していた．この本を中山の仕事全体の頂点に位置すると評価する者も少なくない．

中山は自らの発想の原型は「東洋学」であると語っていた．中山流の「パラダイム論」は，元祖クーンのように科学革命論と一体化したものではなく，西洋対東洋という対立軸をベースとしたものだった．その意味で中山のパラダイム概念は，クーンとニーダムの混血児のような性質をもつと言える．なお中山は筆者に「それでは君の発想の原型は何か」と問い返してきた．筆者は近代合理主義だと答えた記憶がある．近代科学はその精髄を体現するものであるが，科学活動の社会的・人類的機能を客観的に対象化できない点において，根源的な非合理主義を内包する．それをも容赦なく対象化する合理主義を筆者は目指していた．今もその志は変わっていない．

さて中山は学問史・学問論の大家となったが，それに満足することなく，新しい研究領域に足を延ばして行った．それが歴史的視点からの現代科学技術批判である．1960年代末から公害問題，ベトナム戦争，学生反乱などの刺激を受けて多くの西洋・日本の論者が現代科学技術批判論を展開するようになったことが，中山をこの研究領域へ引きつけたと考えられる．さらにこの時代には中国の文化大革命もまた，科学技術批判の観点から注目された．その理由は近代西洋の科学技術とは異なる科学技術のモデルを提供していると見られたためである．日本にもその影響を受けた研究者が少なからず存在した．中山自身は文化大革命には終始冷やかだったが，そこに科学技術批判の契機が含まれていることを理解していた．

中山が歴史的視点からの現代科学技術批判に本格的に進出するもうひとつの要因として，若手の台頭があげられる．中山茂『一科学史家の自伝』（作品社，2012年）308～10ページには，筆者（吉岡斉）との出会いについて書かれた一節がある．筆者は大学入学時には物理学者を目指していたが，現代科学技術批判にも興味があり，科学史の観点から当時先鋭的な科学技術批判を展開していた広重徹（1928～1975）の熱心な愛読者であった．

ところが筆者は，理学部物理学科に在籍し物理学者を目指していた3年生の頃，広重が46歳の若さで病死したとの訃報を聞いた．当時筆者は，物理学者と科学史家の両方を将来の職業選択肢として考えていたが，広重が開拓してきた路線を自分が進めずして誰が進めるのかという気持ちが強まり，歴史的視点からの現代科学技術批判を主要研究テーマとして，同じ東京大学の科学史の大学院（当時は物理学と同じ理学系研究科に属していた）に進むことにした．そして『歴史としての学問』などでこのテーマに関する啓発的な見解を述べていた中山に弟子入れを願い出たところ幸いにも認めてくれた．そして中山が亡くなる2014年5月までの40年近くにわたり，共同研究を続けることができた．

中山と筆者との最初の共同研究は，J. R. ラベッツ『批判的科学――産業化科学の批判のために』（秀潤社，1977年）の翻訳であった．その原題は「科学知識とその社会的諸問題」（『Scientific Knowledge and its Social Problems』, Oxford University Press, 1971）である．なお最後の共同研究は『中山茂著作集』全15巻の出版計画となった．筆者はその編集代表をつとめている．この出版を契機として中山は，歴史的視点からの現代科学技術批判に深入りするようになった．その意味で筆者は中山の研究領域の拡大にとって触媒の役割を演じたと思われる．今にして思えば弟子から師匠への影響も大きかったのである．

3. 科学技術立国論を嫌悪した中山茂

筆者の現代科学技術批判の初期における研究関心のひとつに，科学技術立国論批判があった．1960年代末から70年代にかけて科学技術の社会的存在様式と社会的機能への根底的な問い直しが行われるようになり，その多くは科学技術のもつ危険な性質を的確に指摘するものであった．大規模な科学技術関連プロジェクトは国際的にみても国内的に見ても，強者が利益を享受する一方で弱者に犠牲・負担が及ぶことが多く，受益者と受害者が異なるということは常識となっていた．ここで（「受害者」というのは日本語では一般的な用語ではないが中国語の用法はある．日本語では社会学専門用語として「受苦者」があるが，「受益者」との対称性が良くない）．

だがそうした科学技術の社会的存在様式と社会的機能をめぐる現代的な議論に，日本の政府や科学者はほとんど関心を抱かなかったようだ．1980年代に入るや政府機関（通産省，科学技術庁など）は一斉に，科学技術立国の旗印を掲げて研究開発活性化キャンペーンに乗り出した．これは，現代科学技術の社会的アセスメントをあらゆる局面について丁寧に行い，それにもとづいて科学技術政策を全面的に見直すべきだと考えていた筆者からみて，本来あるべき道に逆行する行為であった．日本の科学技術はその欧米等と比較しての強弱ではなく，その社会的存在様式と社会的機能に照らして評価する必要がある．もちろん同じことは日本だけでなくあらゆる国家・地域の科学技術についても言える．強ければ強いほど良いというのは国威発揚や軍備増強を追求する政府や，営利追求をめざす企業などの価値基準であって，歴史家がそれに同調する必要はない．

また科学者が，明治時代から連綿と語り継がれてきた科学技術立国論を，政府予算獲得を目的として天真爛漫に語り続けていることは筆者にとって軽佻浮薄そのものだった．筆者は1980年代初頭，そうした政府や科学者の動きについて批判論を展開した．その方面での主要作品を集めたのが『テクノトピアをこえて――科学技術立国批判』（社会評論社，1982年）であり，筆者の最初の著書である．

中山はこの作品の内容について好意的評価をしてくれた．そして科学者の言動は明治時代や大戦時代から進化していない，占領下でも「日本は科学戦に負けた」と我田引水していたと慨嘆していた．社会改革を進める人々に共感しつつも，やや斜に構えて慨嘆するというスタイルが中山の真骨頂であり，思い詰めた表情で闘う人は苦手だというのが中山の口癖だった．自分は社会改革の「後衛」でありたいとも常々語っていた．中山の現代科学技術批判の論調にもそうした姿勢が反映している．たとえば具体的争点について理詰めで論争し相手をやり込めるというスタイルを中山は好まなかった．

4. 戦後日本の科学技術の社会史プロジェクト

さて1980年代に入ると，中山は戦後日本の科学技術の社会史への傾斜を強めることとなった．それは歴史的視点からの現代科学技術批判を進める者にとって，避けて通れない重要課題だった．もちろんそれは批判的現代史でなければならなかった．中山は1970年代半ばに科学技術史・科学技術政策に関心を抱く若手・中堅を集めて，科学・技術における新分野形成（ディシプリン・フォーメーション）に関する共同研究を進めていた．スポンサーは途中で文部省からトヨタ財団に変わったが，それも1981年で終了した．しかし引き続きトヨタ財団のフォーラム助成を受けることとなり，この人脈をコアメンバーとして「科学と社会フォーラム」を組織した（1982年）．それが母体となって「戦後日本科学技術の社会史に関する総合的研究」を進めることとなった．

このプロジェクトは，トヨタ財団の研究助成を財源とし，3年間の助走期間をへて1986年に正式に開始された．そしてその研究成果は1995年に出版された中山茂，後藤邦夫，吉岡斉編著『通史　日本の科学技術　1945-1979』（全4巻＋別巻，学陽書房），および同じ編著者により1999年に出版された『通史　日本の科学技術　第5巻　国際期　1980-1995』（全2巻＋別巻，学陽書房）にまとめられた．最初は第3・4巻は鎌谷親善が編集責任者をつとめる予定だったが途中で抜けられたため，後藤邦夫と筆者が1巻ずつ編集責任者となった．このプロジェクトに参加し，章やコラムを執筆した方々は約100名にのぼる．

中山の研究関心は終生幅広いものだったが，1980年代以降は戦後日本の科学技術の社会史を主軸に据えるようになった．この出版プロジェクトの成功に執念を抱いていたと言ってよい．中山の動機は色々あったと思われるが，中でも以下2点が重要だったと推定される．第1の動機は，次の世代の人々に成長の機会を提供することであった．自分たちの世代は1960年代の日本科学史学会の『日本科学技術史体系』（第一法規，全25巻）の編集・執筆作業に携わることによって成長したが，今度は次世代の人々にも同様の機会を提供したいと中山は常々語っていた．第2の動機は，中山の研究上の「戦友」だった広重徹が早世したため，戦後日本の科学技術の社会史を体系的に記述するという，日本の科学技術史研究共同体の観点からみて最も基本的な仕事を進めることが，事実上不可能となっているという状況を打開することである．そうした仕事を残しておけば将来世代へ連綿と継承させていくことができることも，中山の意欲を高めたに違いない．

通史プロジェクトの最大の特徴は，記述対象から距離を置いて非共感的に，あるいは少なくとも共感を極力抑制して対象を観察することのできる「歴史的視点」をもつ誰もが，研究者と実務家とを問わず自分の研究関心に沿って参画できることである．時代区分と各時代の特徴についてのおおまかな全般的理解をプロジェクトメンバーの間で共有しつつ，それぞれの時代の重要トピックや重要トレンドとみとめられるテーマを設定し，著者が自由にストーリーを展開できるようにした．そのために章単位のモジュール方式を採用した．モジュールの内容については，官・産・学・民の4セクターの絡み合いの中で物事が展開していくという描き方を守れば，いかなるストーリーを作ってもよいということとした．ただしレジュメやドラフトが完成した段階での研究会での「公開査読」（メンバーは全員，これを通過することを義務づけられる）によっておのずと，「歴史的視点」の不足は解消され，無理なストーリーは修正されることになっていた．

官・産・学・民の4セクターアプローチは一見平凡であるが，それでも科学技術の研究開発利用の推進当事者の視点を相対化する機能を有している．それは民セクターを官・産・学セクターと同等の資格で記述対象に含めることを意味しており，それによって科学技術の社会的存在様式と社会的機能が浮き彫りにされる．

ともあれ通史プロジェクトは1999年に完結した．『通史』に収められた各章は玉石混淆であるとも言われるが，敗戦から半世紀にわたる科学技術関連の重要トピックや重要トレンドを網羅した作品を残したことは有意義だったと思う．しかし中山にはまだその英語版出版という仕事が残っていた．2000年代初頭の中山はその出版社・スポンサー探しと，執筆者・翻訳者の英訳文の校閲に忙殺された．1970年代までを扱った最初の4巻については，S. Nakayama, K. Goto, H. Yoshioka eds.,『A Social History of Science and Technology in Contemporary Japan』, Volume1, 2, 3, 4, Trans Pacific Press, Melbourne, 2001–2005として出版された．

ここで中山にとって戦後日本の科学技術の社会史という領域が，どのような位置にあったかについて考えてみる．中山の研究関心は，大きく括れば以下の3つに分けられる．第1は近世・近代東洋科学史であり，初期における最重要テーマだったが，1970年代以降は次第に比重を低下させていく．第2は学問史・学問論であり，大学史もそれに含めることができる．第3は，歴史的視点からの現代科学技術批判と現代日本の科学技術の社会史である．

1980年代以降の中山は，第3テーマを研究の主軸に据えたが，それは多数のメンバーを抱えるプロジェクトリーダーとしての責任感によるところが大きいのではないだろうか．第2テーマである学問史・学問論やその主要部分をなす大学史・大学論にも，それと同等以上の興味を抱き続けたと考えられる．実際，『通史』プロジェクトを成功させ21世紀に入ってからの中山の著作は，主としてこちらのジャンルに属する．中山が晩年，現代日本の科学技術の社会史について，現在進行中の重要テーマに取り組もうとしなかったのも，このジャンルが必ずしも得意領域ではなかったことによるのかも知れない．

5. 新通史プロジェクトへの発展的継承

さて中山が牽引した通史プロジェクトは，次世代へと引き継がれた．2005年5月，「新通史フォーラム」（吉岡斉代表）が発足し，20世紀から21世紀にかけての「世紀転換期」日本の科学技術の社会史の総合的研究に乗り出した．その企画・編集は7名の企画メンバーの合議により進めることとなった．円熟世代（発足当時70歳代）から中山茂と後藤邦夫，中堅世代（発足当時50歳代）から塚原修一と筆者，若手世代（発足当時30歳代）から綾部広則と川野祐二，および事務局長として編集者の針谷順子の7名である．

このプロジェクトでは「現在史」の視点が前面に掲げられた．「現在史」とは，同時代史（現在生きている人々が過ごした時代の歴史）とは本質的に異なり，現在進行中の事象をも歴史として対象化しようとする現代史を指す．換言すれば歴史叙述の対象とする時代の起点を過去に置き，終点を未来に置き，現在をその中間点に置く現代史を指す．それは「今なにをなすべきか」を問う政策論とも，ごく自然に接合するものである．

とはいえ歴史である以上は，記述対象から距離を置いて非共感的に，あるいは少なくとも共感を極力抑制して観察することが必須である．また「あるべき姿」の提示やそれに照らした現状批判を，直接的な形で行なうことは控えるべきである．書き手の強い想いや価値判断をフィルターとして歴史過程を見た場合，見えるべきものが見えなくなるおそれがあるからである．著者自身の価値判断は行間から滲み出る範囲に留めるというのが，「現在史」の守るべき節度である．

この新通史プロジェクトの扱う時代は，1995年から2011年とした．起点を1995年としたのは通史プロジェクトとの連続性を確保するためである．実際には1990年に冷戦体制崩壊（世界）と，バブル経済崩壊（日本）という大きな転換点が，それぞれあったことを踏まえて，1990年代から2011年までの約20年間を守備範囲とした．2011年を記述対象に含めたのはもちろん，歴史的大事件としての東日本大震災と福島原発事故に対して，「現在史」の視点から避けて通ることができなかったためである．

筆者たちは2011年から12年にかけて，『新通史　日本の科学技術　世紀転換期の社会史　1995年–2011年』（全4巻＋別巻，原書房，2011年～2012年）を出版することができた．このプロジェクトに参加し，章やコラムを分担執筆した研究者・実務家の総数は約100名にのぼる．中山はこのプロジェクトにおいて，研究会には健康面での事情がある場合を除いて出席した．全体の3分の2程度だったと記憶する．

中山は特定の分野・領域に関する各論的な章を担当することはなく，第1巻と別巻とで各々1章ずつ担当するにとどまった．「科学技術の国際競争力をめぐる言説」（第1巻）および「テクノナショナリズムvs. テクノナショナリズム」（別巻）の2章である．『通史』の時と比べて小さな貢献に留まったのは，新たに多くの資料を集め分析するための体力・気力に不安があったためである．しかし裏を返せば中山が最後まで一番書きたかったのは，テクノナショナリズムや国際競争力といったテーマだったと言える．

6. 次期プロジェクトへの助走

筆者たちは，次期プロジェクトの発足へ向けて準備作業をしている（2015年10月現在）．次期プロジェクトが取り扱う時代は2010年代であり，その時代的特徴を簡潔に表現するキーワードを「脱成長時代」とする予定である．そうした理由は，21世紀初頭をピークとして，日本の人口，国内総生産（GDP），エネルギー消費などの主要経済指標が，拡大から縮小へと転じており，今後もそうした収縮傾向が長期にわたって続くことが予想されるからである．

この21世紀初頭における拡大から縮小への転換は，歴史的な重要性をもつものである．21世紀の最初の数年間の主要経済指標は横ばい（プラトー）で推移したが，2008年のリーマン・ショックで主要経済指標は軒並み大きく下落し，その後も2000年代半ばのピーク時を大きく下回る形で推移している．

脱成長というのは経済成長路線から積極的意思をもって脱却することを意味するのではなく，成長の駆動力を失って否応なしにじり貧状態となっていくことを意味する．もちろん脱成長時代においても，1990年頃から本格化した戦後秩序破壊のトレンドは引き続き進行中である．

ともあれ戦後70年をへて，戦後日本科学技術史の大きな流れが見えてきた．その標準的な時代区分となるのが，以下のものである．

1945 年～ 1954 年　　占領・復興の時代(第 1 期)
1955 年～ 1972 年　　高度成長の時代(第 2 期)
1973 年～ 1989 年　　構造調整から大国化の時代(第 3 期)
1990 年～ 2010 年　　戦後秩序破壊の時代(第 4 期)
2011 年～　　　　　　脱成長の時代(第 5 期)

このような時代区分は，日本経済の盛衰プロセスを日本人が実際に経験したことによってしか，描けないものである．1990 年のバブル経済崩壊でさえ当時は，不可逆的な時代の変曲点となるかどうかは確定的とまでは言えなかった．その意味で「現在史」のアプローチによって，日本社会のマクロな動きを見通すことは本質的に難しい．しかし「現在史」の視点に立つことにより，時代の変化とりわけ新潮流の台頭に関する分析の感度を大幅に高めることができる．ただし新潮流のうち著者が望ましいと思うものを過大評価し，気に食わないものを過小評価する傾向が出易いことへの注意は必要である．

なおこの時代区分は，戦後日本の政治経済史そのものにも当てはまる．科学技術活動は政治経済の在り方によって基本的な骨格が定まるものであり，両者が基本的に同一になるのは当然のことである．時代を区切る主要な出来事としては 1945 年の敗戦，1955 年における経済規模の戦前水準への回復と高度成長開始，1973 年の石油危機，1990 年のバブル経済崩壊，2011 年の東日本大震災が挙げられる．次期プロジェクトではこの最後の時代(第 5 期)を扱うこととなる．

7. 科学技術立国史観と中山茂

中山の業績に話を戻すと，中山は国家主義的言説が大嫌いであった．中山は 17 歳のとき広島高等学校に入学し，ほどなくして原爆投下の洗礼を受けた．本人はかすり傷で済んだものの，家の近くの女学生が死んで，その遺体を大八車に積んで，山の方へ運んで焼いたと語っている．(中山茂『一科学史家の自伝』作品社，43 ページ)．中山は自らが原爆被爆者であることを力説はしなかったが，それを隠そうともしなかった．原爆投下を契機に軍国少年から反戦少年になったわけでもない．

しかし中山の国家主義への嫌悪は筋金入りのものだった．それは戦前・戦中の体験を踏まえて高等学校時代に思想として確立されたものと推定される．国家主義にせよ何にせよそんなつまらないものに自らの生命や人格を捧げてはならないという信念がそこで培われたと思われる．科学技術立国論に対しても悲憤慷慨するほどのことはなく，「知的な大人の言うことではない」という風情で軽くあしらっていた．若いころ「実存主義」に傾倒し，研究者になってからも「能動的ニヒリズム」を自認していた中山の面目躍如たるところである．

科学技術立国論が，科学技術政策の世界でキーワードとして復活し，科学者も資金を獲得するために多用するようになるのは 1980 年頃である．中山は，この科学技術立国論(テクノ・ナショナリズム)に対して，軍国主義時代の刻印を帯びたグロテスクな言説の復活として嫌悪感を示した．科学者の多くはスポンサーである政府に取り入ろうとするし，また公の場で研究の意義について語るときにボキャブラリーが乏しいから，ナショナリズムに便乗するのは当然だろうと冷やかに語っていた．

このように中山の視点は，科学技術立国史観とは明らかに異質の視点に立つものだった．科学技術立国史観に立つ限り，富国強兵への貢献度という観点から歴史を評価する視点が卓越するのは避けがたく，それゆえに「官」「産」セクター中心の歴史が描かれる．しかし中山はそれを忌避し，科学技術における非主流的・反主流的な動向や，専門職業集団の枠を超え一般市民を幅広く巻き込んだグラスルーツの動向に照明を当てようと，意識的に取り組んだ．官・産・学・民の4セクターアプローチ自体が，科学技術立国史観を相対化させる機能を有していた．

だが中山はその一方で，科学技術水準の国際比較，とりわけ日米比較に強い関心を抱き続け，日本の科学技術上の国際的地位に関する多くの著書・論文を発表した．そこに国家単位で科学技術力をとらえようとする思考枠組と，科学技術力の高さを肯定的に評価する価値前提が入っていたことは確かである．実際，中山の1980年代以降の作品の多くのタイトルには，日米科学技術力競争史観（日本の科学技術の歴史をアメリカとの優劣競争を基軸として描こうとする姿勢）を想起させるキーワードが踊っている．その嚆矢となるのは中山茂編著『日本の技術力——戦後史と展望』（朝日新聞社，1986年）であるが，『科学技術の国際競争力——日米相剋の半世紀』（朝日新聞社，2006年）をへて，最晩年に書かまで，連綿と連なっている．

中山がそうした日米科学技術力競争史観に立脚した作品を出し続けてきた背景は3つあると考えられる．第1に，青少年時代の体験である．軍国主義の時代に少年期を過ごし，広島で原爆攻撃の被害者となり，占領軍の管理下で学生時代を過ごし，青年期にアメリカに留学して彼我の豊かさの差を思い知らされた中山茂にとって，アメリカは羨望の対象であるとともに，対抗意識の対象でもあった．第2に，学問の国際比較（とりわけ東西比較）の視点と，そのセンター移動の視点を，中山は若い頃から身に付けていた．それは前出の『歴史としての学問』において雄弁に語られている．第3に，そうした知的背景をもっていた国際人である中山が，1980年代を頂点とする日本の科学技術に対する国際的評価の高まりを受けて，日本の科学技術の国際的地位に関する議論を活発に展開するのは自然の成り行きであった．そしてそれは中山の現代史記述にもしっかり反映された．

その意味で中山は，科学技術力競争史観から自由ではなかった．それはもちろん科学技術立国史観と同じではないが，両者の距離が近いことは否定できない．中山の後に続く者はそれを忠実に継承する必要はない．むしろ官・産・学・民の4セクターアプローチなどにより，科学技術立国史観を相対化する大きな手がかりを与えてくれた中山の姿勢を継承すればよい．

Shigeru Nakayama and the Historical Perspective Based on Techno-Nationalism

YOSHIOKA Hitoshi *

Abstract

Dr. Shigeru Nakayama (1928–2014) was one of the most creative historians of science and technology in Japan. The purpose of this paper is to clarify Nakayama's thoughts on the historical perspective based on techno-nationalism.

Nakayama was severely critical to the techno-nationalistic arguments, emphasized by scientists, bureaucrats, or policy makers, because of its self-seeking nature and childishness. This criticism not only focused on Japanese persons concerned, but also arguments by U.S. government representatives in the era of the Reagan administration.

But Nakayama continued to hold a keen interest in the international comparison of the level of science and technology among leading nations from 1960s. In particular, comparison of scientific and technological capability between the U.S. and the Japan was one of the main topics of Nakayama's historical research from the late 1980s until his later years. In that sense, Nakayama was not free from the historical perspective based on techno-nationalism.

Keywords: Shigeru Nakayama, Techno-nationalism, Social history of science

Received: November 5, 2015; Accepted in final form: April 16, 2016
* Graduate School of Social and Cultural Studies, Kyushu University; yoshioka@scs.kyushu-u.ac.jp

論文

法科学における異分野間協働

異種混合性への批判と標準化

鈴木　舞*

要　旨

科学的活動において異なる科学分野や人々がいかに協働しているのかは，STSの重大な研究関心であり，これまで中間物を利用することで，互いの差異を保持したまま異分野間協働が行われる様子が分析されてきた．本論文では，ニュージーランドの法科学ラボラトリーでの質的調査に基づき，法科学における異分野間協働の特性を考察した．犯罪に関連する資料の科学鑑定を担う法科学には多様な鑑定分野が含まれ，裁判での裁定に寄与する為に互いに協働している．鑑定分野間の協働の在り方の変化を分析することで，法科学における協働の特性として，それが裁判の影響を受けていること，裁判では中間物を利用し鑑定分野の異種混合性を維持した協働の形ではなく，鑑定分野間で標準化された実践に基づいた協働の形が求められることが明らかになった．さらに，鑑定分野間で標準化された実践とは，DNA型鑑定のやり方に他の分野を統合していくことを意味し，法科学のDNA型鑑定化が生じていることが分かった．

1. はじめに

本論文の目的は，犯罪に関連した科学である法科学の異種混合性に注目し，法科学の異分野間の協働がどのような特性を持つのかを明らかにすることである．

社会における科学の重要性が高まる中で，犯罪解決に貢献する為に資料[1)]を科学的に分析する科学鑑定が重視されている．こうした科学鑑定を担っているのが，犯罪現場での資料の採取方法や資料の鑑定方法に関する知識の体系からなる法科学（forensic science）という学問分野である（瀬田，井上 1998）．

犯罪現場には血痕や毛髪，塗料など多様な資料が残される為，鑑定する資料に応じて法科学には多くの分野が存在し，指紋鑑定やDNA型鑑定，塗料鑑定，繊維鑑定，銃器鑑定，足跡鑑定などが法科学の諸分野として含まれる（Bell 2008）．

こうした法科学はSTS（Science and Technology Studies）の関心を呼び，1990年代からそれを対象とした研究が行われてきた．例えば，確実に個人識別ができると考えられていたDNA型鑑定の

2015年8月19日受付　2016年4月16日掲載決定
＊東京大学地震研究所，msuzuki@eri.u-tokyo.ac.jp

不確実性が裁判を通して明らかになる様子や(Halfon 1998; Jordan and Lynch 1998; Lynch 1998; Lynch and Jasanoff 1998)，非専門家がDNA型鑑定を独自に理解していること(Grace et al. 2011; Jasanoff 1998; Prainsack and Kitzberger 2009)，法科学を題材としたテレビドラマと人々の法科学への認識との関係性(Byers and Johnson 2009; Cole 2015; Kruse 2010)，科学技術や法，政策などとの相互作用の中で，DNA型鑑定に関するデータベースが構築される様子(Hindmarsh and Prainsack 2010; Williams and Johnson 2008)が考察されてきた．

しかし先行研究では，法科学の諸分野の中でもDNA型鑑定に関する検討が多く，多様な分野を含むという法科学の異種混合性と分野間の相互作用に着目した分析は，ほとんどなされていない．これに対し本論文では法科学の異種混合性とそのダイナミクスを考察するが，その際注目するのが異分野間の協働という観点である．

スターとグリースマー(Star and Griesemer 1989, 387)は，「科学的活動とは異種混合である」と述べているが，ある科学的活動を行う際に，複数分野が協働することはしばしば行われ，異種混合状態の中で協働がいかに達成されるのかはSTS研究者の大きな関心を集めてきた．法科学の諸分野も互いに協力しているが，法科学分野間の協働はこれまでSTSで検討されてきた異分野間の協働とは異なる特性を持っている．

本論考では，科学鑑定が行われる法科学ラボラトリー(以下，法科学ラボとする)での質的調査に基づき，法科学の異分野間協働がどのようになされるのかを分析し，その特徴を明らかにするとともに，従来の協働研究や主にDNA型鑑定を扱ってきた法科学に関する先行研究に新たな知見を提示する．

2. 科学の異種混合性と協働

事例分析に先立ち，ここでは異種混合性や異分野間協働に関する従来のSTS研究を概観する．

2.1 ネットワークと協働

科学に関する異種混合性に着目したSTS研究としては，アクターネットワーク理論と協働研究を挙げることができる．科学的知識の成立について，社会の役割を過度に重視した社会構成主義に対して，関係するアクターの異種混合性に注目し生まれたのがアクターネットワーク理論である．この理論的枠組みの中で，社会構成主義のもとでは重視されてこなかったモノ(自然物や人工物)にもヒトと同等の価値が与えられ，多様なアクターがネットワークを形成する中で，科学的知識が成立する様子が描き出されてきた(Callon 1986a; Callon 1986b; Callon 1987; Latour 1987; Law 1987)．

アクターネットワーク理論では，科学的知識の成立に関して科学者がネットワークの中心におり，モノも含んだ異種混交のアクターを巻き込んでいく．すなわちアクターの中でも科学者が，自身の利害関心を実現する為に他のアクターを利用するとされている．さらにアクターネットワーク理論では，そこで描き出される世界が文化的に均質であり，多様な文化と個々のアクターの振る舞いやネットワーク形成との関係が検討されていない．これに対して，どのアクターの突出も許さず，アクターは相互に利用し合う関係であるとして，複数の科学分野や科学者以外の様々な人々が参加する活動がいかに遂行されるのかを，アクターの文化的背景に注目して分析したのが，協働研究である(Fujimura 1992; Sismondo 2010; Star and Griesemer 1989)．

本論考で扱う法科学に関しては，裁判での裁定に貢献する為に個々の鑑定分野が互いに協力しており，その際鑑定分野の文化的背景が重要な意味を持つ．その為，異種混合性に関する議論のうち，以下で述べる協働研究の分析枠組みを利用して考察を行う.

2.2　協働における異分野間対立と「中間物」

スノー(Snow 1959)は科学と人文学とが異なる文化に属しており，その間の相互交流が行われていないことを悲観的に論じたが，クノール＝セティナ(Knorr-Cetina 1999)は，科学といってもそれは一枚岩ではなく，様々な科学分野は異なる「認識的文化(epistemic cultures)」を持つと主張した．そして高エネルギー物理学と分子生物学のラボとを比較し，実験方法や実験の解釈方法，合理化の仕方，コミュニケーション手段，組織構造などの認識的文化が両者で異なっている点を明らかにした.

科学には様々な文化を持つ多種多様な分野が含まれているが，科学の扱う対象が複雑であったり，科学的研究の影響が多方面に及んだりする為に，多分野，多様な人々を含んだ科学的活動が行われている．こうした文化の異なる複数の参加者が関わる活動を分析したのが，協働研究である(cf. Duncker 2001).

例えば，スウェーデンの針葉樹の生育に関するプロジェクトについて，そこに参加した実験科学者と理論科学者との協働が考察されている．それによれば，データを重視する実験科学者とデータよりも直感を重視する理論科学者との間で，採用する研究方法などをめぐり対立が生じ，協働が思うように進まなかったという(Bärmark and Wallén 1980)．また近年では，コンピュータ科学や生物学，医学など多様な分野の協働により，科学的知識のデータベース化が行われている．しかし分野間でそもそも何を対象とし何を目的とするかが異なっており，この違いがどのようなデータベースを作り，いかなる情報をそこに入れるかに関する対立を生み，データベースの構築や利用に問題が生じている点が検討されている(Leonelli 2012; Star and Ruhleder 1996).

異分野間協働においては参加者間で利用する用語や手法，目標やプロジェクトの進め方などを一致させること，すなわちそれらを標準化することが重要である．しかし現実には参加者間の違いにより意思疎通がうまく行かなかったり，各参加者が自分の主張を通そうとしたりすることで対立が生じ，標準化は難しく協働の遂行に困難が生じる(Bauer 1990; Hicks 1992; Star and Griesemer 1989).

こうした協働参加者間の違いから生じる問題に関して，参加者同士の対立がいかに回避され協働が行われるのかが，参加者間を媒介するもの(本論考では，従来のSTS研究で論じられてきた協働参加者の媒介を担うものを「中間物」とする)の観点から論じられてきた．例えばスターとグリースマー(1989)は，「境界物(boundary objects)」という，協働参加者に共有されているが各参加者が自由に解釈できるものによって，多様な参加者が互いの差異を保持したまま結びつくことが可能となり，参加者間の完全な意見の一致なしに協働がなされると主張した.

またギャリソン(Galison 1997)は，物理学というひとつの科学分野の下位分野，実験物理学と理論物理学の交流を考察している．そして両者がその違いを保持しつつも「交易圏(trading zones)」と彼が呼ぶ，意思疎通を行う場や中間言語を使用する場を生み出し，互いに協力していることを明らかにした.

こうした境界物や交易圏は，協働を考察する際の分析枠組みとして，その後多くの事例に応用されてきた(cf. Fox 2011; Halpern 2012; Marie 2008; Sundberg 2007; Zeiss and Groenewegen 2009)．例えば複数の科学分野による光学レーザー装置製作プロジェクトを分析したダンカー(Duncker 2001)は，境界物の変化に着目している．この学際的プロジェクトの初期段階には，異分野間の意思疎通の為に専門用語ではなく一般的な言葉が使用されていた．そしてプロジェクトが進むにつれて，より専門的な数式が利用され，さらに各分野の用語を意訳する「辞書(dictionary)」が成立した．一般用語，数式，辞書へと協働の段階に応じて境界物はその形を変えていくが，様々な境界物は，個々の分野で採用されている対象の解釈方法や分析手法などの違いにも関わらず，分野間で互いの活動の大枠を理解させ，プロジェクトの参加者を結びつけることに貢献したという．

さらに「態度変更(alternation)」という観点から，協働参加者を結合する中間物としての通訳者の役割が議論されている．境界物は，それを協働参加者が自由に解釈するものであり，交易圏は，そこで使用可能な中間言語を協働参加者が生み出し交流する場である．これに対し通訳者は，協働参加者に代わり，複数の参加者間で発言を翻訳し，参加者間の考え方の違いを維持させたまま協働を可能にするものである．様々な協働参加者の代理となり，参加者の結合に貢献することが態度変更とされ，協働参加者を媒介する中間物の新たな形として指摘されている(Ribeiro 2007; cf. Berger 1963)．

2.3　異種混合性の存続

異分野間協働については多種多様な事例，複数の観点から検討がされてきたが，これまで研究されてきた多くの事例では，分野間に存在する差異が解消されることはなく，科学的活動が遂行されている．その異種混合性が保たれたまま，協働が行われているといえる．

異なる科学分野は本質的に違っており，すなわちその認識的文化を異にしており，また科学分野でなくとも，異なる集団間には差異があり，その違いをひとつにまとめることは対立を招くことにもなり，難しい．従来の協働研究で分析されてきた事例では，認識や実践に関する差異をなくし，それらを参加者間で標準化することはほとんど行われていない．それぞれの分野は境界物，交易圏，態度変更といった中間物を利用することで，分野間の対立を回避し，各々の違いを維持したまま結びついている．

3.　法科学の異種混合性

以上，異種混合性と異分野間協働に関するSTS研究を概説したが，以降では法科学に関する協働を考察する．まず本章で，法科学の諸分野にどのような違いがあるのかを記述し，次章で法科学の異分野間協働の特性を検討する．

3.1　調査対象と調査方法

議論に入る前に本論考のもととなった調査対象と調査方法を述べる．調査は，ニュージーランドで警察や検察，弁護士，裁判所，被害者や被疑者などから依頼を受けて科学鑑定を行う，The Institute of Environmental Science and Research(以下，ESRとする)という研究所の法科学ラボで行われた．

法科学が異種混合性を持ち，異なる分野が互いに協力していることは，ニュージーランド独自の事象ではない．例えば日本では，司法研修所(2013)が法科学の諸分野を，鑑定方法の科学性という観点から4つに分類している．鑑定方法の科学性は未解明だが，経験的に鑑定自体に一定の意味があると理解される鑑定分野(警察犬による臭気選別など)が第1類型，指紋，足跡，筆跡，毛髪鑑定などが第2類型，ポリグラフ検査などが第3類型，DNA型鑑定などが第4類型とされ，数字が増えるに伴い鑑定方法の信頼性や科学性が増していくとされている．犯罪が発生すると，こうした多様な鑑定分野が協力し様々な資料の鑑定が行われ，犯罪現場で何が起こったのかが明らかにされていく.

本論考ではニュージーランドのESRに注目したが，その理由は次の通りである．日本や，後述するように日本以上に法科学に関する議論が盛んなアメリカをはじめ，科学鑑定を実施する法科学ラボは一般的に警察に所属している．しかしESRは1980年代から90年代に起こったニュージーランドの公的事業民営化の中で成立した，政府を株主とした株式会社であり，警察から独立している(French and Norman 1999)．また，各地の警察にそれぞれ法科学ラボが存在し，民営の法科学ラボも複数存在する日本やアメリカとは異なり(平岡 2014; Houck 2007)，ニュージーランドではESRというひとつの組織が国内の鑑定業務をほぼ独占している．第4章でも議論するが，こうした社会的背景の独自性ゆえに，他国での状況と比較してニュージーランドのESRでは，本論考で明らかにしたい法科学に関する協働の特性が，顕著に具現化されている．その為，調査対象として選定した.

具体的な調査は，2010年8月から2012年3月にかけて，ESRでDNA型鑑定を行う法科学ラボ(以下，DNAラボとする)，塗料や繊維などの微細物や，銃器などの鑑定を行う法科学ラボ(以下，物証ラボとする)，犯罪現場の鑑識や現場に残された足跡の鑑定を行う法科学ラボ(以下，鑑識ラボとする)[2]の3つで遂行された．調査方法として質的調査法を採用し，個々のラボで科学鑑定がどのように実施され,鑑定分野間の協働がいかになされているのかを明らかにすることを目的として，ESRの職員(技官，法科学者など)の日々の活動を参与観察し，彼らへの聞き取り調査，文献調査を行った[3].

3.2 鑑定分野間の差異

ここでは，法科学諸分野で具体的にどのような違いが存在するのかを，ESRの3つのラボで行われていた鑑定実践を記述することで明らかにする(なお，第4章で述べるように，本節で記述するのはかつてESRで採られていた鑑定方法である).

3.2.1 DNA型鑑定

生命の遺伝情報を担うDNAの個人差を利用して，発見された資料が誰のものか[4]を分析するのがDNA型鑑定である．個々人のDNAの特徴は，その人のDNAプロファイルと呼ばれており，DNAプロファイルは数字で表される(cf. Butler 2005)[5].

ESRでDNA型鑑定はDNAラボで行われるが，DNA型鑑定ではまず，犯罪現場や被疑者，被害者などから採取された資料を分析し，その資料のDNAプロファイルが何かを判断する．次に，得られたDNAプロファイル同士を比較し，プロファイルが一致するかどうかを判定する．最後に，DNAプロファイル間で一致が見つかった場合,この一致が何を意味するのかを検討する．例えば，犯罪現場の血痕のDNAプロファイルと被疑者のDNAプロファイルが一致したとしても，被疑者と全く同じプロファイルを持つ人が存在し,その人が犯罪現場の血痕を残した可能性が考えられる．その為，複数のDNAプロファイル間で一致が見つかると，この一致から，資料が特定の人のものである可能性がどの位なのか(ESRでは，「『資料が特定の人のものである』という仮説がどの程度支持されるのか」[6]，と表現される)が検討される.

この，DNAプロファイルの一致が何を意味するかを判断する際，数量的データベースと統計的手法が利用され，結果が数値と言葉で表される．誰のものか分からない資料のDNAプロファイルと，特定の人のDNAプロファイルとが一致した場合，一致したプロファイルの出現頻度が低ければ(プロファイルが珍しいものであれば)，「資料が特定の人のものである」という仮説への支持の度合いが高まる. DNAラボにはDNAプロファイルに関するデータベースが存在し, 特定のプロファイルの出現頻度(珍しさ)が数値化されている[7]. さらに, 数値化されたプロファイルの出現頻度を利用して, 「資料が特定の人のものである」という仮説への支持の程度を検討する為の, 統計的プログラムが構築されている.

こうしたデータベースやプログラムを利用することで, DNA型鑑定では自動的に結果が数値の形で算出される. 犯罪現場の資料と被疑者の資料とでDNAプロファイルが一致した場合, 一致したDNAプロファイルをデータベースやプログラムに入力すると, 例えば, 「ニュージーランド人におけるこのDNAプロファイルの出現頻度は, 1×10^{-7} である. このことから, 『犯罪現場の資料が被疑者のものである』場合にDNAプロファイルが一致する確率は, そうではない場合[8]にDNAプロファイルが一致する確率の 1×10^{7} 倍である」といった形で結果が自動的に出てくる.

そして, 「『犯罪現場の資料が被疑者のものである』場合にDNAプロファイルが一致する確率は, そうではない場合にDNAプロファイルが一致する確率の 1×10^{7} 倍である」という結果は, 表1を利用して, 「資料が特定の人のものである」という仮説支持の程度を表す言葉の形に変形される. この表は統計的研究に基づいて作成されており(cf. Jeffreys 1961), 得られた数字に対して, 5つの選択肢の中から表現が選ばれる. 先の例でいえば, 自動的に算出された 1×10^{7} 倍という数字に対応する, 「極めて強く支持される」という表現が選択され, 「『犯罪現場の資料が被疑者のものである』という仮説が極めて強く支持される」という鑑定結果となる. 鑑定結果を記入する鑑定書には数値(1×10^{7} 倍)と言葉による表現(極めて強く支持される), 両方が記載される.

表1　DNA型鑑定結果の表現方法(ESR 2009をもとに筆者作成)

「資料が特定の人のものである」場合にDNAプロファイルが一致する確率は, そうではない場合にDNAプロファイルが一致する確率の何倍か	「資料が特定の人のものである」という仮説がどの程度支持されるのか[1]
1,000,000 ～	極めて強く支持される
1,000 ～ 1,000,000	非常に強く支持される
100 ～ 1,000	強く支持される
10 ～ 100	支持される
1 ～ 10	わずかに支持される

1) 複数の資料間でDNAプロファイルが一致しなかった場合には, 「資料は特定の人のものではない」という鑑定結果となる. また複数人のDNAプロファイルが混ざっており誰のプロファイルか分からなかった場合などに, 言葉による表現として「分からない」という選択肢も使用される. さらに, 算出された数値がこの表に書かれたものの逆数だった場合には, 逆の仮説への支持が高まる. 例えば, $1/1 \times 10^{7}$ という数値が出た場合, 「『資料が特定の人のものではない』という仮説が極めて強く支持される」という鑑定結果になる. 1未満の値が出ることはあまりなくDNAラボでは通常表1が利用されていた為, 本論文でもそれに従ったが, 実際には12種類の言葉による選択肢が存在した.

3.2.2 銃器鑑定

DNAラボで行われるDNA型鑑定に対し, 物証ラボでは異なる鑑定が行われている. 物証ラボでは複数の科学鑑定が実施されるが, ここでは銃器鑑定を取り上げる. ライフルマークに代表されるように, 銃から発射された弾丸には傷が付着する. この傷を分析し, 発見された弾丸が, どの銃によって発射されたのかを分析するのが銃器鑑定である.

例えば犯罪現場で見つかった弾丸と被疑者の銃がラボに持ち込まれると, まず被疑者の銃の試射が行われる. そして, 犯罪現場で発見された弾丸の傷と, 被疑者の銃から試射した弾丸の傷の状態が分析され, それぞれの弾丸にどのような傷がついているのか, 両者の傷が一致するのかが検討される．ここで，2つの弾丸の傷が一致したとしても，被疑者以外の銃で同様の傷をつけるものが存在する可能性がある為，被疑者の銃が犯罪現場の弾丸を発射したとは言い切れない．したがってDNA型鑑定と同様に銃器鑑定でも，複数の弾丸についた傷の状態が一致した場合に，この一致から，特定の銃が弾丸を発射した可能性がどの位なのか(ESRでは，「『特定の銃が弾丸を発射した』という仮説がどの程度支持されるのか」，と表現される)が検討される．

そして弾丸についた傷の一致が意味するものを判断する際，法科学者達は自身の経験や知識を利用し，結果を言葉のみで表現する．犯罪現場の弾丸と被疑者の銃から試射した弾丸についた傷が固有のもの(傷が珍しいもの)であり[9]，両者の傷がほとんど一致していれば，「被疑者の銃が犯罪現場の弾丸を発射した」という仮説への支持の度合いが高まる．傷がどの位固有のもの(珍しいもの)といえるかや傷の一致の程度について[10]，法科学者達はデータベースなどではなく，自身の中に蓄積してきた傷に関する鑑定経験や知識に基づいて検討する．さらに，傷の固有性や一致度に応じて表2の6つの選択肢の中から，仮説への支持の程度をやはり経験や知識を利用して選択する．

例えば，犯罪現場で採取された弾丸についた傷と被疑者の銃から試射した弾丸についた傷を比較した結果，「2つの弾丸についている傷は，固有のものではなく(他にも同様の傷をつける銃が多数存在する：筆者注)，傷はわずかに一致している．このことから『被疑者の銃が犯罪現場の弾丸を発射した』という仮説がわずかに支持される」という鑑定結果が出される．「2つの弾丸についている傷は，固有のものではなく，傷はわずかに一致している」という，傷の固有性や一致度に関する判断や，「『被疑者の銃が犯罪現場の弾丸を発射した』という仮説がわずかに支持される」という鑑定結果は，法科学者自身が持つ経験や知識に基づいて産出されたものである．

なお，物証ラボでは銃器鑑定以外の科学鑑定も行われるが，他の鑑定についても同様に，法科学者の経験や知識，表2の6つの選択肢を使用して鑑定結果が出され，鑑定書に記載される．

表2　銃器鑑定結果の表現方法(ESR 2009をもとに筆者作成)

「特定の銃が弾丸を発射した」という仮説がどの程度支持されるのか[1)]
「特定の銃が弾丸を発射した」ことは確実である
非常に強く支持される
強く支持される
支持される
わずかに支持される
分からない

1) 物証ラボで使用されていた表には記載されていなかったが，複数の弾丸同士でその傷が一致しなかった場合には，「特定の銃は弾丸を発射していない」という鑑定結果となる．実際にはこの表現も含んだ7種類の言葉による選択肢が存在した．

3.2.3　足跡鑑定

足跡の状態に着目し，犯罪現場などで見つかった足跡がどの靴によるものかを判断するのが足跡鑑定である．足跡鑑定は鑑識ラボで行われるが，そこでも銃器鑑定同様の鑑定が実施されている．足跡鑑定では，法科学者の経験や知識を使用して足跡の固有性(珍しさ)や一致度を判断し，さらにその判断に基づいて，鑑定結果が選択され言葉で表現される．ただし，結果の表現については表3が使用される．

表3　足跡鑑定結果の表現方法(ESR 2009をもとに筆者作成)

「特定の靴が足跡を残した」という仮説がどの程度支持されるのか
「特定の靴が足跡を残した」ことは確実である
非常に強く支持される
強く支持される
支持される
仮説を棄却できない
分からない
「特定の靴が足跡を残していない」という仮説が支持される
「特定の靴が足跡を残していない」ことは確実である

4. 法科学における協働

このように法科学分野間にはその実践に違いが存在するが，犯罪が発生すると，様々な資料の鑑定が行われ，多様な鑑定結果を利用して犯罪現場で何が起こったのかが明らかにされ，裁判で裁定が下される．犯罪解決に貢献する為に異なる鑑定分野は協働しているが，以下ではこうした法科学分野間の協働の特性を考察する．考察にあたり，協働の在り方の変化に注目する．筆者の調査中に，ESRの鑑定分野間の協働の形に変化が生じたが，これは法科学における協働の特性と関係している．本章ではまず，かつてESRの鑑定分野がどのように協働していたのかを記述し，続いて協働の変化を論じる．

4.1　境界物としての「一致の評価」

法科学諸分野の協働において重要なのが，科学鑑定の中で行われる「一致の評価」[11]というプロセスである．第3章で述べたように科学鑑定では，まず資料の特徴(例えばDNAプロファイルや傷の状態)を明らかにし，複数の資料間で特徴が一致するかを判断する．そしてこの資料間の特徴の一致が何を意味するのかを検討するのが，一致の評価である．

各々の鑑定を通して資料間の特徴に一致が見つかったとしても，それが何を意味するのかは，専門的すぎて他の鑑定分野の法科学者には分からない場合が多い[12]．一致の評価を通して，資料間の特徴の一致が，「『犯罪現場の資料が被疑者のものである』という仮説が極めて強く支持される」，「『被疑者の銃が犯罪現場の弾丸を発射した』という仮説がわずかに支持される」という形に変換される．この，どういった仮説がどの程度支持されるのかという形になることで，異なる鑑定分野は互いの鑑定結果を理解でき，互いの結果を利用しながら犯罪現場で何が起こったのかを明らかにすることが可能となる[13]．

こうした一致の評価は，鑑定分野間の差異を存続させたまま協働を可能とする中間物，特に境界物として機能していたといえる．ESRでは一致の評価のやり方を明確に定めている訳ではなく，前述した通り各鑑定分野はデータベースや統計的手法，法科学者の経験や知識を利用し，異なる表を使用して結果を表現するなど，独自に一致の評価を行っていた．複数の資料間の特徴の一致が何を意味するのかを，仮説との関係で検討する，という一致の評価のやり方の大枠のみが共有され，各鑑定分野はそれを独自に解釈し異なる実践を行っていたのである．しかし，一致の評価を境界物として利用していた協働の形が変化することになる．

4.2　異種混合性への批判

ニュージーランドで起こったある射殺事件について，DNA型鑑定と銃器鑑定がESRに依頼され，鑑定結果が検察側の証拠として裁判に提出された[14]．しかしこの裁判の中で，2つの鑑定分野が一致の評価について異なる実践を行っているという点が，弁護側から批判された．弁護側は，DNA型鑑定と銃器鑑定とで，一致の評価結果，すなわち鑑定結果の表現方法が異なる点に着目し，「ESRという同じ組織に属するにも関わらず，異なる表現方法を使っていることには驚きを隠せない」と批判した[15]．さらに別の事件の裁判でも表現方法の違いが批判され，法科学者達はそれに対応することとなった[16]．

4.3　境界物から標準化へ

裁判での鑑定分野間の差異への批判を受け，ESRは使用する表現をひとつにまとめる，すなわち標準化しようとし，3つの法科学ラボの法科学者達が議論を行った．後述するようにこの標準化により，境界物を利用した協働から新たな形へと，協働の在り方が変化する．本節では標準化がどのように行われたのかを述べ，次節で法科学における協働の特性を考察する．

使用する表現の標準化をめぐって，法科学ラボ間で議論が繰り広げられたが，まず論点となったのは，標準化された表現として数値を使用するかどうかである．DNA型鑑定以外の鑑定分野，特に足跡鑑定を行う法科学者達は，自分達は自らの経験やそれに基づく知識を使用して鑑定を行っており，数値で結果を出しているわけではないとして，標準化された表現の中に数値を入れることに反対した[17]．一方DNA型鑑定を行う法科学者達は，他の鑑定分野でもDNA型鑑定同様に，統計的手法に基づいて数値で結果を出せるはずだとして，標準化された表現として数値を使用することを強く主張した[18]．

さらに大きな議論の的となったのは，「特定の銃が弾丸を発射したことは確実である」[19]，「資料が特定の人のものであることは確実である」のように，「確実である」という表現を全ての鑑定分野で利用するかどうか，という点であった．

この表現は，DNA型鑑定以外の鑑定分野では使用されていたが，DNAラボの法科学者達は次のような理由で，この表現を使用することに反対した．

> 「多くの人からDNAプロファイルを集めても，『資料が特定の人のものであることは確実である』とは言い切れない．銃器鑑定を行う法科学者は，『特定の銃が弾丸を発射したことは確実である』ということを証明する為に，全ての銃を調べる必要がある（中略）．全てを調べない限り，他の銃が弾丸を発射した可能性は常に存在する．」[20]

世界中の全ての資料を調べることは事実上不可能である為，「確実である」という結論を出すことは，ある意味奇跡を信じることと同じといえる[21]．DNAラボの法科学者達は，法科学者自身の豊かな経験や知識に基づいた実践を行っているその他の鑑定分野では，こうした結論に至ることも可能かもしれないが，データに基づいて統計的手法を利用して確率的に結果を出すという客観的な実践を行っているDNA型鑑定では，こうした結論を出すことはできないとして，「確実である」という表現を使用することに強く反発した[22]．

これに対し，銃器鑑定や足跡鑑定を行う法科学者達は，「対象を観察していく中で，『確実である』と結論づけられる場合がある」と主張し，この表現の使用を提唱した[23]．

銃器鑑定を行う物証ラボの法科学者Hによると，顕微鏡で弾丸を見ていると，そこについた傷のひとつひとつが訴えかけてくることがあるという．

> 筆者「世界中の全ての銃を調べた訳ではないのに，どうして被疑者の銃がこの弾丸を発射したと言い切れるのですか？」
> H「確かに，難しいね．でも，顕微鏡で見ていると画像が訴えかけてくることがある．ワオッていう感じに．2つの弾丸についた傷の細かな状態がぴったり一致すると，そうした様子が顕微鏡のレンズを通して，『被疑者の銃が犯罪現場の弾丸を発射した』と言ってくる．見れば分かるよ（下略）．」[24]

コンピュータがはじき出す数字をみているDNA型鑑定とは異なり，その他の鑑定分野では，ひとつひとつの対象を法科学者自身が細かく観察することで，「確実である」という鑑定結果を出すことができると考えられていた．その為，DNA型鑑定以外の鑑定分野の法科学者達は，この表現を使用し続けることを強く主張し，議論は平行線をたどった．

標準化をめぐる議論が紛糾したのは，鑑定分野間の表現方法の違い，すなわち一致の評価のやり方の違いが，そもそも個々の鑑定分野が対象とする資料の特性や鑑定分野がおかれた社会的状況の違いという，鑑定分野間の根本的な違いと関係していたからである．

一致の評価では，一致した資料間の特徴がどの位珍しいものかが重要になる．DNA型鑑定で対象となるDNAプロファイルとは，数字で表されるとともに，両親から引き継がれ終生変わらないという特性を持つ．したがって数字の違いによって，どのようなDNAプロファイルがどの位存在するのか，すなわちあるプロファイルがどの程度珍しいのか（プロファイルの出現頻度）を，数量的に把握しデータベース化できる．そしてこの量的データに基づいて統計的手法を確立し，鑑定結果を数値で表現することが可能となる（cf. Butler 2005）．

これに対しそれ以外の鑑定分野では，扱う資料の特性がDNA型鑑定とは異なっている．例えば銃器鑑定で注目されるのは，弾丸についた傷であるが，傷は形態として弾丸に刻印され，形態には，形や長さ，幅，深さ，二次元か三次元かなど，非常に多くの情報が含まれる[25]．さらに弾丸の傷は，変わりやすいという特性があり，例えば同じ銃で弾丸を連射したとしても，2つの弾丸につく傷が異なる場合があるという[26]．どのような傷がどの位存在するのか，つまり特定の傷の珍しさ（傷の固有性）に関するデータベースを作成し，統計的手法を確立する為には，弾丸につく傷のサンプルの収集とそれを一定の基準下で分類する必要がある．しかし，数字で表され変化しないDNAプロファイルという単純な対象を扱うDNA型鑑定とは異なり，複雑で変化しやすい対象を扱う銃器鑑定では，分類基準設定の難しさや収集するべきサンプルの膨大さなどからデータベース構築が難しい[27]．その為，熟練した法科学者がその経験などを使用して判断を下すという方法が採られてきた[28]．

さらに，「警察は，DNAプロファイルが見つかれば犯罪は解決すると考える場合がある」[29]とある法科学者が述べるように，近年DNA型鑑定に対する人々の期待は大きく，それゆえに研究資金が大量に投入され，そこで利用されるデータベースや統計的手法はますます改良されている．ESRでもDNA型鑑定への人々の関心の高さを受け，他の鑑定分野に比べて多くの職員を雇用し，多数の研究を行っている．鑑定の中で，データベースや統計的手法を利用する為には，データの収集や研究が必要となる．しかし多くの予算がDNA型鑑定に当てられる一方で，他の分野に対しては予算が回らず必要な研究がなかなかできていないという[30]．

ESRの各鑑定分野では異なる実践，一致の評価のやり方がなされてきたが，この差異はそれぞれの鑑定分野が対象とする資料の特性や各々がおかれた社会的状況とも関係していた．こうした鑑定分野間の本質的で複雑な違い，クノール＝セティナ(1999)のいうところの認識的文化の違いを解消することが難しかったからこそ，裁判での批判以前は一致の評価を境界物として機能させ，分野間の違いを存続させたまま協働が行われていた．したがって，一致の評価についてそのやり方を標準化することは困難を極め，論争の収拾がつかず一時は標準化しなくてもよいのではないか，という意見も法科学者達の中からは聞かれた[31]．しかしESRの責任者の内の１人が，「異分野間で異なる実践を行っていれば，また裁判でそれが批判される．標準化するように」という決定を下し，それにしたがう形で強制的に議論が収束させられ，標準化が行われた[32]．

4.4　標準化と裁判

最終的にESRでは，鑑定結果の表現方法として表４を使用することになった[33]．ただし銃器鑑定や足跡鑑定などに対して当面の間，数値を使用しなくてよいこと，またDNA型鑑定に対しては「確実である」という表現を使用しなくてよいことが認められた[34]．一部の例外を認めている為，異分野間の違いが解消されたのか疑問を呈する法科学者もいた[35]．しかし表４の作成に際し，銃器鑑定や足跡鑑定などに対して，データベースや統計的手法を確立し，鑑定結果を数値で算出する為の研究を行うことが要請され，実際に研究が開始された[36]．このことから，将来的には全ての鑑定分野で同じ表現を使用するようになることが期待され，多くの法科学者達は，鑑定実践が標準化され異分野間の差異はなくなったと考えていた[37]．

表４　鑑定結果の表現方法(ESR 2011; Hancock et al. 2012 をもとに筆者作成)

「資料が特定の人のものである」[1]場合に資料の特徴が一致する確率は，そうではない場合に資料の特徴が一致する確率の何倍か	「資料が特定の人のものである」という仮説がどの程度支持されるのか[2]
数値なし	「資料が特定の人のものである」ことは確実である
1,000,000 ～	極めて強く支持される
1,000 ～ 1,000,000	非常に強く支持される
100 ～ 1,000	強く支持される
10 ～ 100	やや支持される
1 ～ 10	わずかに支持される
1	どちらともいえない

1)それぞれの鑑定に関する仮説をここに入れる．
2)数値の逆数に対応した選択肢も存在し，実際には言葉による選択肢は 13 種類ある．

裁判でのESRへの批判は，境界物を利用することで，異なる鑑定分野がその違いを維持したまま結びついている協働の在り方への批判であった．それを受けて鑑定分野間で，その差異をなくし，標準化された実践に基づいて協働を行うという新たな協働の形への変更が行われた．こうした変更について，ある法科学者は次のように述べている．

「同じ表を使うことで，別のラボが出した鑑定結果が何を意味しているのかが分かりやすくなった(中略)．大体は知っているけど専門ではないDNA型鑑定について，同じ表に基づいて，自分の専門である足跡鑑定と比較して理解できるようになった．」[38]

鑑定分野間の対立を生み，最終的には強制的に達成された標準化ではあったが，鑑定分野が互いの結果をより正確に理解することを可能にしたという点で，標準化には一定の意味があったといえる．

これまでSTSで考察されてきた事例では，異なる分野間の差異を継続させたまま協働がなされていた．それに対して裁判に関係する法科学諸分野の協働では，異なる分野間の差異が批判され，その解消が求められる．裁判では法科学が一枚岩のものとして捉えられており，異なる分野で違うことを行っている点が批判の対象となるのである[39]．法科学ラボ外部の裁判から影響を受けるのが法科学の協働の特色であり，その影響下で一致の評価は境界物としての機能を失い，標準化されたものとなっていく．

第2章で述べたようにダンカー(2001)は境界物の変化に注目したが，化学的手法で生命現象を研究するケミカルバイオロジーの日本での展開を分析した福島(2013)は，境界物には「寿命(life)」があると指摘している．境界物とは，多様な人々の違いを覆い隠すことでその差異を維持したまま協働を可能とするものであり，実際にはそうでないにも関わらず同じ考えを共有していると人々が信じることによって，その役割を果たす．しかしひとたび個々の違いが明らかになると，人々を結びつけるものとしては機能しなくなる．そしてこうした境界物の寿命についてスター(2010)は，境界物はいずれそれが標準化されることで死を迎えると主張し，境界物はそれが誕生し死ぬというサイクルの中で考える必要があるとしている．本論考で扱ったのは，境界物が死を迎えるプロセスであるが，法科学における協働ではこの標準化，境界物の死が裁判の影響を受けるという特性がある．

4.5　法科学の「DNA型鑑定化」

法科学諸分野の協働については，裁判によって異種混合性が問題とされ，鑑定実践を標準化することが求められたが，こうした異分野間の差異を解消する動きは，法科学諸分野をDNA型鑑定のような分野へと変えていくこと，法科学の「DNA型鑑定化」ということができる．

本論文ではニュージーランドの鑑定実践を取り上げたが，DNA型鑑定とそれ以外の鑑定分野における鑑定実践に関しては，ニュージーランドと同様の違いが日本をはじめ世界的に見られる(Lynch et al. 2008; 司法研修所 2013)．そして近年，DNA型鑑定こそが理想的な法科学の形であるとして，法科学の他の分野をDNA型鑑定化しようという流れがある[40]．ESRでの標準化において，DNA型鑑定以外の分野に対して，データベースや統計的手法を使用した実践を行い，結果を数値で算出することが求められ，研究が開始されていたが，これはDNA型鑑定化の一端といえる．

法科学の様々な鑑定分野をDNA型鑑定化する動きは，ニュージーランドに限ったものではなく，例えばイギリスでも足跡鑑定に対して，DNA型鑑定のような正確なデータに基づいた統計的手法を確立するように，という要請が裁判の中でなされている[41]．また2006年にアメリカ科学アカデミーが法科学委員会を設立し，アメリカの法科学の実情を調査した．この委員会の出した報告書の中で，鑑定分野間でその実践に違いがあることが指摘された．そしてDNA型鑑定以外の鑑定分野に対して，人によってやり方が異なるような方法ではなく，DNA型鑑定のような画一的な手法を定めることが求められている(National Research Council 2009)．日本でも，直感や経験に基づく筆跡鑑定などの信頼性が裁判の中で争われてきたが，おおむねその信頼性が認められてきた(浅田 2007; 渡辺 2010)．しかし近年，鑑定に際し法科学者の経験的判断に代わり，統計的知見を利用することの重要性が指摘されている(平岡 2014; cf. 弥永 2014)．

こうした世界的な法科学をめぐる流れの中で，しかし現実には法科学者達の反対などにより，裁判などで求められる法科学のDNA型鑑定化はなかなか進んでいない(cf. Berger et al. 2011; Cole 2014)．これに対して，裁判での要求に応じて法科学分野間の協働の在り方の変化，DNA型鑑定化が進んだ理由について，ESRの法科学者達は次のように述べていた．

「裁判で認められない鑑定を行っていることはESRの評判を落とし，顧客を失うことにつながる．だから，裁判での批判に対応して標準化を行った．」[42]

「ニュージーランドは小さな国で，ESR内の少数の法科学ラボでまとめれば良いので，鑑定のやり方を変更できる．でも他国の場合は，多くの法科学ラボがありたくさんの職員が勤務しているから，それら全ての意見をまとめるのが難しい．」[43]

ESRにおける標準化，DNA型鑑定化は，最終的に責任者の指示という上からの圧力によって達成されたが，この指示の背景には，株式会社であるESRとして顧客確保の必要性という，経済的要因が存在する．さらに，国としての規模がそれほど大きくなく，国内に存在する法科学ラボが少ないニュージーランドだからこそ，鑑定分野間の対立を抑えDNA型鑑定化を推進することが可能であったと思われる．

法科学分野間の協働が裁判の影響を受けていること，法科学のDNA型鑑定化はニュージーランドのみに当てはまる事象ではない．しかし，法科学ラボに関係する社会的背景の独自性ゆえに，他国とは異なり，ニュージーランドでは裁判での要求に対応し，協働の在り方の変更が生じた．世界的な流れである法科学のDNA型鑑定化の中で，ニュージーランドでは国の規模や経済的要因がこの動きを押し進めているという点で特徴的である．

5. おわりに

本論文は，法科学における異分野間協働の特徴を明らかにし，従来の協働研究や法科学に関する研究への貢献を目指したが，先行研究とは異なる協働の在り方を示し，法科学分野間の論争や法科学のDNA型鑑定化の動きを論じることで，こうした目的は達成できたと思われる．

法科学における協働は，その在り方が裁判の影響を受けるという特性がある．裁判では，各分野が鑑定手法の大枠を共有することで，その異種混合性を保持しながら結びついていることが問題視され，鑑定実践の標準化が求められる．そして，こうした鑑定分野間の実践の標準化とは，DNA型鑑定で行われているやり方に，他の分野をまとめていくという形を取る．

謝辞

本研究はJSPS科研費JP09J10239，JP15H06106の助成を受けている．また調査にあたり，ESRの多くの職員の方に協力していただいた．さらに，匿名の査読者の方から数多くの的確なご指摘をいただいた．深く感謝の意を表したい．

■注

1）科学鑑定の対象となるものは「証拠資料」，「試料」，「証拠」など様々に表記される（Evett et al. 2000; 瀬田，井上 1998）．本論考では混乱を避ける為に，「資料」とした．
2）ESRの鑑識ラボはニュージーランド国内に3つ存在するが，筆者が主に調査を行ったのはその中のひとつである．ただし，それ以外の鑑識ラボについても文献調査を実施し，本論文ではそのデータも利用した．3つの鑑識ラボでは同様の鑑定実践が行われている．

3）調査では，49名のESR職員に対して平日ほぼ毎日，それぞれの法科学ラボで行われている鑑定実践や職員会議でのやり取り，裁判での証言などの参与観察を行った．また，34名のESR職員に対して，各法科学ラボでの鑑定実践や他の法科学ラボとの協働に関する聞き取り調査を行った．観察内容や観察の際にかわした会話はその場でフィールドノートへ記録し，一部録音も行った．聞き取り調査では一部を除いて内容を録音した．また，調査対象者と私信のやり取りも行った．調査は全て英語で行われ，引用されたデータは筆者がその内容を邦訳した．引用に際しては参与観察対象者や聞き取り対象者，私信のやり取りの相手の名前をアルファベットで無作為に表記し，所属ラボ，観察日や聞き取り日，私信のやり取り日を併記した．本論文でその発言などを引用した調査対象者は全て法科学者である．

4）より正確には，資料のDNAが誰のものか．

5）DNAを構成する4つの塩基の並び(塩基配列)の中で，特定の配列が何度も繰り返し出てくる箇所が存在する．この特定の塩基配列の繰り返しの回数が，個人によって異なっている．DNA型鑑定では，23対46本の染色体上の15カ所について，それぞれ特定の塩基配列が何回繰り返されているのか，また得られた資料が男女どちらのものかが調べられる．ある染色体箇所における塩基配列の繰り返し回数は「アリル(allele)」と呼ばれ，DNAプロファイルとは，ある人が男女どちらで，染色体上の15カ所において，どのようなアリルの組み合わせを持っているのかを明らかにしたものである(cf. 赤根 2010; Butler 2005)．

6）実際には，「『資料のDNAが特定の人のものである』という仮説がどの程度支持されるのか」と表現されていたが，分かりやすくする為に本文中のような表記にした．

7）実際のデータベースには，特定の染色体箇所についてニュージーランド人の中でどのようなアリルがどの位の頻度で出現しているかが登録されている．鑑定では，あるDNAプロファイルが得られた場合，データベースを使用して，プロファイルを構成するそれぞれのアリルの出現頻度を明らかにし，それらを全て掛け合わせ，特定のDNAプロファイルの出現頻度が算出される．分かりやすくする為に本文中のような表記にした．

8）実際には，「犯罪現場の資料が，ニュージーランド人の中からランダムに選ばれた，被疑者と無関係の人のものである場合」と表現されるが，分かりやすくする為に，「そうではない場合」とした．

9）DNA型鑑定ではDNAプロファイルの珍しさは「出現頻度(frequency)」と表現され，銃器鑑定や足跡鑑定では傷や足跡の珍しさは，傷や足跡がどの程度「固有(individual)」のものか，と表現されていた為，本論考でもそれにしたがった(Aへの参与観察(DNAラボ，2011/08/08)，Bへの参与観察(物証ラボ，2011/11/09)，Cへの聞き取り(鑑識ラボ，2012/03/23))．こうした用語の違いも鑑定分野間の実践の差異を反映している．

10）DNAプロファイルが数値で表される為，2つのプロファイルが一致しているかどうかが即座に判断できるDNA型鑑定とは異なり，銃器鑑定では傷の状態という，そもそも2つが一致しているかどうか判定が難しい対象が分析される．それゆえに銃器鑑定では，仮説支持の程度を検討する際，傷がどの程度一致しているのかも重要な判断材料である．

11）「一致の評価」は，「証拠の評価(evidence evaluation)」，「証拠の重み評価(assessment of the weight of the evidence)」など様々に表現される(Berger et al. 2011; Evett et al. 2000)．本論考ではそれが意味するものを的確に表現する為に，「一致の評価」とした．

12）Bへの参与観察(2011/10/25)．

13）Bへの参与観察(2011/10/25)．

14）銃器鑑定では，弾丸の発射時に硝煙が手に付着することを利用して，誰が銃を撃ったのかも検討される．その場合にも，法科学者の経験や知識，表2内の表現が使用されていた．この事件で依頼された銃器鑑定は，被疑者が銃を撃ったかどうかであった．

15）Dとの私信(物証ラボ，2012/02/02)．この射殺事件と鑑定分野間の実践の標準化に関して，実際に本論文の分析に使用したのは，Dから提供を受けた裁判に提出された鑑定書などである．しかし出典を明記すると事件や関係者が特定されることなどから，論文上は私信という形で言及し，Dから鑑定書などを受け取った日付を併記した．

16）Dとの私信(2012/02/02).
17）Dとの私信(2012/02/02).
18）Eへの聞き取り(DNAラボ，2012/03/05).
19）下線は筆者による.
20）Eへの聞き取り(2012/03/05).
21）Bへの参与観察(2012/02/29).
22）Dとの私信(2012/02/02)，Fへの聞き取り(DNAラボ，2012/03/12).
23）Gへの聞き取り(鑑識ラボ，2012/01/25)，Dとの私信(2012/02/02).
24）Hへの参与観察(物証ラボ，2011/06/20).
25）Bへの参与観察(2011/11/09).
26）Bへの参与観察(2012/03/23).
27）Hへの参与観察(2011/06/20)，Hへの聞き取り(2012/02/23).
28）足跡鑑定で対象となる資料も，弾丸につく傷と同様の特性を持つ.
29）Hへの参与観察(2011/06/20).
30）Iへの聞き取り(物証ラボ，2012/03/09).
31）Jとの私信(DNAラボ，2012/01/27)，Dとの私信(2012/02/02).
32）Dとの私信(2012/02/02).
33）スウェーデンでは鑑定分野間で標準化された表現方法が使用されており，クルーズ(Kruse 2013)は司法手続きにおける標準化された表現方法の役割を論じている.
34）Dとの私信(2012/02/02).
35）Kへの聞き取り(DNAラボ，2012/03/08).
36）Lへの参与観察(鑑識ラボ，2012/02/27，2012/02/28).
37）Dとの私信(2012/02/02)，Eへの聞き取り(2012/03/05)，Fへの聞き取り(2012/03/12).
38）Gへの聞き取り(2012/01/25).
39）本堂(2010)や中村(2010)は法律家が独自の科学観を持つと述べているが，一枚岩としての法科学像も独自の科学観といえる.
40）他の鑑定分野がDNA型鑑定から影響を受ける様子は，近年アメリカの指紋鑑定に関してSTSの視点から分析されている．リンチ達(Lynch et al. 2008)は，DNA型鑑定の出現により指紋鑑定の信頼性が疑問視され，科学鑑定結果を裁判で証拠採用する際の基準を定めた「ドーバート基準(Daubert rule)」の規定を満たすように，指紋鑑定が修正されていく様子を論じている(cf. Cole 2001)．本論考で注目したのは，DNA型鑑定が指紋鑑定だけではなく他の分野，法科学全体に強い影響を与えていること，そしてドーバート基準に見合うような実践の修正ではなく，DNA型鑑定で行われているやり方に他の鑑定分野の実践を統合していく流れが生じている様子である.
41）http://www.bailii.org/ew/cases/EWCA/Crim/2010/2439.pdf(2016/02/26 確認).
42）Jへの聞き取り(2012/03/15).
43）Fへの聞き取り(2012/03/12).

■文献

赤根敦 2010：『DNA鑑定は万能か：その可能性と限界に迫る』化学同人.

浅田和茂 2007：「科学的証拠」村井敏邦，川崎英明，白取祐司編『刑事司法改革と刑事訴訟法：下巻』日本評論社，783–812.

Bärmark, J. and Wallén, G. 1980: "The Development of an Interdisciplinary Project," Knorr, K. D., Krohn, R. and Whitley, R. (eds.) *The Social Process of Scientific Investigation*, D. Reidel Publishing Company, 221–35.

Bauer, H. H. 1990: "Barriers Against Interdisciplinarity: Implications for Studies of Science, Technology, and Society (STS)," *Science, Technology, and Human Values*, 15(1), 105–19.

Bell, S. 2008: *Encyclopedia of Forensic Science: Revised Edition*, Facts on Files Science Library.
Berger, C. E. H., Buckleton, J., Champod, C., Evett, I. W. and Jackson, G. 2011: "Evidence Evaluation: A Response to the Court of Appeal Judgments in *R v T*," *Science and Justice*, 51(2), 43–9.
Berger, P. L. 1963: *Invitation to Sociology: A Humanistic Perspective*, Doubleday；水野節夫，村山研一訳『社会学への招待』思索社，1979.
Butler, J. M. 2005: *Forensic DNA Typing: Biology, Technology, and Genetics of STR Markers (Second Edition)*, Elsevier Academic Press：福島弘文，五條堀孝監訳，藤宮仁，玉田一生，福間義也，長﨑華奈子訳『DNA鑑定とタイピング：遺伝学・データベース・計測技術・データ検証・品質管理』共立出版，2009.
Byers, M. and Johnson, V. M. (eds.) 2009: *The CSI Effect: Television, Crime, and Governance*, Lexington Books.
Callon, M. 1986a: "The Sociology of an Actor-Network: The Case of the Electric Vehicle," Callon, M., Law, J. and Rip, A. (eds.) *Mapping the Dynamics of Science and Technology: Sociology of Science in the Real World*, MacMillan Press, 19–34.
Callon, M. 1986b: "Some Elements of a Sociology of Translation: Domestication of the Scallops and the Fishermen of St. Brieuc Bay," Law, J. (ed.) *Power, Action, and Belief: A New Sociology of Knowledge?*, Routledge and Kegan Paul, 196–233.
Callon, M. 1987: "Society in the Making: The Study of Technology as a Tool for Sociological Analysis," Bijker, W. E., Hughes, T. P. and Pinch, T. (eds.) *The Social Construction of Technological Systems*, The MIT Press, 83–103.
Cole, S. A. 2001: *Suspect Identities: A History of Fingerprinting and Criminal Identification*, Harvard University Press.
Cole, S. A. 2014: "Individualization Is Dead, Long Live Individualization! Reforms of Reporting Practices for Fingerprint Analysis in the United States," *Law, Probability and Risk*, 13, 117–50.
Cole, S. A. 2015: "A Surfeit of Science: The 'CSI Effect' and the Media Appropriation of the Public Understanding of Science," *Public Understanding of Science*, 24(2), 130–46.
Duncker, E. 2001: "Symbolic Communication in Multidisciplinary Cooperations," *Science, Technology, and Human Values*, 26(3), 349–86.
Evett, I. W., Jackson, G., Lambert, J. A. and McCrossan, S. 2000: "The Impact of the Principles of Evidence Interpretation on the Structure and Content of Statements," *Science and Justice*, 40(4), 233–9.
Fox, N. J. 2011: "Boundary Objects, Social Meanings and the Success of New Technologies," *Sociology*, 45(1), 70–85.
French, A. and Norman, R. 1999: *Delivering a Science Business: How ESR, a Provider of Specialist Scientific Services, Manages Its Relationship with Clients and Develops a Viable Business*, Victoria Link Ltd.
Fujimura, J. H. 1992: "Crafting Science: Standardized Packages, Boundary Objects, and 'Translation'," Pickering, A. (ed.) *Science as Practice and Culture*, The University of Chicago Press, 168–211.
Fukushima, M. 2013: "Between the Laboratory and the Policy Process: Research, Scientific Community, and Administration in Japan's Chemical Biology," *East Asian Science Technology and Society: An International Journal*, 7, 7–33.
Galison, P. 1997: *Image and Logic: A Material Culture of Microphysics*, The University of Chicago Press.
Grace, V., Midgley, G., Veth, J. and Ahuriri-Driscoll, A. 2011: *Forensic DNA Evidence on Trial: Science and Uncertainty in the Courtroom*, Emergent Publications.
Halfon, S. 1998: "Collecting, Testing and Convincing: Forensic DNA Experts in the Courts," *Social Studies of Science*, 28(5–6), 801–28.
Halpern, M. K. 2012: "Across the Great Divide: Boundaries and Boundary Objects in Art and Science," *Public Understanding of Science*, 21(8), 922–37.

Hancock, S., Morgan-Smith, R. and Buckleton, J. 2012: "The Interpretation of Shoeprint Comparison Class Correspondences," *Science and Justice*, 52(4), 243–8.
Hicks, D. 1992: "Instrumentation, Interdisciplinary Knowledge, and Research Performance in Spin Glass and Superfluid Helium Three," *Science, Technology, and Human Values*, 17(2), 180–204.
Hindmarsh, R. and Prainsack, B. (eds.) 2010: *Genetic Suspects: Global Governance of Forensic DNA Profiling and Databasing*, Cambridge University Press.
平岡義博 2014：『法律家のための科学捜査ガイド：その現状と限界』法律文化社.
本堂毅 2010：「法廷における科学：科学者証人がおかれる奇妙な現実」『科学』80(2)，154–9.
Houck, M. M. 2007: *Forensic Science: Modern Methods of Solving Crime*, Praeger Publishers.
Jasanoff, S. 1998: "The Eye of Everyman: Witnessing DNA in the Simpson Trial," *Social Studies of Science*, 28(5–6), 713–40.
Jeffreys, H. 1961: *Theory of Probability: Third Edition*, Oxford University Press.
Jordan, K. and Lynch, M. 1998: "The Dissemination, Standardization and Routinization of a Molecular Biological Technique," *Social Studies of Science*, 28(5–6), 773–800.
Knorr-Cetina, K. 1999: *Epistemic Cultures: How the Sciences Make Knowledge*, Harvard University Press.
Kruse, C. 2010: "Producing Absolute Truth: CSI Science as Wishful Thinking," *American Anthropologist*, 112(1), 79–91.
Kruse, C. 2013: "The Bayesian Approach to Forensic Evidence: Evaluating, Communicating, and Distributing Responsibility," *Social Studies of Science*, 43(5), 657–80.
Latour, B. 1987: *Science in Action: How to Follow Scientists and Engineers Through Society*, Harvard University Press；川崎勝，高田紀代志訳『科学が作られているとき：人類学的考察』産業図書，1999.
Law, J. 1987: "Technology and Heterogeneous Engineering: The Case of Portuguese Expansion," Bijker, W. E., Hughes, T. P. and Pinch, T. (eds.) *The Social Construction of Technological Systems*, The MIT Press, 111–34.
Leonelli, S. 2012: "When Humans Are the Exception: Cross-species Databases at the Interface of Biological and Clinical Research," *Social Studies of Science*, 42(2), 214–36.
Lynch, M. 1998: "The Discursive Production of Uncertainty: The OJ Simpson 'Dream Team' and the Sociology of Knowledge Machine," *Social Studies of Science*, 28(5–6), 829–68.
Lynch, M., Cole, S. A., McNally, R. and Jordan, K. 2008: *Truth Machine: The Contentious History of DNA Fingerprinting*, The University of Chicago Press.
Lynch, M. and Jasanoff, S. 1998: "Contested Identities: Science, Law and Forensic Practice," *Social Studies of Science*, 28(5–6), 675–86.
Marie, J. 2008: "For Science, Love and Money: The Social Worlds of Poultry and Rabbit Breeding in Britain, 1900–1940," *Social Studies of Science*, 38(6), 919–36.
中村多美子 2010：「法と科学の協働に向けて」『科学』80(6)，621–6.
National Research Council 2009: *Strengthening Forensic Science in the United States: A Path Forward*, The National Academies Press.
Prainsack, B. and Kitzberger, M. 2009: "DNA Behind Bars: Other Ways of Knowing Forensic DNA Technologies," *Social Studies of Science*, 39(1), 51–79.
Ribeiro, R. 2007: "The Language Barrier as an Aid to Communication," *Social Studies of Science*, 37(4), 561–84.
瀬田季茂，井上堯子編著 1998：『犯罪と科学捜査』東京化学同人.
司法研修所編 2013：『科学的証拠とこれを用いた裁判の在り方』法曹会.
Sismondo, S. 2010: *An Introduction to Science and Technology Studies: Second Edition*, Wiley-Blackwell.
Snow, C. P. 1959: *The Two Cultures and Scientific Revolution*, Cambridge University Press; 松井巻之助訳『二つの文化と科学革命』みすず書房，1960.
Star, S. L. 2010: "This Is Not a Boundary Object: Reflections on the Origin of a Concept," *Science,*

Technology, and Human Values, 35(5), 601–17.
Star, S. L. and Griesemer, J. R. 1989: "Institutional Ecology, 'Translations' and Boundary Objects: Amateurs and Professionals in Berkeley's Museum of Vertebrate Zoology, 1907–39," *Social Studies of Science*, 19(3), 387–420.
Star, S. L. and Ruhleder, K. 1996: "Steps Toward an Ecology of Infrastructure: Design and Access for Large Information Spaces," *Information Systems Research*, 7(1), 111–34.
Sundberg, M. 2007: "Parameterizations as Boundary Objects on the Climate Arena," *Social Studies of Science*, 37(3), 473–88.
The Institute of Environmental Science and Research (ESR) 2009: *ESR Internal Document*, Unpublished.
The Institute of Environmental Science and Research (ESR) 2011: *ESR Internal Document*, Unpublished.
渡辺千原 2010：「裁判における『科学』鑑定の位置：医療過誤訴訟を例に」『科学』80(6)，627–32.
Williams, R. and Johnson, P. 2008: *Genetic Policing: The Use of DNA in Criminal Investigations*, Willan Publishing.
弥永真生 2014:「裁判における科学的な証拠／統計学の知見の評価と利用」『法廷のための統計リテラシー：合理的討論の基盤として』近代科学社，169–201.
Zeiss, R. and Groenewegen, P. 2009: "Engaging Boundary Objects in OMS and STS? Exploring the Subtleties of Layered Engagement," *Organization*, 16(1), 81–100.

The Collective Work in Forensic Context: Criticism of Heterogeneity and Standardization

SUZUKI Mai *

Abstract

In the history of academic concern about how scientific work is performed by multiple actors, STS researchers have revealed that multidisciplinary collaborators use the intermediates (e.g. boundary objects) to loosely bind the participants and conduct the collective work despite various differences. Based on the ethnographical research within the forensic laboratories in New Zealand, this article discusses the features of collective work in forensic context.

Forensic science is characterized by heterogeneous subdisciplines that examine various evidence types, and the subdisciplines collaborate with each other to facilitate a decision making in a court. However, the way of collaboration by the subdisciplines faced with criticism and was changed. By exploring the process of change, this article reveals that the collective work by the forensic subdisciplines is affected by the court, where the level of collaboration and the heterogeneous practices that the ordinary intermediates are expected to create are criticized. Forensic science receives a demand to unify its internal diversity and the practice of DNA analysis is considered as a goal for such standardization.

Keywords: Forensic science, Collective work, Heterogeneity, Standardization

Received: August 19, 2015; Accepted in final form: April 16, 2016
* Earthquake Research Institute, The University of Tokyo; msuzuki@eri.u-tokyo.ac.jp

サイエンティフィック・イラストレーションの制作プロセスと制作者の視点

イラストレーターと脳科学研究者による協働制作のケーススタディ

有賀　雅奈*1，田代　学*2

要　旨

科学の視覚表象論では科学的な図を完成後に分析することが多く，分析結果と制作者側の意図や思考との対応が不明瞭であった．本研究では，制作者側にある研究者やイラストレーターの意図を踏まえた制作プロセスを明らかにするため，イラストレーターと研究者によるサイエンティフィック・イラストレーションの協働的制作において両者がどのような知識やアイデアを出し，いかにしてイラストを制作するのかを分析した．脳科学の研究者とイラストレーター二者間における7種の論文・発表用のイラスト制作を対象とした事例研究を実施し，制作プロセスの対話記録，図案，インタビューのデータを組み合わせて分析を行った．その結果，イラスト制作にはイメージの創出プロセスと既存の図の修正プロセスという2種類のプロセスが観察されること，両者がそれぞれの専門知だけでない観点から意見を出し合うことを見出した．本研究の成果は，表現の意図や由来，イラストレーターの創造性を科学論の議論の俎上に載せることに貢献するものである．

1. はじめに

サイエンティフィック・イラストレーション（以下，SI）とは科学的知識の記録や伝達を担う視覚表象の一種である（Ford, 1993）．論文や専門書，教科書，一般書，ウェブサイト等で利用される細密画やモデル図，概念図，模式図，アニメーション等が含まれる．

SIは科学論のなかで議論されることが多い．科学論ではイメージングやデータビジュアリゼーション等も含め，近年視覚実践における人-視覚の相互作用の分析や，新しいデジタル技術に注目する研究，科学的な知識の受容や普及に関わる研究が活発化している（Coopman, et al. 2014; Burri et al. 2008）．また，SIの研究は博物学などの歴史研究や芸術学の観点からも議論されている（例えば，Lefevre et al. 2003; Jones and Galison 1998）．

科学論におけるSI研究では，イラストは単に文字情報の科学的知識や，標本などの描写対象を

2016年3月9日受付　2016年7月3日掲載決定

*1 東北大学サイクロトロン・ラジオアイソトープセンター　サイクロトロン核医学研究部，教育研究支援者，2016年10月より東北大学研究推進本部リサーチ・アドミニストレーションセンター特任助教，birds.kana@gmail.com
*2 東北大学サイクロトロン・ラジオアイソトープセンター　サイクロトロン核医学研究部，教授，mtashiro@m.tohoku.ac.jp

視覚的に表現しただけではないという仮定や結論がみられる．すなわち，制作当時の科学的知識，研究者の思考のスタイル，科学の価値観，あるいは芸術の文化，描写技術，時代背景などが反映されているということである(例えば，Fleck 1932; Pauwels 2006; Daston and Galison 2007 など)．そうして，科学(者)の思考や価値観，実践のあり方，教育効果などが検討されてきた．

筆者はこのような研究アプローチには二つの課題があると考えている．第一に，SI研究では出版物に掲載されたものを分析することが多いことである．すなわち「描かれた後」のSIを分析者が分析している．しかしこのアプローチでは，注目した表現が研究者などの描き手側の明確な意図によって描かれたのか，暗黙的なのか，あるいは偶然だったのかは明らかではない．分析対象を増やすことで全体の傾向をつかむことはできると考えられるものの，実際の描き手の視点との対応は不明瞭である．

この課題に対する解決策の一つには，SIの制作プロセスを観察とインタビューによって分析する方法があげられる．また，トパー(Topper 1996)によるSIの定義の拡張を利用し，ノートやメモの走り書きの絵まで分析に含めれば，SI制作における思考プロセスを知る大きな手がかかりになる可能性がある．しかし現状においては，どのような段階を経て作るのかという実務的な解説やSI制作の技法紹介においてプロセスが紹介されることはあるものの(たとえばHodges 2003; Wood 1994 など)，SIの制作実践を分析対象とした研究は非常に少ない[1)]．

第二の課題はイラストレーターの影響がほとんど考慮されてこなかったことである．SIはプロのイラストレーターが描く場合もあり，その場合には研究者と同様に，イラストレーターのアイデアや知識や価値観なども反映されているはずである．実際，イラストレーターはただSIを言われたとおりに描くだけでなく，知的な判断も行っていると指摘されている(大河ほか 2011)．また，歴史上の事例では，生化学者ポーリングの空間充填モデルの図の作成を担当した画家ヘイワードは，時にポーリングに分子の配置の矛盾などを指摘するなど，単なる絵描き以上の役割を担っていたことが指摘されている(Hentschel 2014, 第6章)．このようにイラストレーターのSI制作への関与には，描く行為以外に研究への示唆，明快なデザイン，美的完成度などが挙げられている．しかし，具体的にどう関与するのか議論されることは少ない．また，歴史研究において，特に細密画や装飾的なSIを対象に芸術の慣習や技術の影響が議論されることはあるものの，現代の比較的スキマティックなSIへのイラストレーターの影響は分析されることは極めて少ない．

そもそもSI制作におけるイラストレーターは，歴史的には博物学や解剖学など対象を細密に記録する役割を担い(たとえばブラント 1986; ダンス 2014; Pinault 1991; Roberts and Tomlison 1992)，近年ではモデルや概念といった抽象的な絵や観察できない対象の絵なども表現してきた(たとえばde la Flor 2005; Hodges 2003; Wood 1994)．欧米ではSI専門のイラストレーターが養成されており，国内外で関係する団体が活動を行っている(有賀 2015)．このようなイラストレーターは，シェイピン(Shapin 1989)が指摘するところの「見えざる技師」と同様に(あるいはその一部として)，科学実践の中の単なる雇われ人とみなされ，見過ごされてきたと考えられる．

以上の2つの課題を乗り越えるため，本研究ではイラストレーターと研究者がSIを制作するプロセスを，制作プロセスで収集したスケッチ等を含めて分析する．これを通じて，従来の研究アプローチではわからなかった事項，すなわち，どのようにしてSIが制作されているのか，異なる知識や背景をもった研究者やイラストレーターからどのようなアイデアや知識が出され，ひとつのSIに統合されているのかを明らかにすることを目指す．

2. 研究方法

制作プロセスと制作者の視点を明らかにするためには，従来の研究のような完成後のSIの収集・分析では不十分である．本稿では事例研究を行い，特に制作時の制作者間の対話とSIの変遷に注目する．制作プロセスにおける研究者とイラストレーターの対話記録，制作プロセスの参考資料やスケッチ，図案，作品の画像，意図が不明瞭な点を確認するインタビュー記録をデータとして組み合わせて収集し，質的に分析するという独自のアプローチにより，制作者側の視点を示すことを試みる．

対象事例は脳科学分野の40代の研究者1名が依頼主・監修者となり，60代のSI制作経験豊富なイラストレーター1名とともに制作した，総説論文に掲載するための図(Figure)6種類と，プレゼンテーションの表紙1種類である．いずれも脳と神経系に関わるSIで，2015年1月から3月の期間に制作された．なお，この研究者とイラストレーターは2011年より面識があったが，制作を依頼するのはこの事例が初めてである．

筆者は対面の6回の打ち合わせのうち5回に同席して録音や写真，フィールドノーツをとり，意図が不明瞭な発言に対してその都度質問を行うことにより，発言とその意図を記録した．また，同席できなかった1回と電話の打ち合わせについては，後日，打ち合わせ時に内容を聞き取り，記録した(表1)．そのほか研究者，イラストレーター，分析者間で交わされたメールと，参照された資料，制作プロセスのスケッチや図案，図を収集した．収集したデータは下記の通りである．

・メール　73通(筆者が送信した日程確認等のメールを含む)

表1　事例のイベント一覧

時期		主な内容	データ
要望の提示	2014年12月7日-2015年1月7日	打ち合わせに向けた連絡	メール
	1月7日	第1回打ち合わせ	録音(100分)・写真・フィールドノーツ
図案制作	1月8日-1月16日	契約内容の確認・日程等の連絡	メール
	1月16日	第2回打ち合わせ	録音(90分)・写真・フィールドノーツ
	1月17日-1月27日	制作内容の指示・日程等の連絡	メール
	1月30日	第3回打ち合わせ(30分程度)	後日メールとインタビューにてデータ収集
	1月31日-2月4日	打ち合わせ内容の確認	メール
	2月5日	電話会議	後日メールとインタビューにてデータ収集
納品用の図制作	2月5日-2月20日	打ち合わせ内容の確認・日程連絡	メール
	2月20日	第4回打ち合わせ	録音(100分)・写真・フィールドノーツ
	3月6日	日程等の連絡	メール
	3月10日	第5回打ち合わせ	録音(30分)・フィールドノーツ
	3月17日	電話会議	後日インタビューにてデータ収集
	3月18日	日程等の連絡	メール
	3月19日	第6回打ち合わせ	録音(75分)・写真・フィールドノーツ
	3月31日	納品の確認	メール

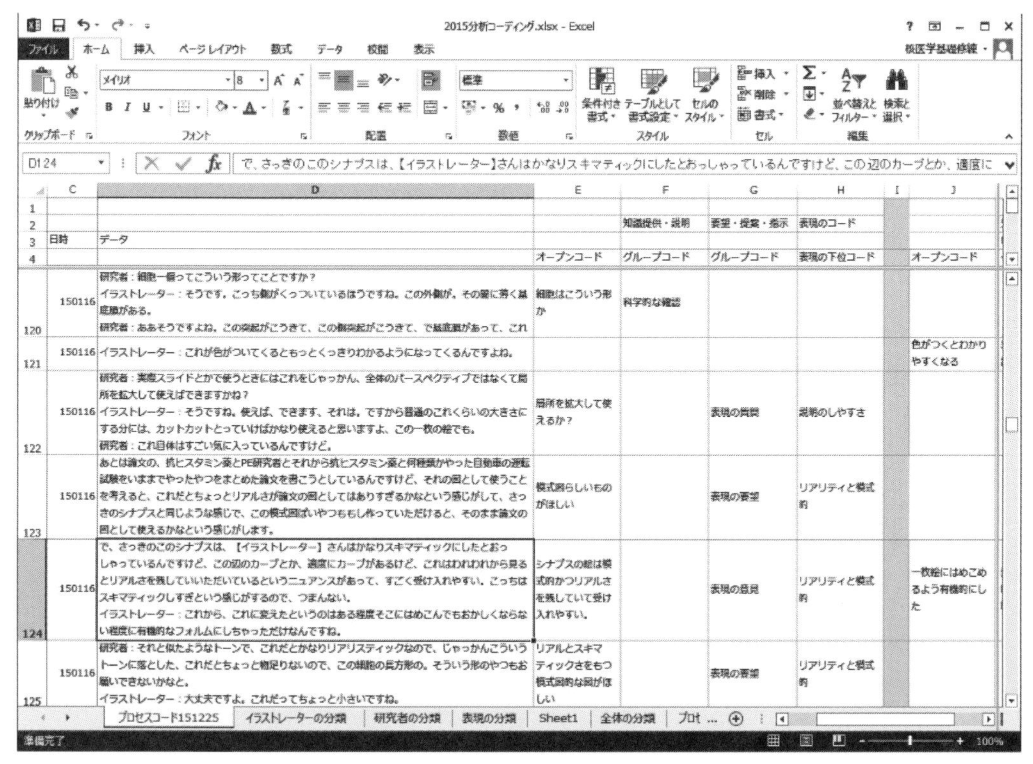

	C	D	E	F	G	H	I	J
1								
2				知識提供・説明	要望・提案・指示	表現のコード		
3	日時	データ						
4			オープンコード	グループコード	グループコード	表現の下位コード		オープンコード
120	150116	研究者：細胞一個ってこういう形ってことですか？ イラストレーター：そうです，こっち側がくっついているほうですね。この外側が、その裏に薄く基底膜がある。 研究者：ああそうですよね。この突起がこうきて、この側突起がこうきて、で基底膜があって、これ	細胞はこういう形か	科学的な確認				
121	150116	イラストレーター：これが色がついてくるともっとくっきりわかるようになってくるんですよね。						色がつくとわかりやすくなる
122	150116	研究者：実際スライドとかで使うときにはこれをじゃっかん、全体のパースペクティブではなくて局所を拡大して使えばできますかね？ イラストレーター：そうですね。使えば、できます、それは，ですから普通のこれくらいの大きさにする分には、カットカットとっていけばかなり使えると思いますよ、この一枚の絵でも。 研究者：これ自体はすごい気に入っているんですけど。	局所を拡大して使えるか？		表現の質問	説明のしやすさ		
123	150116	あとは論文の、抗ヒスタミン薬とPE研究者とそれから抗ヒスタミン薬と何種類かやった自動車の運転試験をいままでやったやつをまとめた論文を書こうとしているんですけど、それの図として使うことを考えると、これだとちょっとリアルさが論文の図としてはありすぎるかなという感じがして、さっきのシナプスと同じような感じで、この模式図ぽいやつももし作っていただけると、そのまま論文の図として使えるかなという感じがします。	模式図らしいものがほしい		表現の要望	リアリティと模式的		
124	150116	で、さっきのこのシナプスは、【イラストレーター】さんはかなりスキマティックにしたとおっしゃっているんですけど、この辺のカーブとか、適度にカーブがあるけど、これはわれわれから見るとリアルさを残していいただいているというニュアンスがあって、すごく受け入れやすい。こっちはスキマティックしすぎという感じがするので、つまんない。 イラストレーター：これから、これに変えたというのはある程度そこにはめこんでもおかしくならない程度に有機的なフォルムにしちゃっただけなんですね。	シナプスの絵は模式的かつリアルさを残していて受け入れやすい。		表現の意見	リアリティと模式的		一枚絵にはめこめるよう有機的にした
125	150116	研究者：それと似たようなトーンで、これだとかなりリアリスティックなので、じゃっかんこういうトーンに落とした、これだとちょっと物足りないので、この細胞の長方形の。そういう形のやつもお願いできないかなと。 イラストレーター：大丈夫ですよ。これだってちょっと小さいですね。	リアルとスキマティックさをもつ模式図的な図がほしい		表現の要望	リアリティと模式的		

図1　Excelを用いたコーディング

・対面打ち合わせの記録　5回(録音記録計395分，写真，フィールドノーツ)
・対面インタビュー　1回(録音記録71分)
※イラストレーターに対して打ち合わせ記録の補足として実施
・打ち合わせで提示されたスケッチ・作品(作画途中も含む)のデータ
・研究者・イラストレーターが制作の際に利用した資料

上記のデータ中の対話記録には，イラストの制作に関わる発言のほか，日程調整や契約・納品に関わる発言などが含まれていた．この中から制作内容に直接関係する発言を抽出し，スケッチや作品との対応を確認しながらオープン・コーディングを行った[2)]．そしてこのコードをもとに，(1) SIの創出プロセスをSIの変化に注目して分析し，(2)研究者とイラストレーターがどのような知識や要望を出すのかMicrosoft Excel上でコードをグルーピングして分析した(図1)．以下に，分析結果を記載していく[3)]．

3.　SI制作プロセスの概要

分析結果を示す前に，事例のSI制作がどのようなプロセスで進行したのか，概要を示したい．全体のSI制作の流れを図2に示した．

3.1　要望の提示【2014年12月7日-2015年1月7日】

本事例に関する実質的な活動は1月7日の第一回の打ち合わせに始まった．この打ち合わせにおいて,研究者がどのようなSIが必要なのかをイラストレーターに説明した．研究者が要望したのは，

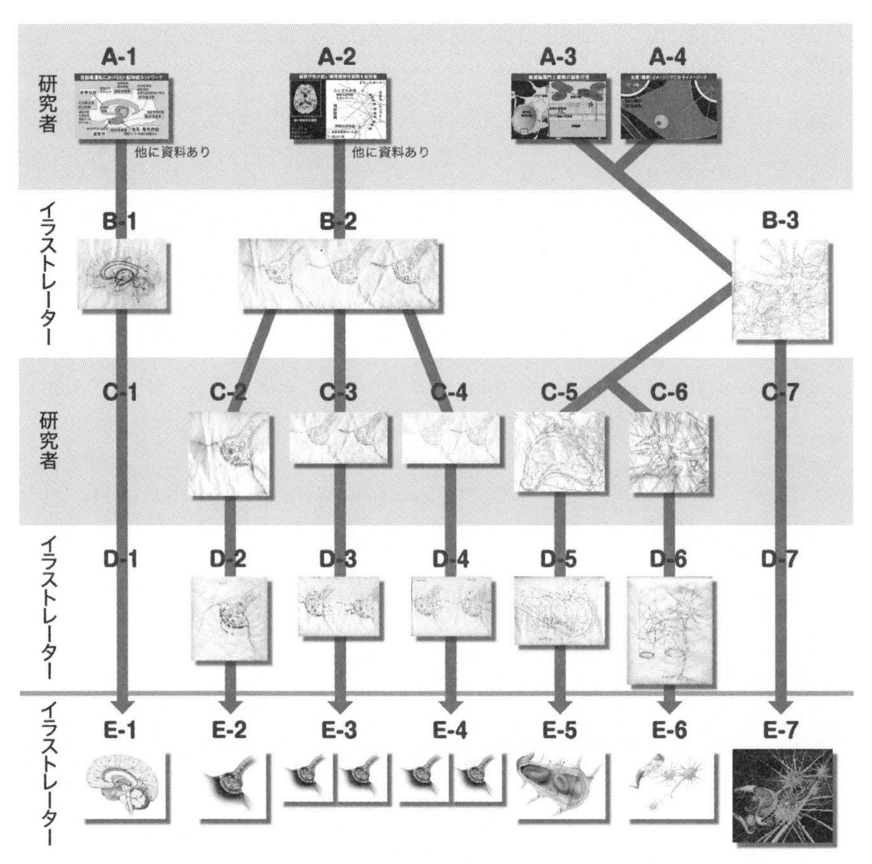

図2　制作フロー図

ここに掲載している図は，収集されたデータのなかの一部のみである．

総説論文と学会の口頭発表・講演・講義に掲載する，A–1(ヒト脳の内側面の図)，A–2(シナプスにおける薬剤の結合性の違いを示す図，計3枚)，A–3(脳毛細血管と血液脳関門)，A–4(体外から測定可能な神経活動情報を説明するための図)である．いずれも既知の論文で議論されていた内容を，イメージング研究以外の研究者などに紹介するため，改めて整理したものである．研究者が以前描いた，あるいは既存の資料から引用したSIを見せながら，どのような説明をするときに利用するのか，それにはどんな科学的機構が関わっているのかをイラストレーターに説明した．ただ，1月7日時点では図を掲載する予定の総説論文が書きあがっていなかったため，具体的な枚数と構図は指定しなかった．

3.2　図案制作【1月7日–2月5日】

打ち合わせ後，イラストレーターは三種類の図案を鉛筆で制作した．B–1(ヒト脳の内側面の図)，B–2(シナプスの図)，B–3(毛細血管と神経細胞の広がりの図)である．このうちB–3は前述のA–3とA–4を統合した図である．

1月16日の第2回打ち合わせにおいて，イラストレーターはこれらの図案を研究者に提示した．研究者は図案の芸術性を評価した上で，総説論文の図として具体的に何がほしいか整理したいと話した．打ち合わせ後，研究者は論文の内容を再検討し，どのような図が何枚欲しいのかを決め，1月23日にイラストレーターに伝えた．具体的にはイラストレーターが提示したB–1～B–3の3枚の図をトリミングや回転した図を作成し，B–1(脳の内側面の図)はそのままC–1(脳の内側面の図)とし，B–2(シナプスの図)は，同じ構図で三種類の説明に利用する図すなわち，C–2(シナプスにおける遊離と結合の図)，C–3(シナプスにおける薬剤の結合の違いの図)，C–4(シナプスにおける放射性薬剤の結合の違いの図)に分けたいと要望した．また，B–3(毛細血管と神経細胞の広がりの図)は，もともとA–3とA–4を統合して作られていたが，これを分割してA–3に対応する図をC–5(血管と血液脳関門)，A–4に対応する図をC–6(神経細胞と毛細血管)として模式的に描いて欲しいと提案した．最後に，B–3(毛細血管と神経細胞の広がり)については芸術性が高く，プレゼンテーション資料の表紙など，インパクトを出すときに利用したいと要望し，そのままC–7(毛細血管と神経細胞の広がり)として描き進めてほしいと指示した．

イラストレーターは上記提案に従い，D–2 ～ D–6という新たな図案を制作した．研究者は第3回打ち合わせにおいて図案を確認し，一部を修正指示した．

3.3　納品用のSI制作【2月5日–3月31日】

イラストレーターは図案をもとに，納品用のE–1 ～ E–7を制作した．鉛筆の下描きを描き，それにアクリル絵の具のエアブラシや筆で彩色した後，スキャンしてグラフィックソフトでさらに細部の調整を行った．また，多用途に利用できるよう，レイヤー(画像ソフト中の絵の層のこと)を分け，背景を取り外しできるようにするなどの工夫を加えた．このプロセスにおいて第4回～6回打ち合わせを開いて研究者の確認を依頼し，確認と修正を行った．修正が終わると制作が終了した．

次に，SIの創出・修正プロセスの分析結果と，両者の発言の分類結果を以下に示していく．なお，引用に際しては，補足事項を【　】内に示した．

4.　SIの創出・修正プロセスの分析結果

会話とインタビュー記録のデータのなかから，表現制作に関わる部分を抽出してオープン・コーディングを行い，SIがどう制作されるのかについて分類を行った．その結果，SIの制作プロセスは1. イメージの創出と2. 既存のSIの修正という二つのタイプに分けられた．これについて以下に記述する．

4.1　イメージの創出

参照された資料や図案と，作成されたSI(案)の非連続性が比較的高い場合であり，イラストレーターが曖昧なイメージから具体的なSIを創出するプロセスが観察された．

このプロセスが観察されたのは図2のA–3とA–4からB–3(E–7)が作られたプロセス，C–5からD–5が作られたプロセス，C–6からD–6が作られたプロセスの3プロセスである．本論文ではこのなかでも打ち合わせ時の言及やインタビューでの発言が最も豊富であったB–3の制作プロセスの結果を記述し，このタイプを説明したい．

1月7日の第1回打ち合わせにおいて，研究者はイラストレーターに自分が描いてほしいSIを伝えるため，自らが過去に描いた図(A–1，A–2，A–3，A–4)を見せながら，それらの科学的機構や，何を説明しようとしているのかを説明した．これに対してイラストレーターは，ばらばらな図として提示されたA–2，A–3，A–4の図を一つの図として統合して表現したらどうかと提案した．この時点では，イラストレーターのなかで，制作しようとする図のイメージは曖昧な状態にあった．これは次のような発言から読み取ることができる．

イラストレーター：どういうふうなパース【＝遠近表現の付け方】になるかはわかりませんけど，さっきのブルーのバックグラウンドのやつ【＝イラストレーターが過去に描いた青い背景色の神経と筋細胞イラストレーション】みたいに，血管が手前，下側にあるとしますよね．神経細胞がくっついている神経終末の部分をシナプスに変えればいいだけです．【中略】これと同じレベルくらいまでシナプスがもしひっぱりだせるようなパースがとれるんだったら，血管とかからシナプス，二つくらいひっぱり出せれば．（1月7日打ち合わせ記録より）

イラストレーターは自らが過去に描いた作品を指で指しつつ，その作品にはない構造や構図を言葉で説明している．このことから，自らの頭の中でイメージを新たに作り出していることがわかる．そして「ひっぱりだす」という表現からは，遠近のある，三次元的なイメージを描いていることがうかがえる．一方で，「どういうふうなパースになるかはわかりませんけど」という発言からは，この時点ではイメージが曖昧であることがわかる．この時点では自分の過去の経験や知識と重ねながら，まだどこにも存在していないSIのイメージを頭のなかで創出していたと考えられる．

その後，イラストレーターはB-3の図案の制作に取り組んだ．このプロセスでは，鉛筆で何枚か図案を描き，描きながら図案を固めていくというプロセスがあった．B-3の図案に至るまでにはいくつかの図案が作られている(図3a～c参照)．図3cは紙を足しながら描いており，図案を描きながら構図を決めていったことがわかる．

また，図案作りに関する次のような発言からも，図案を描きながら配置を考えていたことがわかる．

イラストレーター：細胞もさ，軸のあるニューロンとさ，軸のないニューロン【ここではグリア細胞，すなわち神経系を構成する神経細胞ではない細胞のことを指す】とあるじゃない．それとかミエリンのついているやつとか．そういうのをどういうふうに配置しようかなというので，【図案を】描き始めたからさ．（7月10日インタビュー記録）

このように，イラストレーターは図案を描きながら，曖昧であったイメージを表出し，構図を造り出していた．

1月16日に図案を研究者に提示すると，研究者はB-3の図案を高く評価し，1月23日にはこの図案のままで制作することを指示した．細かい修正後，イラストレーターは彩色に移っているが，色使いについても，もとの資料との非連続性が見られる．図4では，細胞や血管の背景は，赤色と

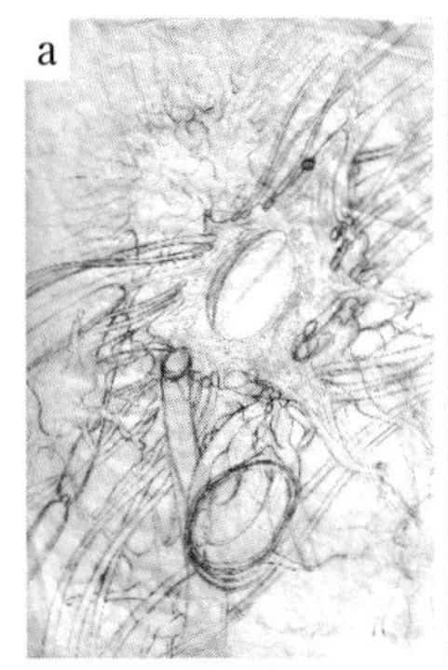

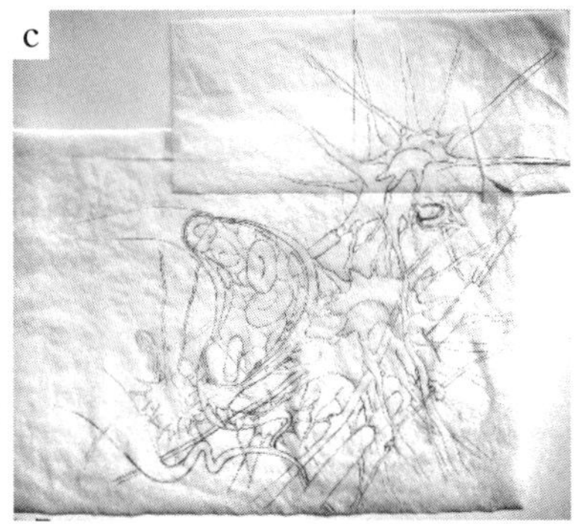

図3　a～c　B-3の図案を作成するまでに作成したスケッチ

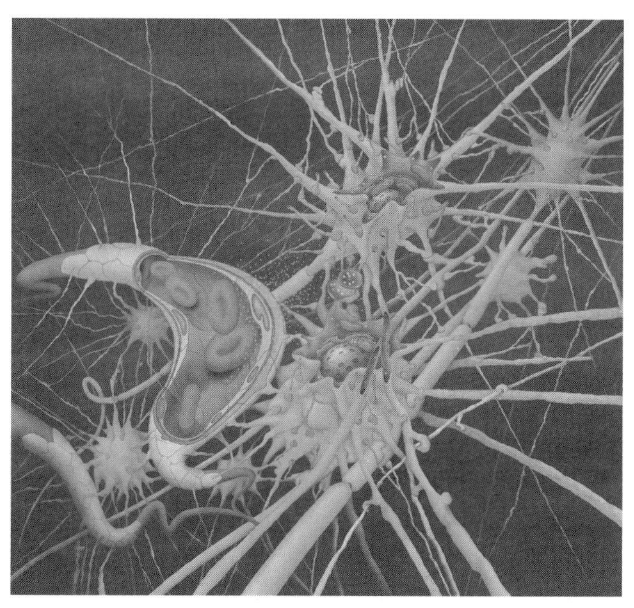

図4　納品された図(図2のE-7と同一)

茶色，黒色がぼんやりとまざったような色合いをしている．この背景は，エンパイアステートビルの夕焼けの写真から雲の部分を切り取り，加工して作られたものである．なぜ夕焼けの写真が使われたのかに関して，イラストレーターは次のように述べている．

> イラストレーター：エンパイアステートビルの，ああいうちょっと赤ぽい，オレンジの雲が奥の方にたなびいているというのが，俺からすると，脳を中心側から見て，上の方にさ，細胞がたくさんさ，そういうイメージみたいのがひとつあったのだけど．(2月20日打ち合わせ記録より)

このように，脳内の神経細胞のネットワークと，エンパイアステートビルの夕焼け雲のイメージが重なったためにそのような背景になったと述べている．これはイラストレーターの頭のなかで創出されたアイデアであり，既存の資料との非連続性が高いと考えられる．
以上のように，イメージの創出というプロセスにおいては，既存の資料を参照はしているものの，参照した資料との表現の連続性が低く，イラストレーターのなかで創出された頭の中のイメージに基づいてSIが作り出されていた．

4.2　既存の図の修正

このタイプは土台となるSI(あるいは図案)があり，それを修正することでSIを変化させるプロセスである．既存のSIと作成(修正)するSIの連続性が比較的高いのが特徴である．両者は既存のSIを見て，時に指差しながら修正点を検討し，SIを完成に近づけていった．このタイプは前述のイメージの創出以外のプロセスで観察された．本論文では，打ち合わせ当初から直線的に制作が進んだ，A-1からE-1に至るプロセスの結果を記述し，このタイプを説明したい．

1月7日の第1回打ち合わせにおいて，研究者は自らが過去に制作した脳の内側面の図を見せながら，イラストレーターと次のような会話をしている．

研究者：こういう脳全体の図【図5を指しながら】が一つあると非常にありがたいなというのがありまして．

イラストレーター：これ，センターで割って，半分をこちら側からみているということですね．透けてる感じじゃなくて．

研究者：そうです．透けてる感じがあったらあったで，それは面白いのかもしれない．

（1月7日打ち合わせ記録より）

このように，すでにある図を見せながら，それをもとに表現の確認や表現方法の検討が行われていた．

その後，研究者の図案をもとに，イラストレーターが他の教科書等も参照して，鉛筆による図案を作成した．1月16日の第2回打ち合わせで研究者に図案を提示し，確認をもとめた．研究者は図案(図6)を見て指を差しながら，次のような指摘をしている．

研究者：これ細かい話で恐縮なんですけど，ここ帯状回という場所なんですけど，ここらへんにもなんか矢印一個置いて【いただけますか】．ここから始まって帯状回．ここらへんが精神集中とか注意を持続的にむけるあたり，このへんがぱーと血流が増えるはず．

（1月16日打ち合わせ記録より）

このように研究者は指を指しながら矢印を増やして欲しいと要望していた．イラストレーターはこの指示に従って，矢印を追加していた．このようなやり取りを数回を行い，脳の図が完成した【図7】．

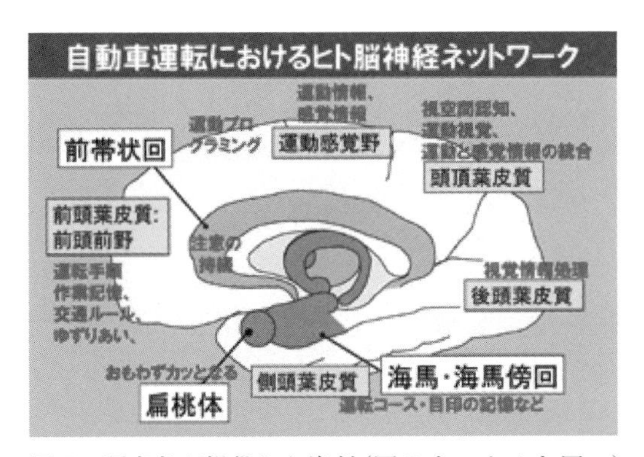

図5　研究者が提供した資料(図2中のA-1と同一)

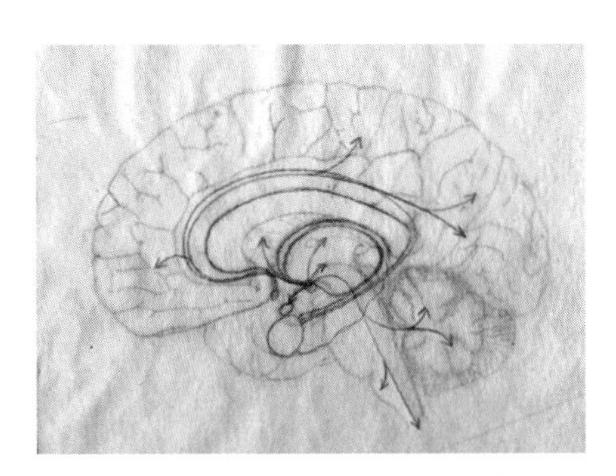

図6　イラストレーターの図案
(図2中のB-1と同一)

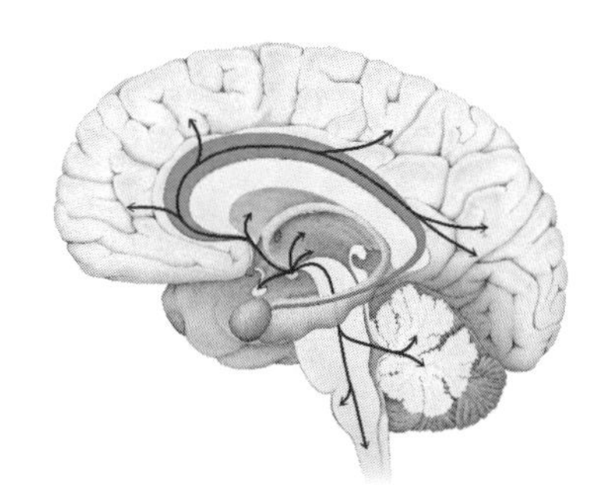

図7　納品されたイラストレーション
(図2中のE-1と同一)

このように既存のSIの修正というプロセスにおいては，参照した資料と制作した作品の連続性が高く，既存の資料や図案に基づいて，修正点を検討したり，表現の確認を行っていた．

以上が観察された2種類のプロセスである．SIの制作は，この二つのプロセスの組み合わせで進められていた．二つのプロセスは厳密には区別することが難しいものの，オリジナリティのレベルは異なっていた．

5. 意見・要望の分析結果

本節では，両者のどのような知識や要望がSIに統合されるのかを明らかにするため，両者から出された発言の分類結果を示す．打ち合わせやメールの記録の中から，両者のSIとその表現に対する要望，提案，意見，感想，知識提供に該当する会話部分を抽出し，そのなかから単純な確認や報告，応答，文脈上重要ではないと考えられる発言を除き，どのような観点からの発言なのかについて，コーディングとカテゴリー化を行った．その結果，両者の発言は次のように分類された．研究者とイラストレーターそれぞれについて，結果を以下に整理する．

5.1 研究者の発言の分類

研究者の発言のコードの分類結果を表2に示す[4]．以下，結果の詳細を示していく．

1） 科学的な発言

描かれる対象についての科学的な説明や，描かれたSIの科学的な正確さを問う指摘や確認などが含まれる．例えば次のような発言である．

【コード名：科学的な意見・確認】
研究者：【脳の内側面の図の中で，白く描かれた構造を指差して】これは少なくともこういう方向に線維は行き来はしていないと思う．ただ内側に，こう飛び出している．内側にでっぱっているんだけど，接していてもいいし，接してなくてもいいくらいのものだと思う．

表2　研究者の発言コード分類結果

グループ	コード	数
科学的な発言	SIに関する科学的知識の提供	36
	科学的な意見・確認	14
内省的な発言	視覚化による問い直し	1
欲しい図に関する発言	何を描いて欲しいのか	15
	何の用途のSIが欲しいのか	4
表現に関する発言	わかりやすさ・見やすさ	17
	リアリティと模式性	12
	使いやすさ	8
	説明のしやすさ	8
	感覚的な評価	5
	その他	3

（1月20日打ち合わせ記録より）

2） 内省的な発言

SIを制作することで，自らの理解や知識が問い直されるという，下記の発言がみられた．

【コード名：視覚化による問い直し】
研究者：神経細胞断面って言うと，もっとマクロ解剖の断面しかでてこない．こうやってビジュアライズすると逆に，こういう見せ方でいいのかなって，そういうのがわいてくるよね．あれ，中空でいいのとか思っちゃう．なんとなく，白黒で見てたら，血管の断面もそんなに違ってみえてこないんだけど，良く考えると，これも神経線維だよなって．
（3月19日打ち合わせ記録より）

3）欲しいSIに関する発言

依頼したいSIを何の用途に利用するのか，何の図を描いて欲しいのかを説明する発言である．例えば次のような発言である．

【コード名：何の用途のSIが欲しいのか】
研究者：論文では図1～6を使用し，プレゼンでは，リアルなイラストから切り出した神経細胞，グリア細胞，毛細血管の図などを使わせていただくことになりそうです．（1月23日メールより）

4）表現に関わる意見

SIの表現に関わる意見・感想・要望の発言は主に次のグループに分類された．一つは読み手から見たわかりやすさ・見やすさの観点からの意見や要望である．例えば次のような発言である．

【コード名：わかりやすさ・見やすさ】
研究者：一枚の構図のなかに毛細血管の断面とシナプスの断面の両方が混在していると，見る人はいっぱいいっぱいになりませんかね？ 詰まり過ぎているという感覚には陥らないだろうかという素朴な．（1月16日打ち合わせ記録より）

もう一つはSIのリアリティ／模式性に関する発言である．研究者はリアリティと模式的の度合いに関して，何度かコメントや要望を出している．例えば次のような発言である．

【コード名：リアリティと模式性】
研究者：この辺のカーブとか，適度にカーブがあるけど，これはわれわれから見るとリアルさを残していいただいているというニュアンスがあって，すごく受け入れやすい．こっちはスキマティックしすぎという感じがするので，つまんない．（1月16日打ち合わせ記録より）

また，使いやすさに関する発言もみられた．主には，論文とプレゼン両方で使えるようにする，あるいはカラーとグレースケール両方で使えるようにするにはどうしたらいいかといった，研究者のSIの利用の仕方に，SIの形式を合わせるための要望や確認である．例えば次のような発言である．

【コード：使いやすさ】
研究者：もう一つは，たとえばカラーと白黒と状況によって自由に変換してもコントラストとかがおかしくならないような，そういうことって可能ですか？（1月7日打ち合わせ記録より）

研究者の説明の仕方に，SIの表現を合わせるための要望や確認もみられた．例えば次のような発言である．

【コード：説明のしやすさ】
研究者：たとえばの話，ここに立派な血管がありますよね．この辺に血管が入ってくるって難しいですか？
イラストレーター：いや難しくはないですよ．
研究者：ああそうですか．そうすると，この図をどかんと見せておいて，今まで使っていたこういうやつを上に貼り付けると，すぐ，この説明の図としても使わせていただけるかなという感じがします．（1月16日打ち合わせ記録より）

インパクトや印象など，感覚的な事を意見したり，よしあしを評価したりする発言もみられた．例えば次のような発言である．

イラストレーター：エンパイアステートビルだと全体に暗すぎると思うんですよね
研究者：でも神秘的な空間がかもしだされそうですけど
（1月20日打ち合わせ記録より）

最後に，その他には上記にあてはまらないコードがみられた．例えば下記の発言の例では，血管の中に赤血球を描くかどうかについて，半分だけ出るように描けば雰囲気がでると話している．

【コード名：その他】
研究者：赤血球，ここまで【血管から】出ていると，なんかこぼれ落ちそうだから，半分くらいだと雰囲気あっていいかなって．（1月20日打ち合わせ記録より）

以上が研究者の発言の分類結果の詳細である．

5.2　イラストレーターの発言の分類

イラストレーターの発言のコードは表3のように分類されている[4)]．以下，これらの項目について詳細を示す．

1)科学的な発言

科学的な観点からの推論や，既存の資料でどのようなことが書いてあるのかの提示，SIの表現が科学的にどのように整合性をもっているのか，といった発言が含まれる．例えば次のような発言である．

【コード名：科学的な観点からの意見・推論】
イラストレーター：今回面白いところは，グリアって何をやっているんだって．だって形をみ

表3　イラストレーターの発言コード分類結果

グループ	コード	数
科学的な発言	科学的な観点からの意見・推論	12
	科学的な整合性	5
イメージに関する発言	共有・表現したいイメージ	6
表現に関する発言	使いやすさ	24
	わかりやすさ・見やすさ	16
	絵としての面白さ・完成度	10
	リアリティと模式性	6

るとインフォメーションのつなぎ役をしているようにしか僕には見えない.
(1月7日打ち合わせ記録より)

2)イメージに関する発言

イラストレーターが持つ対象に関するイメージや，見る人に共有してもらいイメージに関する言及である．例えば次の発言では，図をブロックのように区切って描くと，神経細胞が多数つながって膨大に広がるというイメージをもちにくいため，自分は細胞の広がりを感じられる構図で描くようにしているということを説明している.

【コード名：共有・表現したいイメージ】
イラストレーター：俺なんかいつも気にするのは，ブロックにしちゃうと，わーともっと大きい，膨大な組織なんだよというイメージがないから，私の場合は，スペースを感じるような方向で，いつも持っていっているんだよね.
(1月20日打ち合わせ記録より)

3)表現に関する発言

イラストレーターの表現に対する発言の観点は次のグループに分類された．一つは使いやすさの観点からの意見や提案である．例えば，下記発言では，研究者が様々な用途で利用できるよう，図の一部をレイヤーを分けて描き，図の一部を表示したり消したりできるようにしたことを説明している.

【コード名：使いやすさ】
イラストレーター：これが二枚目のレイヤーであって，三枚目のレイヤーはこの赤の矢印だけなんです．この赤の矢印も消したりつけたりとか，説明する段階でそういうふうに見せられますし，もし全く違うものを説明する場合は，この赤い矢印をはずしちゃって【中略】違うシグナルのルートを説明するとかは，いくらでもできるんですよね.
(1月20日打ち合わせ記録より)

二つ目はわかりやすさ・見やすさの観点からの意見や提案である.例えば,下記のような発言である.

【コード名：わかりやすさ・見やすさ】
イラストレーター：赤血球一個ここに浮かせるかどうか，それはどっちでもいいんですけど，浮いたほうが，普通の人にはわかりやすい．先生方には関係ないだろうけど．
（1月20日打ち合わせ記録より）

三つ目は絵としての面白さや完成度の観点からの説明や提案である．例えば，下記の発言では，鉛筆スケッチの時点では線の印象が強いため複雑に見えるものの，実際に色を塗ると線の印象が消えてシンプルになるので，実際には複雑なくらい大量に描いたほうがいいということを説明している．

【コード名：絵としての面白さ・完成度】
イラストレーター：【B-3の鉛筆スケッチを指差して】これだと，いま煩雑に見えるじゃない．だけど，これ色ついちゃうと，すごくすっきりしちゃうんですね．【シナプスを】これくらいくっつけないとダメなんです．くっつけたほうが絵としてはもつ【＝絵としてインパクトがある】んですよ．（1月16日打ち合わせ記録より）

リアリティと模式性についても発言がみられた．たとえば，下記の発言では，有機的にみせるために電子顕微鏡写真を参考にしたと話している．

【コード名：リアリティと模式性】
イラストレーター：こういうの【細胞の電顕写真を指して】がヒントになったりするじゃない．組織学のこの手の本って，イメージにはなるでしょ．細胞ひとつとっても，こう描いたら有機的にみえるなというのはあるじゃない．そういうのには，電顕写真とか参考になるよね．（1月20日打ち合わせ記録より）

以上が研究者・イラストレーターの発言の分類結果の詳細である．研究者・イラストレーター両者とも，科学的・表現の観点からの発言を行い，知識や意見，アイデアを共有していた．

6. 考察

結果をまとめると，研究者とイラストレーターはイメージの創出プロセスと既存のSIの修正プロセスという二つのプロセスでSIを制作していた．また，研究者は，科学的，内省的な観点からの発言，欲しいSIに関する発言のほか，表現に関してはわかりやすさ・見やすさなどの観点から意見や知識を出していた．イラストレーターは，科学的な観点からの意見・推論や科学的整合性といった科学的な発言のほか，共有したいイメージに関する発言，表現に関する観点から意見や知識を出していた．

この結果からは，研究者とイラストレーターは必ずしも自らの専門的知識の観点からのみ，意見や知識を出すわけではないことがわかる．むしろ双方が，相手の専門にかかわる観点からも意見を出し合っており，単純な専門知の融合モデルではないと考えられる．

SIはアルンハイム(1974)の提案した視覚的思考(visual thinking)が表出されたものであると考えられている．本結果を踏まえると，SIの視覚的思考には心的イメージ(頭の中にあり，表出されていないイメージ)が頭のなかで創出されている場合と，具体的なSIに即して造られている二つの場合があることが示唆される．同時に，SIは心的なイメージと同一ではなく，文脈に合わせてカスタマイズされていることも見出されている．さらに，本事例では視覚的思考によってイラストレーターがイメージを創出する行為が記録されていた．イラストレーターは脳内の神経細胞のネットワークと，エンパイアステートビルの夕焼け雲のイメージが重なったと述べている．このように，SIには科学的慣習とも表現の芸術的慣習とも異なるイラストレーターの個人的な発想が頭の中で作り出され，表現に反映されることがあることが明らかになった．これまでの研究のSIの質的な分析(例えばLynch, 1991)では，表現が何に由来するのかが問われないことが多い．しかしながら描かれたSIを分析しても，視覚的思考を理解した，あるいは科学の慣習を理解したとは必ずしもいえないと考えられる．今後の視覚表象の研究では，表現が思考の反映か，先行する資料か，文脈を反映しているのかなどを注意深く判断する必要がある．

また，制作側の発言の分析により，科学の慣習の理解を深められる可能性も示唆されている．その一つがリアリティの発言である．ラドウィック(Rudwick, 1979)やメイエンシャイン(Maienschein, 1991)らは，科学の視覚表象は，歴史的に見て具体的な記録から次第に抽象化あるいは形式化されるようになることを指摘している．一方で，本事例でイラストレーターは電子顕微鏡写真を細胞のリアリティを演出するための見本として利用しており，また研究者は模式的すぎない表現を評価する発言をしていた．このことは，すでに細胞のイメージが定式化されている現在においては，逆に模式的になりすぎないようにするというSI制作の新しい潮流の存在を示唆している．この背景にはメディアや機器の影響もあると考えられる．20世紀後半以降のコンピューターの普及は「視覚的転回(visual turn)」をもたらしたと言われ(Carusi et al, 2015)，数値データの視覚化が進んだ．これによりイメージングやモデリング，シミュレーション画像，デジタル撮影などデータをもとにした画像化技術が進み，これまで見られなかった対象の姿を「見て」実践することが出来るようになった(例えば，Ruivenkamp and Rip, 2014; Goodsell, 2006など)．本事例では実際に電子顕微鏡写真をリアリティの参考にしており，メディアや機器の変化もリアリティに関係している可能性が示唆される．ほかにも細密な表現と模式的な表現については異なる教育・伝達効果があることが指摘されており(Perini, 2012)，機器の変化と意図や使われる文脈をあわせて分析していくことで，科学のメディア・機器の発展と慣習の変化の関係性をより深く理解できると考えられる．

以上のような知見は，本研究のアプローチ，すなわちある事例を制作プロセスでの対話記録，制作プロセスのスケッチや図案，インタビュー記録を組み合わせて分析するという方法論をとったからこそ明らかになったと考えられる．これまでの視覚表象の実践の研究では，表象を用いて知識を生み出すプロセスを分析する研究するは数多くみられるものの(たとえばAmann and Knorr Cetina, 1988; Alač, 2014)，イラストレーターと研究者によるSI制作実践は研究されておらず，SIの制作プロセスをSIと対話の記録から分析するアプローチはみられない．本研究は科学の視覚表象論に新たな側面を拓くものと考えられる．

7．結論

本稿では，研究者・イラストレーターがどのようにSIを制作していくのか，それぞれからどのような知識やアイデア，要望が出されるのかを検討した．その結果，SI制作は研究者・イラストレーターが(あるいは過去資料において誰かが)土台となるイメージを創出し，その土台のイメージが用途などの文脈に合うよう，両者がお互いの専門を超えてアイデアや知識を出し合って修正していくプロセスであると考えられた．それゆえ，研究者のみならずイラストレーターも，SI制作における知的な担い手であると考えられる．本研究の限界は，暗黙的に表現されたものや，対話やインタビューで語られなかった論点は分析できないことである．しかし，本稿のアプローチでは制作プロセスを見なければわからないことを見出すことができるという利点もあり，いくつかのアプローチを組み合わせていくことが有効であると考えられる．

謝辞
本研究はJSPS科研費25・5202の助成を受けたものです．本調査では研究者とイラストレーターにご協力いただきました．本論文で掲載された全ての図は，著作権者の許可を得て掲載しています．ご協力いただいた皆様にこの場を借りて感謝いたします．

■注

1）イラストレーターと研究者集団の制作プロセスについては大河・加藤(2010)が報告しているものの，制作上の実践的な課題を整理することに主眼を置いていることから，本稿の趣旨とは異なる．
2）コーディングの手法については佐藤(2008)を参照のこと．
3）分析者による解釈の誤りをできるかぎり減らすため，結果の記述部分は協力した研究者とイラストレーターが内容を確認した．
4）分類結果のコードの数は発言をどう区切るかによって変化するため，あくまで目安である．また，分類された発言が相手への意見なのか，要望なのか，知識提供なのかといった区別は，イラスト制作への影響が異なるため重要であると考えられるが，実際には明確に切り分けるのが困難であったため，切り分けずにまとめて示した．

■文献

Amann, K. and Knorr Cetina, K. 1988: “The Fixation of (Visual) Evidence,” *Human Studies*, 11(2–3), 133–169.
Alač, M. 2014: “Digital Scientific Visuals as Fields for Interaction,” In Coopmans, C. et al. (Eds.) *Representations in Scientific Practice Revisited*, MIT Press, 61–87.
有賀雅奈 2015：「日本のサイエンス／メディカル分野のイラストレーターによる団体活動の動向調査」『科学技術コミュニケーション』17，23–34.
アルンハイム, R. 1974：関計夫(訳)『視覚的思考—創造心理学の世界』美術出版社；Arnheim, R. *Visual Thinking*, University of California Press, 1972.
ブラント, W. 1986：森村謙一(訳)『植物図譜の歴史：ボタニカル・アート：芸術と科学の出会い』八坂書房；Blunt, W. *The Art of Botanical Illustration*, 2nd Edition, Collins, 1951.
Burri, R. V. and Dumit, J. 2008: “Social Studies of Scientific Imaging and Visualization,” In Hackett, E. J., Amsterdamska, O., Lynch, M., and Wajcman, J. (Eds.) *The Handbook of Science and Technology Studies Third Edition*, The MIT Press, 297–317.
Carusi, A., et al. (Eds.) 2015: *Visualization in the Age of Computerization*, Routledge.
Coopmans, C. et al. (Eds.) 2014: *Representation in Scientific Practice Revisited*, MIT Press.
ダンス, P. S. 2014：奥本大三郎(訳)『博物誌：世界を写すイメージの歴史』東洋書林；Dance, P. *The Art of Natural History*, Overlook Press, 1978.
Daston, L. and Galison, P. 2007: *Objectivity*, Zone Books.
de la Flor, M. 2005：桜木晃彦(監修)『メディカルイラストレーションハンドブック』ボーンデジタル；de la Flor, M. *The Digital Biomedical Illustration Handbook*, Charles River Media, 2004.
Fleck, L. 1979: Trenn, T. J. and Merton, R. K. (Eds.), Bradley, F. and Trenn, T. J. (Trans.) *Genesis and Development of a Scientific Fact*, The University of Chicago Press.
Ford, B. J. 1993: *Images of Science: A History of Scientific Illustration*, The British Library Publishing

Division.
Goodsell, D. S. 2006: "Seeing the Nanoscale," *Nano Today* 1(3), 44–9.
Hentschel, K. 2014: *Visual Cultures in Science and Technology: A Comparative History*, Oxford University Press.
Hodges, E. R. S. 2003: *The Guild Handbook of Scientific Illustration*, John Wiley.
Jones, C. A. and Galison, P. (Eds.) 1998: *Picturing Science, Producing Art*, Routledge.
Lefevre, W., Renn, J., and Schoepflin, U. (Eds.) 2003: *The Power of Images in Early Modern Science*, Springer Science + Business Media, 141–166.
Lynch, M. 1991: "Science in the Age of Mechanical Reproduction: Moral and Epistemic Relations Between Diagrams and Photographs," *Biology and Philosophy*, 6, 205–26.
Maienschein, J. 1991: "From Presentation to Representation in E. B. Wilson's *The Cell*," *Biology and Philosophy*, 6, 227–54.
大河雅奈・永井由佳里・梅本勝博 2011：「知識創造としてのサイエンスイラストレーション作成―イラストレーターへのインタビュー調査から―」『知識共創』1, Ⅲ 101–10.
大河雅奈・加藤和人 2010：「サイエンスイラストレーション制作における協働プロセス：『幹細胞ハンドブック』を事例に」『科学技術コミュニケーション』8, 41–55.
Pauwels, L. 2006: "A Theoretical Framework for Assessing Visual Representational Practices in Knowledge Building and Science Communications," In Pauwels, L. (Ed.) *Visual Culture of Science: Rethinking Representational Practices in Knowledge Building and Science Communication*, Dartmouth College Press, 1–25.
Perini, L. 2012: "Form and Function: A Semiotic Analysis of Figures in Biology Textbooks," In Anderson, N. and Dietrich, M. (Eds.) *The Educated Eye: Visual Culture and Pedagogy in the Life Sciences*, Dartmouth College Press, 235–54.
Pinault, M. 1991: P. Sturgess (Trans) *The Painter as Naturalist from Dürer to Redouté*, Flammarion.
Roberts, K. B. and Tomlinson, J. D. W. 1992: *The Fabric of the Body: European Traditions of Anatomical Illustration*, Clarendon Press.
Rudwick, M. J. S. 1976: "The Emergence of a Visual Language for Geological Science 1760–1840," *History of Science*, 14, 149–95.
Ruivenkamp, M. and Rip, A. 2014: "Nanoimages as Hybrid Monsters," In Coopmans, C. et al. (Eds.) *Representation in Scientific Practice Revisited*, MIT Press, 177–200.
佐藤郁哉 2008：『質的データ分析法』新曜社.
Shapin, S. 1989: "The Invisible Technician," *American Scientist* 77(6), 554–563.
Topper, D. 1996: "Towards an Epistemology of Scientific Illustration," In Baigrie, B. S. (Ed.) *Picturing Knowledge: Historical and Philosophical Problems Concerning the Use of Art in Science*, University of Toronto Press, 215–49.
Wood, P. 1994: *Scientific Illustration: A Guide to Biological, Zoological, and Medical Rendering Techniques, Design, Printing, and Display*, Second Edition, Van Nostrand Reinhold.

Creation Process and Creator's Viewpoints in the Creation of Scientific Illustrations: A Case Study of Collaboration between an Illustrator and a Brain Researcher

ARIGA Kana*[1], TASHIRO Manabu*[2]

Abstract

Representations of scientific illustrations in published materials have been analyzed in science studies; however, little is known about what scientists and illustrators actually intend to represent in making scientific illustrations. The purpose of this paper is to show how an illustrator and a scientist create scientific illustrations and what ideas and knowledge they provide in the process. The creation of seven illustrations by a science illustrator and a brain researcher was examined. The authors collected data including field notes, recordings of conversations in meetings, e-mails, materials, drawings, and interviews, and analyzed them through qualitative data analysis. Consequently, the authors found two processes of making illustrations: image creation and modifying existing illustrations. The illustrator and scientist were also found to provide ideas and knowledge not limited to their specialties. This study may suggest the basis for a discussion on the origin of illustrations and creativity of illustrators, which has been overlooked in science studies.

Keywords: Scientific illustration, Visual thinking, Visual culture of science, Scientific illustrator

Received: March 9, 2016; Accepted in final form: July 3, 2016
*1 Postdoctoral fellow (education & research assistant); Cyclotron and Radioisotope Center Tohoku University (–September, 2016), Specially appointed assistant professor; University Research Administration Center, office of Research Promotion, Tohoku University (October 2016–); birds.kana@gmail.com
*2 Professor; Cyclotron and Radioisotope Center Tohoku University; mtashiro@m.tohoku.ac.jp

短報

心臓移植を「文化触変」で分析する試み

小久保亜早子*

要　旨

日本の心臓移植は，1968年8月に第1例が行われた後，31年後に再開した．この間の，特に1970年代，日本の心臓外科医たちは約10年間沈黙していた．心臓移植の文化的側面に焦点をあて，「文化触変」の視座で沈黙の理由を考察した．

心臓移植は他の臓器移植と違って特別に国際社会から注目された．米国外科医たちが展開した熾烈な心臓移植レースは世界で展開された．世界初の心臓移植を行った南アフリカの外科医バーナードが世界中から称賛されると，以後，堰を切ったように世界中で行われていった．外科医たちの動機の一つは功名心である．日本の伝統的な医者像とは適合できないアメリカ的英雄外科医像は，心臓移植に張りついて，アメリカ中心主義者和田によって持ち込まれた．それまで日本の外科医たちは当然のように米国から外科技術を輸入してきたが，心臓移植にかぎっては日本の伝統的医者像とのあいだで葛藤したため，沈黙してしまったのではないか．

1. 外科技術が社会に受容される過程とは

新しい外科技術が社会に受け入れられるまえに，いくつかの過程がある[1)]．一般的な科学技術と社会の関係を藤垣裕子の科学技術社会論の論述を参考にして述べると（藤垣 2003, 31–51），最初の段階は専門家たちに妥当と判断される過程である．この過程ではまず，純粋に技術に有効性があるかどうかが判断される[2)]．

次の段階は社会での正統性を獲得する過程である．専門家たちが妥当と判断している場合は，社会から特別な異論が出ないことが多く，専門家による妥当性獲得と社会での正統化の段階はほぼ一致している．しかし，内容によっては社会にすぐには受け入れられない技術もあるので，その場合，社会に説明したり，説得を試みたりして，時には長い討議の過程を経て，技術が社会に受け入れられることになる．日本の臓器移植の正統性獲得はこれに該当すると考えられる．1985年，厚生省の研究班が脳死判定基準を報告した頃が専門家における妥当性獲得の時期とすれば，脳死論議を経

2015年2月13日受付　2016年2月20日掲載決定
*早稲田大学大学院政治学研究科，研究生，asako9243846@aol.com

て脳死臨調の脳死容認の報告が出され，最終的に1997年の臓器移植法施行したときが，脳死が社会に受け入れられたときであり，臓器移植が社会で正統性を獲得したときである．逆に，文化的な葛藤から技術が社会に拒絶され，専門家が引き下がることも理論的にはあるだろう．代理母は日本では今も実行されていない．この意味で外科技術が社会に受け入れられる過程とは，外科医と社会の攻防の過程と言える．もし外科医が，外科医仲間（医学界）からの批判や，非専門家との対立を凌いで，外科技術の正当性を認めさせれば，結果的に外科技術は社会に受け入れられるだろう（小久保 2015）．

同様に学界内でも正統性獲得という過程が存在する．学界では科学技術に関して妥当性が判断されるのだが，その判断とは別に，学界という閉じられた社会で正統化される過程が存在するということである．つまり，技術的に妥当であるから技術が正統化され実施されるとはかぎらず，技術的に妥当であっても学界内で正統化されない場合があり，そのときは実施されないのである．

筆者が注目したいのは学界内での正統性獲得過程である．以下に描写する「心臓外科医たちの沈黙」は，その過程が失敗した結果かもしれない．

2．歴史

日本初（世界で30例目）の心臓移植は，1968年8月8日，札幌医科大学胸部外科，和田寿郎教授らによって行われた．レシピエントは進行した連合弁膜症に心房細動をくりかえす心不全を伴った18才男性である．ドナーは溺水後に蘇生術が不成功に終った男性であった（和田ら 1968）．術後，一時的でも，レシピエントは経口摂取可能となり，車椅子移動もできていたが，結局，術後83日で死亡した（10月29日）．83日間の生存は，当時の他の心臓移植例と比較して決して短くはなかったものの，レシピエント死亡後はこの手術への批判が高まり，ついに1969年2月，和田は刑事告発される[3]．起訴するかどうかの決定において主要な問題点とされたのは，ドナーの死の判定と心臓移植の適応の当否である．専門家3人の鑑定を経て，最終的に不起訴が決定された[4]．その後しばらく心臓移植は行われず，結局31年後に再開した．

1970年代，心臓移植に関する議論は行われなくなり臓器移植に関する報道も影を潜めた．1980年代，心臓外科医たちは心臓移植再開を目指して連携を始める．1982年心臓外科医たち（東京女子医大の小柳仁，大阪大学の川島康生ら）は心臓移植研究会を起ち上げた（川島 2006, 46–8）[5]．しかし日本では脳死論議がおこり，脳死が社会に受容されずに脳死体からの臓器移植の実現は困難になっていく．一方，移植外科医たちは外科技術そのものを変容することで現実に対処しようとした．脳死診断を不要とする「人工心臓」が開発され[6]，肝臓では生体移植が進化した．患者は移植のために外国へ渡航するようになった．他方，1983年に，脳死判定基準のための厚生省研究班が発足し，（脳死体からの）臓器移植実現化への足掛かりとなる．つづいて中山太郎議員ら生命倫理研究議員連盟が，衆参両議院の議長に対して国会で議論を始めるように要請し，1988年2月，「脳死・生命倫理及び臓器移植問題に関する調査会」が誕生した．臓器移植法の議員立法を目指していたこの調査会は，臓器移植法の立法化のまえに，脳死を人の死とすることの是非などを審議する臨時調査会を政府におくことを求めて，1990年3月，臨時脳死及び臓器移植調査会（いわゆる脳死臨調）が発足した．この脳死臨調が，さまざまな分野の人々が議論する場を設定し，意見を取りまとめて脳死に関しての答申を発表するなどのアクションを起こしていき，脳死論議の収束へと寄与していくのである[7]．そして1997年，日本の臓器移植法が制定され，1999年には日本の心臓移植がついに再開した[8]．

3. 心臓外科医たちの沈黙とは

問題の時期は1970年代である．実務としての心臓移植が行われなかっただけでなく，実験・研究そのものが行われなくなった特殊な時期といえる．研究報告が途絶え，「心臓移植」という言葉がタブーであるかのように消えたのである．1970年3月の日本臨床外科医学会におけるシンポジウム，日本循環器学会総会での懇談会などを最後に，心臓移植に関する言説は途絶える．たとえば『胸部外科』では，論文としては1983年(榊原尚豪ほか 1983)まで「心臓移植」に関する話題はない．特にこの1983年の論文では，冒頭で「わが国では第1例の心臓移植以後この問題は，長い間タブー視されてきた」とやっと重い口を開いたかのようである．また，『胸部外科学会雑誌』では，1973年に実験に関する論文[9]が掲載されたのを最後に論文は掲載されなくなり[10]，1983年，大阪の広瀬の論文[11]まで，ほぼ「心臓移植」に関するものはない．また，1965年に発足した日本移植学会の報告でも似たような状況であった．心臓移植に関する研究は，1965年から毎年報告されていたが，1973年から忽然と消えていた．たとえば和田移植が行われた68年にはシンポジウム「心保存」，個別の報告は5個であった．69年には，「心移植」というセッションで12個の報告がなされ，盛況ぶりがうかがえるが，70年には心臓移植から人工心臓へ関心が推移するかのように，シンポジウム「心臓移植と人工心」がもたれ，セッション「心移植」では8個の報告がされたが，71年にはセッション「心移植」は消えていた．さらに73年には，セッションはもちろんないが，個別報告も心保存に関するテーマ一つだけになっていた．この間，他の臓器移植の報告は継続している．脳死体を必要とする肝，肺の研究報告は途絶えなかった．心臓移植だけが途絶えたのである．

およそ10年間，「心臓移植」は外科医の言説から消えていた．アメリカでも，70年代に心臓移植の実践が中断していたことは確認されており，免疫抑制剤シクロスポリンの到来とともに再びおこなわれるようになったといわれている(フォックスとスウェイジー 1999, 59)[12]．手術が行われなくなったことは日本と共通しているが，実験・研究が行われなくなり，「心臓移植」という言説すら消えてしまったのは日本に特徴的なことである．なぜ日本の心臓外科医たちは10年間も沈黙したのだろうか．

4. 文化的葛藤

刑事事件として捜査されたことは，外科医たちの心に重い傷を残したことは事実である．しかしそれでも，重症心疾患の患者がいなくなったわけではないので，研究は継続されるのが自然である．にもかかわらず，10年間も言説が消えたのは，刑事事件の後遺症だけではなく，外科医たちが心の底になにかをしまい込んだからではないだろうか．それを知るためには，心臓移植の特殊性を意識する必要がある．

4.1 外科医たちの功名心

心臓外科医たちの心臓移植を行う動機のひとつには，功名心があった．1967年12月3日に南アフリカで世界初の心臓移植が行われると，外科医バーナード(Christiaan Neethling Barnard)[13]は世界中から称賛された．彼は米国でテレビに出演したり，当時のジョンソン大統領(Lyndon Johnson)と面会したりした(McRae, 2006, 248)．イギリスでもテレビ出演したり(McRae 2006, 265)，バチカン市国でローマ法王に面会したりした[14]．南アフリカ国内ではスター扱いされ，国内の水泳大会優勝選手へのメダル贈呈者[15]になったり，切手にもなったりした[16]．南アフリカの心臓移植の3日後にはアメリカではじめての心臓移植が行われ，翌1月にはアメリカで2件，2月にはインド，4月にはフランス，5月にはアメリカ，イギリス，ブラジル，アルゼンチンそしてカナダというように，突然，堰を切ったように世界中で行われるようになった(National Heart Institute 1969)．実は，南アフリカ以前から熾烈なレースを展開していたのは，米国の外科医たちであった．"*Every Second Counts: The Race to Transplant the First Human Heart*"の著者マックレー(Donald McRae)によれば，レースの起源はシャムウェイ(Norman Shumway)[17]らの報告であったという(McRae, 2006, 92–5)．1968年末までに心臓移植は世界で103例行われたが，米国ではそのうち54例(とくにテキサスのクーリー(Denton A. Cooley)は17例)が行われた(National Heart Institute 1969, 65–75)．「心臓移植レース」が特殊だったのは，「治療成績」ではなく，「一番目」を競ったことであった(小久保 2015)．Ayesha Nathooはイギリスメディアの研究で，心臓移植が華々しく報道された現象を考察している．過熱報道は外科医たちを心臓移植に駆り立てることになった(Nathoo 2009, 183)．国際的な報道は外科医たちの功名心を煽ったであろう．

日本初の心臓移植は当初，日本で偉業として称えられた．「この手術は日本の医学水準の高さを内外にしめした(厚生大臣園田直)」，あるいは「北海道の開拓者精神を，医の実践によって示したもの……人類に対する偉大な功績として讃えたい(北海道知事町村金五)」と称えられたのである(北海タイムス社編 1968, 序文)．当時すでに腎臓移植は行われていたが，社会の注目は大きくなかった．心臓移植だけが大きく注目されたのである．心臓移植の治療的側面ではない側面に人々の思いが向けられていた．

しかし和田は同僚の医師たちによって糾弾される．和田の同僚かつレシピエントの元主治医，札幌医大第二内科の宮原光夫が，レシピエントに心臓移植の適応はなかったと論文上で批判した(宮原 1969)[18]．そして，それは朝日新聞で報道された[19]．さらに和田の不起訴決定まえには，札幌医大の第二病理学教授，藤本輝夫が論文(藤本 1970)上で，「病巣は僧帽弁だけであり，レシピエントに心臓移植の適応[20]はなかった．……心臓外科医の功名心から実施されてはならない」と強烈な批判を展開した．これも「心臓移植すべきでなかった」というタイトルで朝日新聞で報じられた[21]．

日本の臓器移植が遅れたのは和田移植が原因と考える人は多い．日本の心臓移植に関しての著述では，特に和田個人の問題を分析するとき，外科医の功名心は否定的に捉えられている．和田移植に関して考察した研究者の多くは，外科医がいつ心臓移植を意図したのかを気にしていた(吉村 1986, 153–81; 中島 1985, 124–9; 小松 2004, 220–55)．つまり，ドナーとなる患者の前で医者が邪まな心をもったと責めているのである．日本の伝統的な医者像は崇高な人格者が想定されている．功名心をもつこと，つまり患者を利用して有名になろうとすることは，この医者像から大きく逸脱することになり，日本人には許し難いのである．しかも，今までの研究はこの手術を臓器移植全般のひとつとして捉える傾向にあったが，筆者はこの時期の心臓移植だけ特殊であったことに注目し，外科医の功名心を正面から捉えようと思う．レースになった現象や，外科医を糾弾しようとする他の医者たちの強い敵対心など，初期の心臓移植には外科技術としての側面だけでなく，人々の思いが込められた文化的な側面を見出すことができる．

4.2 文化的抵抗

和田が称賛され，次には糾弾されたという落差，そして結果としての心臓外科医たちの沈黙．この現象を説明するのに，もちろん刑事告発は重要である．外科医和田が疑われたことは心臓移植のイメージを悪くした．しかし，刑事告発だけだろうか．

告発者が漢方医であったことは，この謎を解く手掛かりの一つである．漢方医は東洋医学の側から西洋医学への不信感を表明していた．

> 日本では明治維新ころまでは東洋医術で治療が行われてきたが，それ以後は西洋医学を取り入れるのが急で局部治療だけで病気がなおるという錯覚を生んでいる[22]．

急な変化は医者たちに葛藤をもたらせる．

さらに，前述した宮原は，論文の中でアメリカ医学を批判していたことも重要な手掛かりである．

> ……しかし世界の外科学なかんずく心臓外科医学の少なくとも一部に，アメリカ医学に象徴されるような技術の尊重が，いわば医師の本来の姿を見失わせしめる．(宮原 1969)．

「技術の尊重」と言っているが，おそらく「技術の偏重」と言いたかったのであろう．「医師の本来の姿」とは，「仁術」[23]する医師のことであろう．漢方医も宮原もアメリカ医学を批判していた．そしてもう一人の札幌医大の同僚，藤本は後年，宮原が亡くなったときに心臓移植を振り返ってこう寄稿していた．

> それは，われわれが，医学，医術，医道の，その帰一への願いを込めて対処した事柄であった．その際，宮原君の内科医(内科教授)としての真面目をまざまざと見せられる思いがした(札幌医科大学内科学第二講座 1980, 11–2)．

彼らは心臓移植に対して文化的な抵抗をしていたのではないだろうか．

反対に和田がアメリカ中心主義者であったことは重要な事実である．和田は占領下の日本から，心臓外科発祥の地，ミネソタ大学に留学していた(和田 2000, 176–8)．米国は心臓外科でもっとも先進的であった．しかもミネソタ大学は，心臓移植の手術技法を確立した米国のシャムウェイ，世界で初めて心臓移植を行った南アフリカのバーナードも学んだ場所であった(和田 2000, 184)．帰国した和田は，札幌医大でアメリカの医療スタイルを展開した．たとえば「呼び出しアナウンス」である．緊急事態では看護師が医者を探さなければならないが，当時は彼らが院内を駆け回っていた．その労力を減らすために，アメリカの病院のような呼び出しアナウンスを要望したという[24]．もっと有名なエピソードはケーシースタイルの白衣[25]の普及である．当時はドイツ式の長い白衣にコツコツと音を立てる黒スリッパというスタイルが一般的であり，医者権威のシンボルでもあった．ところが，和田が半袖の上着に白ズボン白いゴム底靴(音が出ない)というケーシー姿をしていると，上司から「医者にコックのスタイルは」と難色をしめされていたという(和田 2000, 223–7)．和田によると「アメリカで学んだ医療思想の普及に心がけ，病院内外での外科全体の旧習を破るいろいろな努力をおこなった」のである．

文化は人々が「生きるための工夫」として作り出し，蓄えてきた一つ一つの工夫が無数に集まってできた全体と考えられる(平野 2000, 11–3)．文化は決して固定的なものでなく，たえず動いているものだが，全体としては，大体安定した状態にあり，継続性が維持される．異なる文化をもつ集団が，持続的な直接接触を行って，いずれか一方または両方の集団の元の文化の型に変化を発生させる現象を文化触変とよぶ[26]．それは基本的には，一つの文化が旧平衡の状態から新平衡の状態にいたる過程である(平野 2000, 57–9)．

留学生は受け手の側から他の文化に特定の文化要素を求めていく文化運搬者の代表である(平野2000, 67). 和田はアメリカに留学し, 心臓外科という外科学の専門分野を日本に運搬した. ただし, 運搬したのは外科技術だけではなく, アメリカ文化をも運搬したのである. 前述した札幌医大の白衣などの出来事は, 文化触変といえる.

それまで外科技術の多くは,「輸入」によって日本に導入されていた. とくに戦後は米国からである.「ドイツ医学の影響を強くうけていた日本に戦後, アメリカ医学が怒涛のごとくおし寄せ, 一時期日本医学は米国一辺倒の感があったが, 外科も例外ではなかった」(武藤, 相馬 1985, 4). たとえば革新的心臓外科手術の代表的なブラロック－タウシング(Blalock-Taussing)手術[27]は, 1945年ジョンホプキンス大学で最初に行われたが, 日本では1951年東京大学の木本誠二によって初めて行われ, その後日本に普及した. また, 人工心肺が1954年ハーバード大学のGibbonによって開心術に応用されると, その2年後(1956年), 大阪大学の曲直部寿夫によって用いられ, 日本の開心術がスタートした(井上 1989).

日本の心臓外科の技術の多くはアメリカから輸入したものである. ただし, その中でも心臓移植に限っては, 下記のようなアメリカ文化も持ち込まれていた.

4.3 アメリカ的英雄外科医VS. 日本の伝統的医者像

米国の外科医たちは以下のように英雄として扱われていた. 心臓外科医たちの苦闘を描写した *King of Hearts* の著者G. Wayne Millerは序文でこう述べている.

> 心臓外科医たちは初期の宇宙飛行士たちと多くのことを分かち合った. 若い外科医たちは野心を抱いて戦争から帰還した. 彼らは個人的な人生とプロとしての人生において, 因習を破壊することに価値を見出した. 死をおそれず, リスクをとることを当たり前としていた(Miller 2000, x iv).

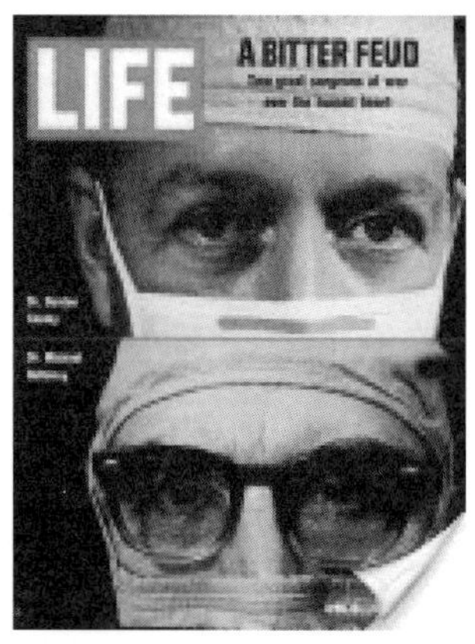

図1 "Houston's two master heart surgeons are locked in a feud: the Texas tornado vs. Dr. wonderful", *LIFE* 1970年4月10日 http://books.google.co.jp/books?id=IVUEAAAAMBAJ&pg=PA68&dq=heart+surgery&hl=ja&sa=X&ei=-GqoT5DyHtGhmQXnkMjhBA&ved=0CFYQ6AEwCDgK#v=onepage&q=heart%20surgery&f=false(2016年12月29日閲覧)

米国の心臓外科医たちはスターのように注目され, 週刊誌に載せられていた. 挑戦的な態度は賛美されるかのように採り上げられた. 世界37番目に心臓移植を行った, テキサスの外科医ドベーキー(Michael E. DeBakey)は言う「助かるかどうかは神のみぞ知る(Only God knows whether a patient will live)」. 最も数多く心臓移植を行ったクーリーは言う「患者を死亡させたくはないが, 野球選手のように打率を気にするのは小さい. 無視してきた. 誠実に行える限り, その結果に満足している」[28]. さらにその2年後には, 二人はテキサスの心臓外科のライバル同士として表紙すら飾った(図1)(小久保 2015).

しかし日本の医者像とは,「赤ひげ」に代表されるような崇高な人格者である. 黒澤明映画『赤ひげ』[29]で描かれている医者像は,貧しくて医療にかかることができない患者たちを，費用を無視して診てやったり，狂女を制して血みどろ，汗だくになりながら手術を行ったり，死にゆく患者を人間としての尊厳を保たせながら最期まで診てやったりと，患者に全力で寄り添おうとするのである[30].

平野は文化には境界維持機構(boundary maintenance)があるという．具体的には，個々の文化がその文化の社会構成メンバーに対して，メンバーにふさわしい行為を要求する規範的な文化要素を含んでおり，規範に反する文化要素を外から持ち込もうとするメンバーはしばしば社会から「村八分」にされる．導入する必要性がいかに高くても，規範的な文化要素との適合性が低い文化要素は，結果として，拒絶されることになる．(平野 2000, 78–9).

日本の伝統的な医者像とは適合できないアメリカ的英雄外科医像は，心臓移植に張りついてアメリカ中心主義者和田によって持ち込まれた．拒絶のようすは，藤本の心臓移植に対する主張に明確に現れている「医学の真のあり方を考えるとき，果たして，その健全な進歩を意味するのか，堕落であるのか……医学の進歩，医療の向上を支えるものは，技術のみではない．科学的な基礎を着実に身に着けた医師の倫理こそ，強くのぞまれるものと思う(藤本 1969)」．宮原も藤本も，和田を糾弾するのと同時に表現したのは心臓移植という外科技術への嫌悪感であった.

それまで日本の外科医たちは当然のように米国から外科技術を輸入してきたが，伝統的な医者像のままで行っていた．しかし心臓移植にかぎっては日本の伝統的医者像とのあいだで葛藤が起こり，日本の心臓外科医たちは沈黙するしかなかったのではないか.

■注

1）歴史的に外科技術は，当初は奇異にみられ，その有効性が根拠づけられた後もしばらく，批判され続け，正統性を得られないものがあった．たとえばドラッグステッド(Lester R. Dragstedt)の迷走神経切除術である．胃潰瘍の治療として 1943 年ころ始められ，後年，治療としての地位が確立されたが，当時は有効性を示す結果を報告しても医学界では激しく抵抗されていた(Waisbren et al. 1994).
2）ただし，純粋に科学的根拠によって妥当と判断されるとしても，妥当性ありと判断される範囲はピンポイントではなく，ある領域をもって妥当とされることが多い．特に医学では，その有効性を評価するとき，患者のなにをもってその指標とするのかについては価値判断が含まれるため，医学界でその技術が妥当と判断される領域は広くなる.
3）ドナーについては殺人，レシピエントについては業務上過失致死の疑いである．告発したのは漢方医たちである．北海タイムス 1969 年 2 月 15 日夕刊，「和田教授を告発：殺人容疑の成立は困難」.
4）ドナーの脳死の客観的材料がなく，レシピエントの重症度にも疑問は残るが医学的鑑定に不一致があり，起訴に至らなかった(日本胸部外科学会臓器移植問題特別委員会編 1992, 18).
5）川島が，女子医大の小柳，鹿児島大学の平明教授，そして国立循環器病センター雨宮浩部長(腎移植が専門)を誘ったのである.
6）心臓移植までの「つなぎ」として，日本人患者が，渡航移植までの待機期間を，生存できるように使用された.
7）林によると，「脳死」論議は，後のさまざまな生命科学をめぐる論争と意思決定過程のモデルとなったという(林 2002: 20).
8）東京女子医大の小柳は振り返る「和田移植に端を発する特殊な歴史ゆえに，確かなスタートのために法制定は不可避だった」，「本邦における制度設計のプロセスでの医療職の立場と呪縛は悲惨なものであった」(小柳 2013, 19–23).
9）小柳仁ほか 1973：「同所性心臓移植の実験的研究：調律異常からみた右房手技の検討」『日本胸部外科学会雑誌』21(8), 794–804.
10）例外として，スタンフォード大学シャムウェイ教授の心臓移植についての講演(1974 年)と，大阪大学の曲直部寿夫教授の特別講演(1978年)が掲載されていた.

11) 広瀬一 1983:「同所性移植心における冠循環動態の実験的研究」『日本胸部外科学会雑誌』31(2), 181-190.

12) それでも, シャムウェイなどアメリカの一部の外科医は心臓移植を続けていた.

13) 1922年生まれ, アフリカーナー, ケープタウン大学卒業, 1955-1958年に米国ミネソタ大学に留学, グルーテスキュール病院心臓外科教授.

14) *The Times*, "The Pope's good will for Dr. Barnard." 1968.1.30.

15) 出典不明(*The Chris Barnard Heart Fund: Vir Fonds*?), 1969.3.1. (C. Barnard collection at University of Cape Town)

16) Kyle R. A. and Shampo M. A. 1975 "Pioneer heart transplant surgeon," *Journal of the American Medical Association*, 232(7), 727

17) スタンフォード大学心臓外科教授, 心臓移植の先駆者.

18) レシピエントを診療していた宮原は, 外科に紹介したのは弁置換術のためであり, 僧帽弁だけが侵されている患者に心臓移植の適応はなかったと主張した(宮原 1969).

19) 朝日新聞, 1969年4月26日,「移植の必要なかった」. 朝日新聞では当時, 心臓移植を取材している吉村昭が紙面に連載して注目されていた(吉村 1984). これには外科医たちへの不信感も伝えられた.

20) 藤本は,「三弁以上の障害があって初めて心臓移植の適応がある」という国際学会などの心臓移植の適応基準を引用していた. たとえばDecourt基準(ケープタウンでの国際シンポジウム)(Shapiro 1969)とBethesda Conferenceの基準(Bethesda Conference report 1968)が引用されている. 藤本の「適応」のイメージは, 経験を積み重ね, 外科医たちの間で議論した末に決められるものではなく, アメリカなど欧米から輸入するものであるかのようである. 臨床経験がない段階の適応基準とは, 医学的根拠に基づいたものというよりも, 外科医たちが互いを戒めるルールのようなものである. 出版物で唯一, 和田を援護した医師上石一男が言うように(上石 1974, 136-40), そもそも明確な「適応」があるわけでもないのに, 手術適応の正当性を論じることは意味があるのだろうか.

21) 朝日新聞, 1970年5月12日,「心臓移植すべきでなかった」.

22) 北海タイムス1969年2月15日夕刊,「和田教授を告発:殺人容疑の成立は困難」. 告発した漢方医たちは,「①まだ死亡は断定されないはずの山口君から心臓を取り出した, ②移植手術により宮崎君の死を早めさせた」という趣旨で,「宮崎君はすでに手遅れで, 余命を保つためには漢方治療しかない. 手術に耐えられないのに移植手術をしたのは殺人罪に値する.

23) 日本では「医は仁術なり」といわれるように, 医者は自制的な人格者としてみられていた. 献身的な医者の代名詞として「赤ひげ」がよく使用される.

24)「売名行為」と揶揄されたという.

25) 日本ではアメリカ医療ドラマ『ベン・ケーシー』が1962年から放送され大ヒットした. 主人公ケーシー(脳外科医)の姿から, 日本では半袖丸首白衣はこう呼ばれるようになった. 今の日本では一般的である.

26) 平野は1936年の「覚書」(Redfield et al. 1936)を引用している.

27) 先天性心疾患であるファロー四徴症に対して, 肺血流量を増大するための短絡手術.

28) *LIFE*, 1968.8.2., クーリーの恵まれた私生活はこの記事のなかで紹介されており, 成功したアメリカン・ヒーローのように扱われている. 二人の外科医の記事を書いた記者(Thomas Thompson)は, 二人をテーマにした著書"Hearts"も出版した(Thompson 1971).

29)『赤ひげ』1965年公開, 黒澤明監督, 原作は山本周五郎『赤ひげ診療譚』

30) 心臓移植にもっとも近かった外科医の一人, 東京女子医大心臓外科教授榊原仟は, 医学生に向けた講義で言っている「医師はただ病気をなおす職人であってはならないし, 幅広い人格をもって患者に接し, その健康を守り, 本人を幸せにするように努めなければならない(榊原 1987, 26-32)」.

■文献

Bethesda Conference report 1968: "Cardiac and other organ transplantation in the setting of transplant

science as a national effort," *American Journal of Cardiology*, 22(6), 896–912.
フォックス, R. C. とスウェイジー J. P. 1999：森下直貴ほか訳『臓器交換社会：アメリカの現実・日本の近未来』青木書店；Fox Renée C. and Swazey Judith P.: *Organ Replacement in American Society*, Oxford University Press, 1992.
藤垣裕子 2003：『専門知と公共性：科学技術社会論の構築へ向けて』東京大学出版会.
藤本輝夫 1969：「心臓移植の問題点を指摘する：微妙な生体のメカニズム」『科学朝日』29(8), 88–92.
藤本輝夫 1970：「病理学からみた心移植の適応」『最新医学』(25), 1137–1146.
林真理 2002：『操作される生命　科学的言説の政治学』NTT出版.
林田健男ほか 1970：「シンポジウム　臓器移植の臨床」『日本臨床外科学会雑誌』31(2), 229–235.
平野健一郎 2000：『国際文化論』東京大学出版会.
北海タイムス社編 1968：『心臓移植：和田グループの記録』誠文堂新光社.
井上正 1989：「心臓大血管外科の歴史と展望」日本臨床外科医学会雑誌 50(3), 447–53.
上石一男 1974：『心臓移植は人体実験か』全国医療問題懇談会.
川島康生 2009：『心臓移植を目指して：四十年の軌跡』中央公論事業出版.
小久保亜早子 2015：「心臓移植と国民統合」『早稲田政治經濟學雑誌』388, 2–24.
小松美彦 2004：『脳死・臓器移植の本当の話』PHP研究所.
小柳仁 2013：「臓器移植を通して戦い続けた半世紀」『新潟大学医学部学士会々報』99, 19–23.
McRae, D. 2006: *Every Second Counts: The Race to Transplant the First Human Heart*, London: Simon & Schuster UK.
Miller W. 2000: *King of Hearts: The True Story of the Maverick Who Pioneered Open Heart Surgery*, New York: Times Books.
宮原光夫 1969：「心臓移植時における生死の判定」『内科』23, 850–853.
武藤輝一, 相馬智編 1985：『標準外科学』医学書院.
中島みち 1985：『見えない死：脳死と臓器移植』文藝春秋.
Nathoo A. 2009: *Hearts Exposed: Transplants and the Media in 1960s Britain*, Basingstoke: Palgrave Macmillan
National Heart Institute 1969: *Cardiac Replacement: medical, ethical, psychological and economic implications: a report by ad hoc task force on cardiac replacement*, Washington, U.S. National Institutes of Health; 渥美和彦訳『心臓置換：医学・倫理・心理および経済の諸問題について』東京大学出版会, 1972.
日本胸部外科学会臓器移植問題特別委員会編 1992：『心臓移植・肺移植：技術評価と生命倫理に関する総括レポート』金芳堂.
Redfield R., Ralph L. and Melville J. H. 1936: "Memorandum for the Study of Acculturation," *American Anthropologist*, 38(1), 149–52.
榊原　仟, 藤本輝夫, 和田寿郎, 曲直部寿夫, 八木茂久ほか 1971：「心臓移植の問題点(懇談会)」Japanese Circulation Journal, 35, 227–243.
榊原仟 1987：『医の心』中央公論社.
榊原尚豪ほか 1983：「心移植, 心肺移植：そのニーズと患者の選択に関する臨床的調査」『胸部外科』36(12), 943–6.
札幌医科大学内科学第二講座 1980：『故宮原光夫教授遺稿集』札幌医科大学内科学第二講座.
Shapiro H. A. ed. 1969: *Experience with human heart transplantation*, Durban: Butterworth.
Thompson, T. 1971: *Hearts: of surgeons and transplants, miracles and disasters along the cardiac frontier*, New York: the McCall Publishing Company.
和田寿郎, 富田房芳, 池田晃治ほか 1968：「心臓移植手術の臨床」『日本医事新報』(2325), 3–6.
和田寿郎 2000：『ふたつの死からひとつの生命を』道出版.
Waisbren, S. J. and Modlin I. M. 1994: "Lester R. Dragstedt and his role in the evolution of therapeutic vagotomy in the United States," *American Journal of Surgery*, 167, 344–59.
吉村昭 1984：『神々の沈黙：心臓移植を追って』文藝春秋.
吉村昭 1986：『消えた鼓動：心臓移植を追って』筑摩書房.

An Experimental Analysis of Heart Transplantation in the Perspective of "Acculturation"

KOKUBO Asako*

Abstract

The first heart transplantation in Japan was carried out in August 1968; however, the second one was thirty one years later. During this period, particularly during the 1970s, Japanese heart surgeons had been silent for about 10 years. I considered the reason for surgeons' silence in the perspective of "acculturation" focusing on the cultural aspects of heart transplantation.

Heart transplantation was paid special attention from the international society, unlike other organ transplants. The heart transplant race that US surgeons had been absorbed in, spread over the world. After the South African surgeon Barnard who performed the world's first one was praised from all over the world, heart transplants were carried out in the world all at once. One of the surgeons' motives was ambition. The surgeon image as American hero was not able to be adapted to the traditional Japanese doctors' image was imported to Japan which stuck on heart transplants by Japanese surgeon Wada whose thought was Americanism. So far Japanese surgeons have imported surgical techniques from the United States without doubts, but only regarding heart transplantation the cultural aspect of it made conflict with the traditional Japanese doctors' image, and so Japanese heart surgeons came to be silent.

Keywords: Heart transplantation, Surgeon, Acculturation

Received: February 13, 2015; Accepted in final form: February 20, 2016
* Graduate school of Political Science, Waseda University; asako9243846@aol.com

書評

杉山滋郎『中谷宇吉郎――人の役に立つ研究をせよ』

ミネルヴァ書房（ミネルヴァ日本評伝選），2015年7月，3500円＋税，392p.
ISBN 9784623074136

［評者］三上直之*

本書は，戦前から戦後にかけて北海道帝国大学・北海道大学の理学部教授を務め，雪の結晶の研究を手がけた物理学者，中谷宇吉郎（1900–62年）の評伝である．寺田寅彦の弟子であった中谷は，科学随筆の名手としても知られる．岩波新書で戦中から戦後にかけて版を重ねた『雪』（現在は岩波文庫などに所収）に現われる，雪は「天から送られた手紙」であるというフレーズは，あまりにも有名である．

改めて紹介するまでもないように思われるこの科学者について，著者は，しかし「その全体像はあまり知られていないように思う」（i頁）と切り出す．そして，有名だが全体像が知られていないというギャップの原因の一つは，中谷が多くの随筆を著したことにある，と続ける．随筆のなかで自分自身について再三言及しているから，我々はそれらに接するだけで，彼の生涯全体を理解したような気分に陥っているのではないかというのである．

これは興味深い逆説である．中谷は一般向けの科学読み物の執筆などを通じて，科学の普及に努めた科学コミュニケーターのはしりだ，とも捉えられることがある．著者が初代代表としてかつて率いた，北海道大学CoSTEP（現・科学技術コミュニケーション教育研究部門）のウェブサイトにも，「元祖サイエンスコミュニケーター・中谷宇吉郎博士」と題した動画による人物紹介記事が見られる（北海道大学CoSTEP 2011）．その中谷にして，科学者としての自画像に重大な描き残しがあったことになる．

2015年10月16日受付　2015年11月21日掲載決定
*北海道大学高等教育推進機構 高等教育研究部門，mikami@high.hokudai.ac.jp

従来の中谷像に欠けていたものは何であると，著者は考えているのか．ひとことで言うなら，それは「背景」である．バックが余白のままのポートレートは，人物がどれほどいきいきと描かれていても，奥行きを欠き，その味わいは半減せざるをえない．ここで著者が背景と言うのは，科学者や随筆家，映画製作者としての中谷の活動の背後にあって，それらを支えた「人々や資金」であり，そうしたものを獲得するために彼自身が「“時代”と格闘」した過程である（ii頁）．科学史の方法を用いて，そうした背景つきの中谷像を新たに描き起こそうというのが，本書の基本的なねらいだと理解できる．出生から第四高等学校，東京帝大での学生時代を経て，雪や氷の基礎研究，それらを応用した鉄路の凍上や飛行機の着氷問題の解決，さらに戦後は農業物理学にも展開した研究や，随筆家，科学映画の製作者としての活動とその背景が，浩瀚な史料を渉猟しつつ描かれていく．

第一章「出生から留学まで」は，石川県に生まれた中谷が，高等学校，大学を経て，師の寺田寅彦の推薦により北海道帝国大学教授候補者に選ばれ，その着任前に2年間の欧州留学をするまでの約30年間を手短に要約している．

第二章「まだ平和な時代に」は，1930年に北海道帝国大学理学部に着任してからの約10年間が対象である．すでにこの頃から，中谷が自らの研究をアピールする才能を発揮していたことが，関連史料に基づいて描かれる．1936年3月に，2カ月前に完成したばかりの常時低温研究室を使って世界で初めて人工雪の作製に成功するが，同年秋には，その人工雪作製を北海道行幸に合わせて天覧に供するという冒険を試み，成功させた．当時の教授会の記録をひもとくと，中谷が積極的に名乗りを上げて天覧品のリストに加えられたものだったことがわかる，という．38年には『雪』のほかに随筆集『冬の華』を岩波書店から出版し，随筆家デビューを果たすが，直後に『雪』が映画化された際のエピソードにも中谷の手腕が現われている．米国で開かれた国際会議での上映後，中谷はこの映画を国際雪委員会に寄贈するのだが，この際あえて同委員会の会長に頼んで，中谷個人ではなく北海道帝国大学総長宛てに公式の寄贈依頼をしてもらう細工を施している．この経緯を当時の書簡から明らかにした著者は，高位の人物からの寄贈依頼を得ることで学内での研究環境の整備に追い風を得ようとしたのだと推測している．こうした活躍を見せると同時に，中谷は，学界の域を越えて，作家や哲学者，政治家も含めた幅広い交友関係を築いていく．

第三章「戦争一色の時代に」は，1939年頃から終戦の年までを対象とする．戦時下において，中谷は，鉄路の凍上や，軍事作戦の障害となる航空機の着氷，霧などの課題について，実用的・応用的な研究に取り組む．地面の凍結によりレールが持ち上がってしまう凍上については，札幌鉄道管理局の求めに応じて道内の対策研究に着手し，その後，四高時代の親友が勤める南満州鉄道(満鉄)の招きにより，満州でも研究と指導を行う．飛行機の着氷の研究は，研究動員会議の「戦時研究」として位置づけられ，ニセコの山頂に今の物価で100億円に相当する費用をかけて観測所を建設し，常時十数人が泊まり込みで実験を続けた．41年，北海道帝国大学に低温科学研究所が設立された際には，海軍から研究費の提供を受けるため働きかけたりもしている．こうした戦時研究に携わる一方で，新聞や雑誌に寄稿する文章では，遠回しながらも軍国主義政府の非合理さに異議を唱えた．

第四章「貧しくも希望に満ちた時代に」では，終戦直後の中谷のすばやい転身ぶりが描かれる．戦争が終わるや否や中谷は，ニセコの観測所で用いていた機材，備品などを引き継ぐ「財団法人 農業物理研究所」の立ち上げに奔走し，46年2月に実現にこぎつける．物理学の知見を農業に導入し，食料増産に寄与するというのが設立の目的だったが，背景には戦時中の軍事研究を「カモフラージュ」したいという中谷の意図があったことを，著者は関係者の伝記やその取材メモから明らかにしていく．戦前に治療を受けて以来昵懇の仲だった医師の武見太郎(後の日本医師会長)のつてを頼り，石黒忠篤(終戦時の農商大臣)や渋沢敬三など政財界の実力者に，資金面を含めた助力を得ていく過程の記述は圧巻である．設立された農業物理研究所では融雪促進の研究や水害の研究を行い，中谷自身はそこから関心を発展させる形でダムや国土開発の問題についても発言するようになる．そして，戦時下の研究に携わった職員や弟子らの進路が決まっていくなか，農業物理研究所はその役目を終えたと判断し，設立5年目で早々と解散した．

第五章「新しい世界へ」は，前章と一部時期が重なるが，1948年頃からの数年間を対象に，中谷が新たな活動へと本格的に踏み出していく様子を描く．ここで鍵となるモチーフは，海外渡航とマスメディアである．前者に関しては，占領下にあって出国の手続きに手こずったすえに，中谷は1949年7月から10月にかけて米国とカナダへの視察旅行を実現する．当時はまだ，海外へ渡航することが非常に困難であり，それだけに現地で得られる情報は貴重であった．後者のマスメディアについては，当時ふたたび注目を浴びつつあった科学映画の製作に自ら乗り出すべく，旧知の映画人，出版人をかたらって製作会社を立ち上げた．後の岩波映画製作所である．また，水産学部に赴任した教え子が日本で初めて研究用の潜水探測機を開発した際には，読売新聞社に働きかけて各方面からの資金援助を引き出すとともに，紙面を通じた広報戦略にも協力した．

第六章「対立の時代に」では，冷戦構造が確立される時期に中谷が「軍事研究」に関わることになる経緯が詳述される．中谷は，米国防総省傘下の「雪氷永久凍土研究所(SIPRE)」から招聘を受け，52年から2年間滞在し，氷結晶の物理的性質に関する研究に従事した．帰国に際して中谷は，米軍からの資金を北海道大学で受け入れて大気中の氷結晶の定量的研究を行いたいと考え，学長や低温科学研究所長に打診する．大学側からは絶対に認められない旨の回答があり，試みは実現しなかったのだが，この経緯が新聞報道によって明るみに出て，大学外でも様々な議論が交わされることになった．中谷の試みに対する強硬な反対意見から同情的な意見まで当時の新聞・雑誌記事に現われた議論を丹念に紹介したうえで，著者は，これらの意見が立場のいかんに関わらず，研究資金の出所や直接の研究目的などの「形式論」に陥り，実態に即して検討する姿勢に乏しかったと指摘する．そして，中谷が2年間にわたって滞在したSIPREの設立経緯や，研究所全体の活動内容などをつぶさに検討していく．その結果，明らかになったのは，「SIPREは，軍に対する寄与を目的に設置された研究組織ではあったが，基礎研究にも重きを置いていた」（245頁）という実態であった．これを踏まえるなら，「軍の施設だから，そこで行われる研究は軍事研究にほかならない」とか，逆に中谷が従事したのは「基礎研究だから軍事研究ではない」というように単純には割り切れないと，著者は結論づける．中谷自身が表立って語ることはなかったものの，「〔SIPREが〕軍事的な目的と密接に関係していることは，中谷も気づいていたに違いない」（245–246頁）とも著者は言うが，「基礎研究」と「軍事研究」との微妙な関係をめぐる評価はここでは完結せず，終章に持ち越される．ちなみにこの時期の中谷は，新聞紙上や『文藝春秋』などの総合雑誌に，第五福竜丸事件や原子力発電，さらには北海道開発に関する社会時評を精力的に発表し，その挑発的な書きぶりに対して，ときに大きな批判が巻き起こった．

第七章「氷の世界へ」は，晩年の活動として，南極観測隊の派遣事業に対する支援と，グリーンランドで着手した氷床研究とについて述べている．前者の南極観測隊はもともと朝日新聞社が発案した企画で，日本学術会議が観測隊の派遣主体となり，それを新聞社側が機材や要員の提供などで支援するという枠組みであった．中谷は，学術会議会長であった親友の茅誠司の依頼を受けて，新聞社が企画を具体化する際の相談に乗るとともに，南極観測のプロジェクトを応援する論説を雑誌などに発表し，筆でも茅の奮闘を支援した．その際の中谷の「立ち位置」に関する分析が興味深い．中谷は，費用負担の大きさなどを理由に南極観測自体にブレーキをかける論調に対しては，あくまでも南極観測擁護の論陣を張る一方，返す刀で，身の丈に合わない進め方にならないよう警鐘を鳴らし，批判的な意見にも配慮を見せた．とりわけ，失敗した場合の反動を大きくしかねないほど期待を煽るマスメディアを厳しく批判した．著者は，マスメディア批判について，報道による国民的関心の高まりなどの効果を考えれば行き過ぎの面があったと指摘しつつも，中谷のこうした立ち位置は「なんとか日本の南極観測事業を軌道に乗せたいという，学術会議会長茅誠司の意向に合致するものであったと言えよう」（283頁）とまとめている．ここでも，学界とメディアを股にかけた，中谷の面目躍如たる動きが活写されている．

終章「科学研究はどうあるべきか」では，以上の時系列による記述を踏まえて，主に中谷における「基礎研究」とは何か，「軍事研究」をどのように評価すべきか，という二つの論点に絞って，20頁弱の短い考察がなされている．その中身については，本稿の後段で検討することになるので，その際に紹介しよう．

以上の要約から分かるように，中谷の人物像を背景つきで新たに描き起こすという本書の企図は，みごとに達成されている．あとがきによれば，本書執筆に際して著者は，米国や中国を含む国内外の大学や博物館などに残された関連史料を幅広く参照したという．その過程で発掘された，北海道（帝国）大学の教授会議事録や，概算要求関係の文書，中谷本人のメモや書簡などの史料のなかには，従来の中谷研究ではほとんど参照されてこなかったものも多いという．紙幅の関係で本書に収めることができなかった事項は多岐にわたり，その一部，例えば低温科学研究所設立の詳細な経緯などについては，本書の刊行と同時に私家版の小冊子まで刊行されている（杉山 2015）．本書がいかに厳選された素材で中谷像を構成したものかを傍証するものと言えよう．加えて本書は，日本史の評伝シリーズの1冊として書かれた一般書である．歴史研究としてのきわめて高い水準を保ちつつ，ありし日の中谷の随筆がそうであったように，平易で読みやすい本になっている．

著者自身が期待しているように，本書は「一科学者の評伝という枠を越え，『科学者と社会の関わり（コミュニケーション）を考える』という観点からも読まれる」（350頁）べき書物である．以下では，いくつかの観点から評者自身がそうした読みに挑戦することで，本書に対するコメントに代えたいと思う．

第1に，そのとっかかりとして注目したいのは，著者が言うところの「科学者と社会の関わり（コミュニケーション）」を広げるうえで中谷が駆使した接点の多様性である．本書の一つの読み方として，雪の研究や科学随筆で知られた純粋なイメージの強い科学者が，じつは軍事研究にかかわったり政治的な評論も著したりしていたという，知られざる側面を暴露した本だと理解する読者も多いかもしれない．著者自身もまえがきで，「えっ，中谷はこんなこともしていたのか」「こんなことを考えていたのか」という自分の驚きを読者にも体験してほしいと述べており，そんな読まれ方を期待しているかに見える節もある．しかし，実際に著者が描く中谷の歩み全体を見通すと，そうした読み方はいささか視野の狭いものであることに気づかされる．

中谷の生涯においては，科学者としての活動を進めるうえで社会との接点を獲得するための多種多様なアイテムが，入れ替わり立ち替わり現われる．初期の活動について例を挙げれば，それは昭和天皇の北海道行幸に際しての天覧であり，国際雪委員会から求められての(という体裁を周到に整えた上での)映画寄贈であった．まだ30代だった中谷は，これらの好機を貪欲につかまえ，自らの研究の後押しとして活用した．

勃興するマスメディアは，中谷が社会との関わりを広げるうえで駆使した最強のアイテム群であった．中谷が希代の随筆家であるという評価は揺るぎないものであろうが，本書を通じて中谷の全体像を得てみると，彼にとっては随筆の執筆もまた，出版メディアというアイテムを自らの筆才でもって乗りこなし，社会との関わりを広げようとする営みだったように思えてくる．映画に関しては自ら製作会社を立ち上げるまで入れ込んだし，新聞社に対しても，寄稿家として依頼された随筆や評論を提供し，自説を発表する媒体として関わるだけでなく，潜水探測機や南極観測のような大型プロジェクトに対するスポンサーとして，支援を引き出すべく働きかけ，成功を収めた．本書を読んでいて痛快なのは，映画製作に夢中になる様子を描く第五章などに見られるように，中谷にとって，メディアを使いこなすべく格闘することは，科学研究のための単なる手段などではなく，雪や氷などの自然現象と同様，それ自体が好奇心の対象となっていた点である．彼がもし現代に生きていたら，SNSを通じた交流や，動画を用いた情報発信などに真っ先に飛びつき，その可能性をあれこれ試みていたに違いない．

本書は，中谷がこうしたメディアを駆使する一方で，学者や作家にとどまらず，出版人や映画人，政財界の人物も含め，いかに幅広い交友関係を短期的な損得勘定ぬきに築いたかを丹念に描いている．それらの交友関係は，ときに中谷を助け，彼の科学者としての歩みを決定づけるものとなった．例えば，終戦直後，戦時下の研究を「カモフラージュ」すべく農業物理研究所を設立する際には，戦前から親しかった武見太郎と彼に連なる政財界の人脈がものを言った．凍上の研究を満州でも展開するきっかけとなったのは，高等学校時代の親友であった．また，岩波書店の小林勇とも終世の交友が続き，一緒に映画製作会社を立ち上げるまでに至った．中谷の溢れる好奇心が注がれた最大のメディアは，人間そのものだったのである．

このように見ていくと，戦時中の満鉄や軍との関わりや，戦後の農業物理研究所，さらには米軍傘下の機関での研究なども，少なくとも中谷のなかでは，幅広い交友関係やマスメディアとの関わりと陸続きの，社会との接点の一部であったものと思われる．「戦時中に(軍から依頼を受けて)研究を行なっていたことについて，反省ないし後悔するような発言が見あたらない」ばかりか，「むしろ，戦時中の研究について臆することなく語っている」(311頁)という著者の記述からも，そのことはうかがえる．少し冷めた表現で言い換えれば，中谷の周りには，科学者としての活動を推進するために活用できるアイテムが豊富に存在し，彼はそれを臨機応変に乗りこなして時代を駆け抜けていった，ということなのであろう．そのありさまを，純粋な科学者としての顔と，その陰に隠れた軍事研究とを平板に対置するような構図に流れることなく，あくまでも一個の人物のなかに複雑な連続体として描き切っていることが，本書の大きな長所と言える．

そこで第2に考えてみたいのは，縦横無尽なアイテムの活用で社会と切り結ぶ中谷のなかに，それでも存在した矛盾，つまりは「軍事研究」の問題である．先述のとおり，終章がこの問題のごく短い考察に当てられており，その叙述は，(1)中谷における「基礎研究」とは何か(299–311頁)，(2)「軍事研究」をどう評価すべきか(311–315頁)，の2点から成っている．

(1)の「基礎研究」をめぐって，著者は，鉄路の凍上の研究に取り組み始めた1930年代末頃を境として中谷の考え方に変化が生じたことを，随筆の記述などの分析から明らかにする．30年代半ばまでの中谷は，「知的興味の赴くままに自然の不思議さを解き明かしていく『純粋研究』」と，「実際的な問題の解決を目指す，目的を持った研究」(302頁)とを併置し，前者に羨望のまなざしを向けつつ，後者にも関心を寄せていた．ところが，鉄路の凍上や，飛行機の着氷の防止の研究，霧を消す研究などに取り組むようになるにつれ，中谷のなかで「目的をもった基礎研究」という発想が生まれてくる．それは，何らかの具体的な課題や問題を解決するための，つまりは「目的をもった研究」が大切であり，そうした研究を志向すれば自ずと基礎的な研究が必要になるというロジックである．戦後になると，この観念がさらに明確に打ち出されるようになり，「或る目的をもつて，その目的を実現するために研究を基礎的に行なふ」ことが求められる，とまで主張されるようになる．著者によれば，この「目的をもった基礎研究」というロジックが年代を経るにつれて中谷のなかで醸成されてきたものである，という点が重要である．1930 年代前半に始まった雪の研究も，当初から「目的をもった基礎研究」として意識されていたわけでなく，後から振り返ると，雪中飛行などの「目的」に役立ったのだと理解すべきだと，著者は言う．そのことを指摘した上で，そうした経験から得られた「目的をもった基礎研究」という中谷のアイディア自体は，近年，米国や日本で主張されるようになった，「用途に駆動された基礎研究」や「目的基礎研究」などの考え方とも共通する部分があるものだと評価している．

中谷における「基礎研究」に関して以上の分析を行ったうえで，著者は(2)の「軍事研究」をめぐる検討に進む．戦時下の研究について，中谷が反省したり後悔したりする様子がうかがえなかったことはすでに触れたとおりだが，著者の推測では，この点について彼は次のように考えていたのではないかという．すなわち，「基礎的な研究は，つまるところ自然の本質を明らかにしようとするものであり，それ自体に善悪はない，そしていつの日にか人々の暮らしをよくすることに『役立たぬ筈はない』．だから，基礎研究をやっていたのである限り，軍からの委託で研究をしていたにしても，反省したり後悔する必要はない」(312 頁)と．その一方で中谷は，少なくとも戦後の随筆では，「或る目的をもつて，その目的を実現するために研究を基礎的に行なふ」のが「基礎研究」だと述べ，「『目的をもった基礎研究』，それこそが本来あるべき『基礎研究』だ」(300 頁)と主張していた．しかし，基礎研究にはすべからく目的があるべきというのであれば，「つまるところ自然の本質を明らかにしようとするものであり，それ自体に善悪はない」といった理屈で，軍事目的の「基礎研究」に対する批判を退けることはできないはずである．

この矛盾に対して著者は，「戦後の中谷のように『目的をもった基礎研究』と言うなら，基礎研究に携わる者もその『目的』の適否に関し責任を負うべきでないかとも思われる」(315 頁)と，ひとことだけ遠慮がちに指摘しているものの，残念ながらそれ以上は論じていない．著者は，「中谷以外の多くの科学者が，戦時中に関わった軍事研究について口をつぐむことが多い(そうすることで忸怩たる思いを表現しているのかもしれない)」(312 頁)ことを，中谷の態度と対比してもいる．それではなぜ，中谷の場合，「基礎研究」と「軍事研究」との矛盾が，矛盾のままに公言されつづけたのか，またその事実をどのように評価すればよいのか．背景つきの中谷の全体像を描ききった地点からの，踏み込んだ考察を望むのは欲張りであろうか．

この問題について，著者は「近年，『デュアル・ユース』という概念のもと，活発な議論が重ねられている」ことに触れつつ，「中谷のケースを，こうした議論の枠組みの中で捉え直してみるのも，有意義だと思われる」(315 頁)とも述べている．さらなる考察は，あるいは著者の仕事を踏まえて，後に続く科学技術社会論の研究者が取り組むべき課題かもしれない．

第3に，少し話題を変えて，中谷の生涯を描くうえでの著者の視角についても検討してみたい．まえがきにも書かれているとおり，本書の最大のセールスポイントは，雪や氷の「純粋科学」の研究者にして科学随筆の名手，というこれまでの狭い中谷像を塗り替えることである．これに対して，著者が背景つきの中谷像をみごとに描き起こして見せてくれたことは，すでに確認した．その一方，著者が考えるところの塗り替えられるべき古い中谷像が，どこにどのように存在している(存在していた)のかについては，具体的な文献などへの言及も乏しく，分かりにくかった．

科学とは，人間としての科学者がそれぞれの時代において具体的に社会と切り結ぶなかで営まれていくものだ，というのが，本書の根底をなす科学観であると思われる．評者もこのスタンスに深く共鳴するものであるが，この観点を敷衍するならば，更新されるべきだと著者が考える従来の中谷像も決して自然に存在したものではなく，一定の社会的背景のなかで構築され，再生産されてきたという視点が大切になる．塗り替えられるべき偶像を生み出したのはどんな時代であり，どんな社会であったのかを合わせて理解することで，中谷像の塗り替え作業は完結するものと思われる．これもまた，我々読者に課された宿題なのかもしれない．

この点に関連して，本書を通じて著者が「全体像」として提示する中谷像も，やはり一定の時代のなかで生み出されたものだということを，最後に確認しておきたい．それは本書の限界を言いたいがためではない．本書が提示する中谷像は従来のものと比べ，段違いにバランスのとれたものとなっていることは明らかであるが，そうした描像を可能にした背景は何か，換言すれば，著者はどのような地平に立って中谷像の書き換えを行ったのかについて考えてみたいのである．

あとがきで著者が回顧するところによれば，本書の着想は今から15年前，2000年頃に遡る．関連史料の膨大さに「手をつけかね日々の仕事にかまけるうちに，10年余りも経ってしまった」が，「定年を迎えてようやくまとまった時間を手にし」（349頁）上梓にこぎ着けたのだという．この「10年余り」の間に著者が取り組んだ主要な仕事の一つに，先述の北海道大学CoSTEPの設立と，その後，約9年間にわたる代表としての運営があった．その経緯は，著者がCoSTEP10周年を機に執筆した手記（杉山2014）で詳しく知ることができる（評者は，この手記に描かれた期間のうち約5年間を，著者のもとでスタッフとして過ごした）．そこには，学内外の多様な人々や，マスメディアを含む民間企業，NPO，行政機関，資金配分機関などの諸組織・団体と交わりながら，科学技術コミュニケーションの教育・実践・研究を行う新たな場の創造に向けて格闘する著者自身の姿がある．

本書と並べて読むとき，手記のなかの著者自身の姿に中谷をつい重ねてしまうのは評者だけではなかろう．そんな読み方を著者は嫌がるかもしれない．しかし，着想を得てからの「10年余り」は，本書の著者にとって「日々の仕事にかまける」時間などではなく，同じ北海道大学理学部の教員だった中谷の社会との「関わり（コミュニケーション）」に肉薄する手がかりを得る貴重な時間だったとは言えるのではあるまいか．より巨視的に見れば，本書における中谷像の塗り替えは，世紀の変わり目を境に「科学技術と社会」の関係が世界的に問い直され，変容し始める只中で進められた企てであった．

残された宿題の大きさに思いを致しつつも，15年の歳月を経て生まれた本書を手にできることを，今は心から喜びたいと思う．

付記　本稿校正中の2016年12月，本書の続編とも言える書籍（杉山2017）が2017年1月に発刊されるとの情報を得た．戦後日本の科学者たちが「軍事研究」にどのように向きあってきたかを歴史的に明らかにし，それを踏まえて軍事研究の是非を考察した作品だという．同書のほか，本稿提出後に本書の著者が軍事研究について論じたものとして，杉山（2016）がある．

■文献

北海道大学CoSTEP 2011：「北海道大学の元祖サイエンスコミュニケーター・中谷宇吉郎博士を映像で紹介」（http://costep.hucc.hokudai.ac.jp/costep/contents/article/481/，2015年10月12日閲覧）．

杉山滋郎2014：「CoSTEP私史」『記念誌CoSTEP 10周年のつどい』，105-37.（http://hdl.handle.net/2115/56554）

杉山滋郎2015：『科学研究費 研究成果報告書　雪氷科学者・中谷宇吉郎の研究を歴史的・社会的な文脈に位置づけるための調査研究』.（http://hdl.handle.net/2115/59084）

杉山滋郎2016：「軍事研究，何を問題とすべきか～歴史から考える～」『科学技術コミュニケーション』19, 105-115.

杉山滋郎2017：『「軍事研究」の戦後史：科学者はどう向きあってきたか』ミネルヴァ書房．

学会の活動(2015年11月～2016年6月)

〈理事会〉

第70回　理事会兼2016年度第1回評議員会(2015年11月21日，東北大学川内キャンパスにて)
出席者：評議員1名，会長，副会長，理事9名，監事1名．事務局が準備した総会議題の確認し，加えて学会誌の電子化などを柴田理事が報告することになった．学会法人化委員会の設置を議題とすることが確認された．2015年3月末の会員数，2014年決算案が事務局長から報告された．学会誌将来計画委員会から報告と論点提示があり，電子ジャーナル化および査読システムの改革について頭出しの議論を実施した．柿内賞について選考委員会より，過去の経緯と優秀賞・奨励賞の位置づけが変化について報告された．評議委員より論文賞の実施，論文の電子化，オープンアクセス化の重要性が指摘された．

第71回理事会(2016年4月16日，東京工業大学田町キャンパスにて)．
出席者：会長・理事15名・監事2名．事務局より会員増減について報告がなされた．未納による退会が多いため，会員減が目立った．編集委員長より今後の学会誌刊行予定が報告され，12号が5月末，13号も年内刊行の目処が立っていることが確認された．また，13号より編集委員長が綾部氏へと引き継がれることが報告された．今年度のシンポジウム・年次大会の準備状況が報告された．東アジアSTSネットワーク会議(11月18～20日，中国・清華大学)，4S・EASST合同会議(8月31日～9月1日，バルセロナ)，2017年4S(シドニー)の開催が報告された．2017年度のシンポジウムについて検討し，平川理事が担当となり，仮テーマは「超スマート社会と人文・社会科学，STSの役割」となった．2017年の年次研究大会・総会について検討し，大会校候補を絞り込んだ．学会誌将来構想委員会より報告と提案があり，電子化に移行するに当たって今後詳細をつめるべき事項を確認した(継続審議)．柿内賞について倶進会より提案のあった特別賞の設置について方針を確定した．次期選挙の選挙管理委員会設置校の候補を絞り込んだ．評議員制度の見直しについて議論した(継続審議)．

〈年次研究大会〉

第14回年次研究大会
第14回年次研究大会は，2015年11月21日(土)と11月22日(日)の2日間，東北大学川内南キャンパス(宮城県仙台市)で開催された．参加者数は非会員を含め174名であった(一般公開セッションへの一般参加者は除く)．セッションは最大4つが並行し，合計22のセッション・ワークショップ(うち1つは一般公開)，および大会実行委員会による記念講演会，学会誌編集委員会によるワークショップが実施された．
初日は，午前に3セッションを，さらに，昼休みを挟んで午後に4セッションを実施した．その後，総会，柿内賢信記念賞研究助成金授与式ののち，記念講演会「地域における環境・医療・まちづくり」が行われた．なお，柿内賢信記念賞の受賞者は，吉岡斉(優秀賞)，竹家一美(奨励賞)，横山広美(奨励賞)，田中隆文(実践賞)，石川幹人(実践賞)の5氏であった．
終了後は，同キャンパス内で懇親会を行った．懇親会の席上，次年度大会が北海道大学で開催されることが発表された．
二日目は，昼休みに学会誌編集委員会主催によるワークショップが行われた他，4つの時間帯すべてが一般セッションおよびオーガナイズドセッションに当てられ，合計15セッションが実施された．

〈編集委員会〉

第65回編集委員会(2015年11月21日，東北大学

川内南キャンパスにて)
出席者：編集委員8名．12号特集「福島原発事故に対する省察」の進捗状況が担当委員から報告され，議論を行った．担当委員から依頼した論文の閲読が済んでいることが報告された．各論文を原著論文とするか総説とするかは，特集担当委員に委ねることとした．2016年3月までに12号を発行することを確認した．中山茂追悼小特集の進捗状況が担当委員から報告された．ひとりを除いて依頼した論文が提出されていることが報告された．13号の特集「イノベーション(仮)」の進捗状況が担当委員から報告された．委員長から投稿論文の査読が継続中で，書評1編が投稿されていることが報告された．13号の発行に向けて本年度中に次回委委員会を開催することとした．

第66回編集委員会(2016年2月20日，金沢工業大学虎ノ門キャンパスにて)
出席者：編集委員10名．担当委員より12号特集の原稿が2月初旬に全て揃ったことが報告された．21編の論文があり，全体で230ページ程となる予想される．原著論文以外は総説とする．特集タイトルは「福島原発事故に対する省察」と決定した．12号は200ページを大幅に超える大部になるので，この特集だけで刊行し，中山茂追悼小特集と一般の論文と書評は13号に掲載することにした．12号は年度内刊行を目指してきたが，3月初旬に入稿して，刊行は来年度になることになった．13号特集の進捗状況が担当委員より報告された．学会シンポジウムのテープ起こしが済み，それをもとに原稿が作成されており，依頼原稿も提出されつつある．特集タイトルを仮に「イノベーションと学術」または「イノベーションとアカデミズム」とし，編集委員会MLで議論することとした．中山茂追悼小特集の新たな進捗はないことが報告された．委員長から投稿論文数編が査読継続中であること，短報1編と書評1編が13号に掲載可能であることが報告された．14号の特集に関して，5月に日本哲学会と共催で開催する2016年度学会シンポジウム「科学と社会と「研究公正」」に関連するテーマを取り上げることが提案された．例えば「研究公正」，さらに広い話題をテーマとして論文を依頼し，編集にゲストエディターをむかえる．「学界展望(仮題)を新設し，4SやEASST等の活動について各年1，2ページにまとめた報告を掲載することが提案された．学会誌改革について担当委員から学会誌の電子化に向けた方法が提示され，具体化に関して学会事務局である国際文献社と交渉することにした．次回委員会は4月の理事会に合わせて開催することにした．

第67回編集委員会(2016年4月16日，東京工業大学田町キャンパスにて)
出席者：編集委員8名．12号は初校が進行中で，5月中に刊行予定であることが委員長から報告された．12号は全体で約260ページになる．13号刊行に向けての議論を行った．13号特集「イノベーションとアカデミズム」の進捗状況が担当委員から報告され，提出された論文の閲読に関しての意見交換をおこなった．中山茂追悼小特集は掲載準備が整っている．査読中の投稿論文のうち2編が掲載可能になる見込みであること，短報1編，書評1編が掲載できることが委員長から報告された．13号から編集委員会委員長は綾部委員が担当することにし，黒田現委員長は委員として残ることにした．14号特集のタイトルを「研究公正(仮)」として，5月のシンポジウム後から原稿を集め，原稿締め切りを本年中とし，本年度内の発行を目指す．学会誌改革に関して，担当委員からこの間の検討状況の報告を受け，議論を行った．学会誌の電子化に当たり，投稿原稿の種別を検討し，幅を広げる．そのための投稿規定の見直しを行う．学会誌の電子化に当たり玉川大学出版部との打ち合わせを行う．12号が刊行された時点で，委員半数の任期が終了するので，綾部新委員長を中心に新たな委員4名を決定することにした．次回委員会を5月15日の学会シンポジウム当日か，あるいはその後早い時期に開催することとした．

『科学技術社会論研究』投稿規定

1．投稿は原則として科学技術社会論学会会員に限る．

2．原稿は未発表のものに限る．

3．投稿原稿の種類は論文および研究ノートとする．論文とは原著，総説であり，研究ノートとは短報，提言，資料，編集者への手紙，話題，書評，その他である．

論文

総説：特定のテーマに関連する多くの研究の総括，評価，解説．

原著：研究成果において新知見または創意が含まれているもの，およびこれに準ずるもの．

研究ノート

短報：原著と同じ性格であるが研究完成前に試論的速報的に書かれたもの(事例報告等を含む)．その内容の詳細は後日原著として投稿することができる．

提言：科学技術社会論に関連するテーマで，会員および社会に提言をおこなうもの．

資料：本学会の委員会，研究会などが集約した意見書，報告書，およびこれに準ずるもの．海外速報や海外動向調査なども含む．

編集者への手紙：掲載論文に対する意見など．

話題：科学技術社会論に関する最近の話題，会員の自由な意見．

書評：科学技術社会論に関係する書物の評．

4．投稿原稿の採否は編集委員会で決定する．

5．本誌に掲載された論文等の著作権は科学技術社会論学会に帰属する．

6．原稿の様式は執筆要領による．なお，編集委員会において表記等をあらためることがある．

7．掲載料は刷り上り 10 ページまでは学会負担，超過分(1ページあたり約1万円)については著者負担とする．

8．別刷りの実費は著者負担とする．

9．著者校正は1回とする．

10．原稿は，「投稿原稿在中」と封筒に朱書のうえ，下記宛に書留便にて送付すること．

科学技術社会論学会事務局

〒162-0801　東京都新宿区山吹町 358-5　アカデミーセンター

電話　03-5937-0317

Fax　03-3368-2822

『科学技術社会論研究』執筆要領

1．原稿は和文または英文とし，オリジナルのほかにコピー2部と，投稿票，チェックリスト各1部などを書留便にて提出する．投稿票とチェックリストは，学会ホームページから各自がダウンロードすること．なお，掲載決定時には，電子ファイルによる原稿を提出すること．
2．投稿原稿(図表などを含む)などは返却しないので，投稿者はそれらの控えを必ず手元に保管すること．
3．原稿は，原則としてワード・プロセッサを用いて作成すること．和文原稿は，A4用紙に横書きとし，40字×30行で印字する．英文原稿は，A4用紙にダブルスペースで印字する．
4．原稿の分量は以下を原則とする．論文については，和文は16000字以内，英文は8000語以内．研究ノートについては，和文は8000字以内，英文は4000語以内．いずれも図表などを含む．
5．総説，原著，短報には，和文・英文原稿ともに，400字程度の和文要旨，200語以内の英文抄録と，5個以内の英語キーワードをつける．
6．原稿には表紙を付し，表紙には和文表題，英文表題，英語キーワード，英文抄録のみを記載する．表紙の次のページから，本文を記述する．原稿の表紙および本文には，著者名や著者の所属は記載しない．
7．図表には表題を付し，1表1図ごとに別のA4用紙に描いて，挿入する箇所を本文の欄外に明確に指定する．図は製版できるように鮮明なものとする．カラーの図表は受け付けない．
8．和文のなかの句読点は，いずれも全角の「.」と「,」とする．
9．本文の様式は以下のようにする．
A. 章節の表示形式は次の例にしたがう．
章の表示……1. 問題の所在，2. 分析結果，など
節の表示……1.1　先行研究，1.2　研究の枠組み，など
B. 外国人名や外国地名はカタカナで記し，よく知られたもののほかは，初出の箇所にフルネームの原語つづりを(　)内に添えること．
C. 原則として西暦を用いること．
D. 単行本，雑誌の題名の表記には，和文の場合は『　』の中に入れ，欧文の場合にはイタリック体を用いること．
E. 論文の題名は，和文の場合は「　」内に入れ，欧文の場合は“　”を用いること．
F. アルファベット，算用数字，記号はすべて半角にすること．
G. 注は通し番号1)　2)…を本文該当箇所の右肩に付し，注の本体は本文の後に一括して記すこと．
10. 注と文献は，分けて記載すること．
11. 文献は原則，次の方式によって引用する．
① 本文中では，著者名 出版年，引用ページのみ記載し，詳細な書誌情報は最終ページの文献リストに記載する．一か所の引用で複数の文献を引用する場合は，(著者名 出版年，引用ページ；著者名　出版年，引用ページ;……)と記載する(文献は;(セミコロン)で区切る)．ただし，インターネット資料等で，著者を特定することがどうしても難しい場合は，該当箇所に注を加え，URLと閲覧日のみを記載するだけでよい．
② 著者名(原著者名)を欧文で記すときは，last nameをフルネームで記載し，first nameはイニシャルのみとする．ただし，同名の著者が複数登場して混乱するときは，first nameをフルネームで記載する(それでも区別がつかないときは，middle nameも書く)．

③　文献リストでの表記は，以下の形式とする（“_” は半角のスペース）．

（1）　和文の論文

著者名_年：「論文名」『雑誌名』巻（号），始頁-終頁．

（2）　和文の図書

著者名_年：『書名』出版社．

（3）　和文の図書（欧文の邦訳書）

著者名_年：邦訳者名『邦訳書名』出版社：原著者名_*原書書名［イタリック］*,_原書出版社.,_原書出版年．

（4）　欧文の論文

著者名_年：_“論文タイトル，” _*雑誌名［イタリック］*,_巻（号）,_始頁–終頁．

（5）　欧文の図書

著者名_年：_*書名［イタリック］*,_出版社．

（6）　欧文の図書（邦訳あり）

著者名_年：_*書名［イタリック］*,_出版社；邦訳者名『邦訳書名』出版社，出版年．

（7）　インターネットからの資料

報告書，論文等については，（1）～（6）の最後にURLと閲覧日を記載する．

それ以外の場合は，著者名_年：「記事タイトル」，URL（閲覧日）を基本とする．

④　文献は，原則としてアルファベット順に和文，欧文の区別なく並べる．同一著者の同一年の文献については，Jasanoff 1990a, Jasanoff 1990bのようにa，b，c…を用いて区別する．

⑤　欧文雑誌などの文献を示すときは，他分野の研究者でも容易にその文献がわかるように，分野固有の略記は避ける．（たとえば，*H. S. P. B. S.*ではなく，*Historical Studies in the Physical and Biological Sciences*と表記する．）ただし，あまりにも煩雑になるようであれば，初出箇所ではフルに表記し，2回目以降は略記を用いてもよい．

⑥　本誌（『科学技術社会論研究』）に掲載された論文を挙げるときは，単に “本誌 第1号” などとせず，『科学技術社会論研究』第1号のように表記する．

⑦　著者が複数の時は，次のように書く．

和文の場合：丸山剛司，井村裕夫

欧文の場合：Beck,_U.,_Weinberg,_A._and_Wynne,_B.

⑧　執筆のときに邦訳書を用いた（本文中で邦訳書のページをあげている）ときは，上記（3）の形式で文献を挙げる．執筆のときに原書を用いた（本文中で原書のページを挙げている）が邦訳もあるときは，上記（6）の形式で文献を挙げる．

⑨　終頁の数値のうち，始頁の数値と同じ上位の桁は，それを省略する．

例1：× 723–728　○ 723–8

例2：× 723–741　○ 723–41

〈例〉

［本文］

STS的研究[1)]の意義は，次のような点にあると指摘されている（Beck 1986, 28; Juskevich and Guyer 1990, 876–7）．

しかし，ペトロスキ（1988, 25）も強調しているように[2)]，……

［注］

1）http://jssts.jp/content/view/14/27/（2016年6月23日閲覧）

2）ただし，……の点に限れば，佐藤（1995, 33）にも同様の指摘がある．

［文献］

Beck, U. 1986: *Risikogesellschaft, Auf dem Weg in eine andere Moderne*, Suhrkamp; 東廉，伊藤美登里訳『危険社会：新しい近代への道』法政大学出版局，1998.

Juskevich, J. C. and Guyer, C. G. 1990: "Bovine Growth Hormone: Human Food Safety Evaluation," *Science*, 249 (24 August 1990), 875–84.

丸山剛司，井村裕夫 2001：「科学技術基本計画はどのようにしてつくられたか」『科学』71(11)，1416–22.

文部科学省科学技術・学術政策研究所 2015：『大学等教員の職務活動の変化―「大学等におけるフルタイム換算データに関する調査」による 2002 年，2008 年，2013 年調査の 3 時点比較』（調査資料―236），http://www.nistep.go.jp/wp/wp-content/uploads/NISTEP-RM236-FullJ1.pdf.（2016 年 6 月 23 日閲覧）

ペトロスキ，H. 1988：北村美都穂訳『人はだれでもエンジニア：失敗はいかにして成功のもとになるか』鹿島出版会；Petroski, H. *To Engineer is Human: The Role of Failure in Successful Design*, St. Martin's Press, 1985.

佐藤文隆 1995：『科学と幸福』岩波書店.

Weinberg, A. 1972: "Science and Trans-Science," *Minerva*, 10, 209–22.

Wynne, B. 1996: "Misunderstood Misunderstanding: Social Identities and Public Uptake of Science," Irwin, A. and Wynne, B. (eds.) *Misunderstanding Science*, Cambridge University Press, 19–46.

（2016 年 8 月 27 日改訂）

編集後記

編集委員会委員長を退任して，今号では編集委員として，残務のとりまとめにあたりました．2011年4月から委員長を担当してきましたから，はからずも5年間も続けることになってしまいました．毎年，学会誌を定期的に刊行することが私に課せられた第一の任務であったのですが，私の力不足から，それを実現することができませんでした．私の職場も名古屋の名古屋大学，名城大学から福岡の九州産業大学に替わり，編集作業という落ち着いた環境でやるべき仕事に集中できなかったことで，関係各位にご迷惑をおかけしたことに，あらためてお詫び申し上げます．学会誌の刊行体制の見直しが，理事会において昨年から熱心に検討されてきました．それが早期に実現することに期待しています．

（黒田光太郎）

13号の途中より黒田編集委員長の後を引き継いで編集委員長を務めさせていただくことになりました．学会誌にはさまざまな課題がありますが，まずは発行スケジュールの遅れを取り戻すことが急務であると考えております．目下，そのための対策を講じておりますが，そのためややイレギュラーな対応を取らざるを得ないこともあろうかと思います．会員の皆様におかれましては，この点ご理解いただきますようお願い申し上げます．

（綾部広則）

http://jssts.jpに当学会のウェブサイトがあります．
当学会に入会を御希望の方は，ウェブサイトをご参照いただくか，下記の事務局までお問い合わせください．

イノベーション政策とアカデミズム　科学技術社会論研究　第13号

2017年3月15日発行

編　者　科学技術社会論学会編集委員会
発行者　科学技術社会論学会　会長　藤垣裕子
事務局：〒162-0801　東京都新宿区山吹町358-5　アカデミーセンター

発行所　玉川大学出版部
194-8610　東京都町田市玉川学園6-1-1
TEL　042-739-8935
FAX　042-739-8940
http://www.tamagawa.jp/up/
振替　00180-7-26665
ISSN 1347-5843

ISBN 978-4-472-18313-3　C3040　Printed in Japan　印刷・製本　クイックス